建设行业专业人员快速上岗100问丛书

手把手教你当好土建造价员

王文睿　主　编

张乐荣　胡淑贞　曹晓婧
胡　静　雷济时　马振宇　副主编

何耀森　主　审

中国建筑工业出版社

图书在版编目（CIP）数据

手把手教你当好土建造价员/王文睿主编. —北京：中国建筑工业出版社，2015.3
（建设行业专业人员快速上岗100问丛书）
ISBN 978-7-112-17680-9

Ⅰ.①手… Ⅱ.①王… Ⅲ.①土木工程-工程造价-问题解答 Ⅳ.①TU723.3-44

中国版本图书馆CIP数据核字（2015）第015817号

建设行业专业人员快速上岗100问丛书

手把手教你当好土建造价员

王文睿 主 编
张乐荣 胡淑贞 曹晓婧
胡 静 雷济时 马振宇 副主编
何耀森 主 审

*

中国建筑工业出版社出版、发行（北京西郊百万庄）
各地新华书店、建筑书店经销
北京科地亚盟排版公司制版
北京云浩印刷有限责任公司

*

开本：850×1168毫米 1/32 印张：9¾ 字数：262千字
2015年5月第一版 2015年5月第一次印刷
定价：**26.00**元
ISBN 978-7-112-17680-9
（26903）

本书为“建设行业专业人员快速上岗100问丛书”之一，主要根据《建筑与市政工程施工现场专业人员职业标准》JGJ/T 250—2011编写。全书包括通用知识、基础知识、岗位知识、专业技能共四章22节，内容涉及土建造价员工作中所需掌握的知识点和专业技能。

为了方便读者的学习与理解，全书采用一问一答的形式，对书中内容进行分解，共列出259道问题，逐一进行阐述，针对性和参考性强。

本书可供施工企业建筑工程造价员、建设单位工程项目管理人员、监理单位工程监理人员使用，也可作为基层施工管理人员学习的参考。

责任编辑：范业庶　王砾瑶　万　李
责任设计：董建平
责任校对：姜小莲　党　蕾

出版说明

随着科学技术的日新月异和经济建设的高速发展，中国已成为世界最大的建设市场。近几年建设投资规模增长迅速，工程建设随处可见。

建设行业专业人员（各专业施工员、质量员、预算员，以及安全员、测量员、材料员等）作为施工现场的技术骨干，其业务水平和管理水平的高低，直接影响着工程建设项目能否有序、高效、高质量地完成。这些技术管理人员中，业务水平参差不齐，有不少是由其他岗位调职过来以及刚跨入这一行业的应届毕业生，他们迫切需要学习、培训，或是能有一些像工地老师傅般手把手实物教学的学习资料和读物。

为了满足广大建设行业专业人员入职上岗学习和培训需要，我们特组织有关专家编写了本套丛书。丛书涵盖建设行业施工现场各个专业，以国家及行业有关职业标准的要求和规定进行编写，按照一问一答的形式对专业人员的工作职责、应该掌握的专业知识、应会的专业技能、对实际工作中常见问题的处理等进行讲解，注重系统性、知识性，尤其注重实用性、指导性。在编写内容上严格遵照最新颁布的国家技术规范和行业技术规范。希望本套丛书能够帮助建设行业专业人员快速掌握专业知识，从容应对工作中的疑难问题。同时也真诚地希望各位读者对书中不足之处提出批评指正，以便我们进一步改进和完善。

中国建筑工业出版社

2015年2月

前　言

本书为“建设行业专业人员快速上岗100问丛书”之一，主要为建筑工程的造价员实际工作需要编写。本书主要内容包括通用知识、基础知识、岗位知识、专业技能四大章，囊括了建筑工程造价员工作中可能遇到和需要掌握的绝大部分知识点和所需技能。本书为了便于建筑工程造价员及其他基层项目管理者学习和使用，坚持做到理论联系实际，以通俗易懂、全面受用的原则，在内容选择上注重基础知识和常用知识的阐述，对建筑工程造价员在工程施工过程中可能遇到的常见问题，采用了一问一答的方式进行了简明扼要的回答。

本书将土建筑工程造价员的职业要求、通用知识和专业技能等有机地融为一体，尽可能做到通俗易懂，简明扼要，一目了然。本书涉及的相关专业知识均按2013年以来修订的新规范编写。

本书可供施工企业建筑工程造价员及其他相关基层管理人员、建设单位项目管理人员、工程监理单位技术人员使用，也可作为基层施工管理人员学习建筑工程施工技术和项目管理基本知识时的参考。

本书由王文睿主编，张乐荣、胡淑贞、曹晓婧、胡静、雷济时、马振宇等担任副主编。刘淑华高级工程师对本书的编写给予大力支持，何耀森高级工程师审阅了本书全部内容，并提出了许多宝贵的意见和建议，作者对他们表示衷心的谢意。由于我们理论水平有限，实际工作经验尚需提高，本书中存在的不足和缺漏在所难免，敬请广大土建造价员、施工管理人员及专家学者批评指正，以便帮助我们提高工作水平，更好地服务广大建筑工程造价员和项目管理工作者。

编者

2015年2月

目　录

第一章　通用知识

第一节　相关法律法规知识

1. 从事建筑活动的施工企业应具备哪些条件？ ………… 1
2. 从事建筑活动的施工企业从业的基本要求是什么？《建筑法》对从事建筑活动的技术人员有什么要求？ ………… 1
3. 建筑施工企业怎样采取措施保证施工工程的质量符合国家规范和规程的要求？ ………… 2
4.《安全生产法》对施工及生产企业为具备安全生产条件的资金投入有什么要求？ ………… 2
5.《安全生产法》对建设项目安全设施和设备作了什么规定？ … 3
6. 建筑工程施工从业人员劳动合同安全的权利和义务各有哪些？ ………… 3
7. 什么是劳动合同？劳动合同的形式有哪些？怎样订立和变更劳动合同？无效劳动合同的构成条件有哪些？ ………… 4
8. 什么是集体合同？集体合同的效力有哪些？集体合同的内容和订立程序各有哪些内容？ ………… 5
9. 造价员的岗位职责有哪些？ ………… 6
10. 造价员应该具备哪些专业技能？ ………… 6

第二节　工程材料基础知识

1. 无机胶凝材料是怎样分类的？它们的特性各有哪些？ ………… 7
2. 水泥怎样分类？通用水泥分哪几个品种？它们各自主要技术性能有哪些？ ………… 7

3. 普通混凝土是怎样分类的? …………………………………… 9
4. 混凝土拌合物的主要技术性能有哪些? ………………………… 10
5. 硬化后混凝土的强度有哪几种? ……………………………… 11
6. 混凝土的耐久性包括哪些内容? ……………………………… 12
7. 普通混凝土的组成材料有几种? 它们各自的主要技术性能有哪些? ……………………………………………………………… 13
8. 轻混凝土的特性有哪些? 用途是什么? ………………………… 14
9. 高性能混凝土的特性有哪些? 用途是什么? …………………… 15
10. 预拌混凝土的特性有哪些? 用途是什么?……………………… 15
11. 常用混凝土外加剂的品种及应用有哪些内容?………………… 15
12. 砂浆分为哪几类? 它们各自的特性各有哪些? 砌筑砂浆组成材料及其主要技术要求包括哪些内容?……………………… 17
13. 砌筑用石材怎样分类? 它们各自在什么情况下应用? ……… 18
14. 砖分为哪几类? 它们各自的主要技术要求有哪些? 工程中怎样选择砖? ………………………………………………… 19
15. 工程中最常用的砌块是哪一类? 它的主要技术要求有哪些? 它的强度分几个等级? ……………………………………… 21
16. 钢筋混凝土结构用钢材有哪些种类? 各类的特性是什么? ……………………………………………………………… 21
17. 钢结构用钢材有哪些种类? ………………………………… 22
18. 碳素钢结构中焊条怎样选用? ……………………………… 23
19. 防水卷材分为哪些种类? 它们各自的特性有哪些? ………… 23
20. 防水涂料分为哪些种类? 它们各自具有哪些特点? ………… 24
21. 什么是建筑节能? 建筑节能包括哪些内容?………………… 25
22. 常用建筑节能材料种类有哪些? 它们特点有哪些? ………… 26
23. 常用建筑陶瓷制品有哪些种类? 各自的特性是什么? 在哪些场合使用? ……………………………………………………… 27
24. 普通平板玻璃的规格和技术要求有哪些?…………………… 28
25. 安全玻璃、玻璃砖各有哪些主要特性? 应用情况如何? …… 29
26. 节能玻璃、装饰玻璃各有哪些主要特性? 应用情况如何? … 30

27. 内墙涂料的主要品种有哪些？它们各自有什么特性？用途如何？…… 31
28. 外墙涂料的主要品种有哪些？它们各自有什么特性？用途如何？…… 32
29. 地面涂料的主要品种有哪些？它们各自有什么特性？用途如何？…… 33

第三节　施工识图、绘图的基本知识

1. 房屋建筑施工图由哪些部分组成？它的作用包括哪些？房屋建筑施工图的图示特点有哪些？…… 34
2. 建筑施工图和结构施工图的图示方法及内容各有哪些？…… 35
3. 混凝土结构平法施工图有哪些特点？…… 36
4. 在钢筋混凝土框架结构中板块集中标注包括哪些内容？…… 37
5. 在钢筋混凝土框架结构中板支座原位标注包括哪些内容？… 38
6. 在钢筋混凝土框架结构中柱的列表标注包括哪些内容？…… 38
7. 在钢筋混凝土框架结构中柱的截面标注包括哪些内容？…… 40
8. 在框架结构中梁的集中标注包括哪些方法？…… 41
9. 在框架结构中梁的原位标注包括哪些方法？…… 45
10. 建筑施工图的识读方法与步骤各有哪些内容？…… 47
11. 结构施工图的识读方法与步骤各有哪些内容？…… 49

第四节　工程施工工艺和方法

1. 岩土的工程分类分为哪几类？…… 50
2. 常用地基处理方法包括哪些？它们各自适用哪些地基土？… 51
3. 基坑（槽）开挖、支护及回填主要事项各有哪些？…… 53
4. 混凝土扩展基础和条形基础施工要点和要求有哪些？…… 54
5. 筏板基础的施工要点和要求有哪些？…… 55
6. 箱形基础的施工要点和要求有哪些？…… 55
7. 砖基础施工工艺要求有哪些？…… 56
8. 钢筋混凝土预制桩基础施工工艺和技术要求各有哪些？…… 56

9. 混凝土灌注桩的种类及其施工工艺流程各有哪些? ………… 57
10. 脚手架施工方法及工艺要求有哪些主要内容?………………… 59
11. 砖墙砌筑技术要求有哪些? ………………………………… 59
12. 砖砌砌体的砌筑方法有哪些? ……………………………… 61
13. 砌块砌体施工技术要求有哪些? …………………………… 61
14. 砌块砌体施工工艺有哪些内容? …………………………… 62
15. 砖砌砌体工程质量通病有哪些? 预防措施各是什么? ……… 63
16. 砌块砌体工程质量通病有哪些? 预防措施各是什么? ……… 64
17. 常见模板的种类、特性及技术要求各是什么?……………… 65
18. 钢筋的加工和连接方法各有哪些?…………………………… 66
19. 混凝土基础、墙、柱、梁、板的浇筑要求和养护方法各是什么? ………………………………………………………… 67
20. 钢结构的连接方法包括哪几种? 各自的特点是什么? ……… 69
21. 钢结构安装施工工艺流程有哪些? 各自的特点和注意事项各是什么? …………………………………………………… 70
22. 地下工程防水混凝土施工技术要求和方法有哪些? ………… 71
23. 屋面涂膜防水工程施工技术要求和方法有哪些?…………… 72
24. 屋面卷材防水工程施工技术要求和方法有哪些?…………… 73
25. 楼地面工程施工工艺流程和操作注意事项有哪些? ………… 74
26. 一般抹灰工程施工工艺流程和操作注意事项有哪些? ……… 75
27. 木门窗工程安装工艺流程和操作注意事项各有哪些? ……… 76
28. 涂料工程施工工艺流程和操作注意事项有哪些? …………… 77
29. 内墙抹灰施工工艺包括哪些内容?…………………………… 78
30. 外墙抹灰施工工艺包括哪些内容和步骤?…………………… 80
31. 铝合金门窗安装施工工艺包括哪些内容?…………………… 80
32. 塑钢彩板门窗安装施工工艺包括哪些内容?………………… 82
33. 玻璃地弹门安装施工工艺包括哪些内容?…………………… 84
34. 整体楼地面施工工艺包括哪些内容?………………………… 86
35. 现浇水磨石地面的施工工艺包含哪些内容?………………… 87
36. 陶瓷地砖楼地面铺设施工工艺包括哪些内容? ……………… 88

37. 石材地面铺设施工工艺包括哪些内容? …… 89
38. 涂料类装修施工工艺包括哪些内容? …… 90

第五节　工程项目管理的基本知识

1. 施工项目管理的内容有哪些? …… 93
2. 施工项目目标控制的任务包括哪些内容? 施工项目目标控制的措施有哪些? …… 94
3. 施工现场管理的任务和内容各有哪些? …… 95

第二章　基础知识

第一节　建筑构造、建筑结构的基本知识

1. 民用建筑由哪些部分组成? 它们的作用和应具备的性能各有哪些? …… 97
2. 砖基础、毛石基础、混凝土基础、钢筋混凝土独立基础、桩基础的组成特点各有哪些内容? …… 99
3. 常见砌块墙体的构造有哪些内容? …… 100
4. 现浇钢筋混凝土楼板、装配式楼板各有哪些特点和用途? …… 101
5. 地下室的防潮与防水构造做法各是什么? …… 101
6. 坡道及台阶的一般构造各有哪些主要内容? …… 104
7. 平屋顶常见的保温与隔热方式有哪几种? …… 105
8. 平屋顶防水的一般构造有哪几种? …… 106
9. 屋面变形缝的作用是什么? 它的构造做法是什么? …… 109
10. 排架结构单层厂房结构一般由哪些部分组成? …… 110
11. 钢筋混凝土受弯、受压和受扭构件的受力特点、配筋有哪些种类? …… 110
12. 现浇钢筋混凝土肋形楼盖由哪几部分组成? 各自的受力特点是什么? …… 111
13. 钢筋混凝土框架的结构按制作工艺分为哪几类? 各自的特点和施工工序是什么? …… 112

14. 砌体结构的特点是什么？怎样改善砌体结构的抗震性能？ …… 113
15. 什么是震级？什么是地震烈度？它们有什么联系和区别？ …… 114
16. 什么是抗震设防？抗震设防的目标是什么？怎样才能实现抗震设防目标？ …… 115

第二节　工程建设项目质量控制与验收的基本知识

1. 实施工程建设强制性标准监督内容、方式、违规处罚的规定各有哪些？ …… 116
2. 建设工程专项质量检测、见证取样检测内容有哪些？ …… 116
3. 怎样进行质量检测试样取样？检测报告生效的条件是什么？检测结果有争议时怎样处理？ …… 117
4. 房屋建筑工程质量保修范围、保修期限和违规处罚内容有哪些？ …… 118
5. 工程质量监督设施的主体有哪些规定？建筑工程质量监督内容有哪些？ …… 119
6. 工程项目竣工验收的范围、条件和依据各有哪些？ …… 119
7. 竣工验收的标准有哪些？ …… 121
8. 施工单位在什么条件下怎样提出申请交工验收？ …… 121
9. 单项工程竣工验收的程序包括哪些内容？ …… 122
10. 全部工程竣工验收的程序有哪些？ …… 123
11. 建筑工程质量验收的划分的要求是什么？ …… 124
12. 怎样判定建筑工程质量验收是否合格？ …… 125
13. 怎样对工程质量不符合要求的进行处理？ …… 125
14. 质量验收的程序和组织包括哪些内容？ …… 126

第三节　工程项目成本控制的基本知识

1. 工程成本管理的特点是什么？ …… 127
2. 施工成本的影响因素有哪些？ …… 128

3. 施工成本控制的基本内容有哪些？ …………………………… 129
4. 施工成本控制的基本要求是什么？ …………………………… 130
5. 施工过程成本控制的依据和步骤是什么？…………………… 131
6. 施工过程成本控制的措施有哪些？ …………………………… 132
7. 什么是建筑面积？正确计算建筑面积的意义有哪些？……… 133
8. 计算建筑面积的规定有哪些？ ………………………………… 134
9. 层高、自然层、架空层、走廊、挑廊、檐廊、回廊、门斗、建筑物通道、架空走廊、勒脚的定义各是什么？…………… 137
10. 围护结构、围护性幕墙、装饰性幕墙、落地橱窗、阳台、眺望间、雨篷、地下室、半地下室、变形缝、永久性顶盖、飘窗、骑楼、过街楼的定义各是什么？ ………………… 138
11. 住宅设计中有关住宅、居住空间、卧室、起居室、厨房、卫生间、使用面积、标准层、室内净高、平台、过道、壁柜、吊柜、跃层住宅、塔式高层住宅、通廊式高层住宅的定义各是什么？………………………………………………… 139

第四节 计算机在施工项目工程管理中的应用

1. 办公自动化（office）应用程序在项目管理工作中的应用包括哪些方面？ ……………………………………………………… 140
2. 怎样应用 AutoCAD 知识进行工程项目管理？ ……………… 140

第三章 岗位知识

第一节 工程定额计价的相关知识和内容

1. 什么是施工定额？它的作用是什么？………………………… 141
2. 什么是劳动定额？它的作用是什么？它有哪些形式？……… 141
3. 机械台班定额的概念是什么？机械台班使用定额的表现形式有哪几种？ ………………………………………………… 142
4. 材料消耗定额的概念是什么？它的组成包括哪些内容？…… 143

5. 人工单价由哪几部分构成？怎样进行计算？影响人工单价的因素有哪些？ …… 144
6. 材料预算价格由哪几部分构成？怎样进行计算？ …… 146
7. 影响材料预算价格的因素有哪些？怎样进行材料预算价格调整？ …… 148
8. 机械台班单价由哪几部分构成？ …… 149
9. 确定人工定额消耗量的基本方法是什么？ …… 151
10. 机械台班定额消耗量怎样确定？ …… 152
11. 确定材料定额消耗量的基本方法有哪些？ …… 154
12. 企业定额编制的范围、作用、特点和意义各有哪些？ …… 155
13. 建筑产品价格定额计价的基本方法和程序各有哪些？ …… 157
14. 建筑工程定额的概念、性质、作用和分类各有哪些内容？ …… 158
15. 什么是单位估价表？与定额的关系各有哪些？ …… 160
16. 建筑工程竣工结算与工程竣工决算的区别有哪些？ …… 161

第二节　工程量清单计价的相关知识和内容

1. 什么是工程量清单？它包括哪些内容？工程量清单计价方法的特点有哪些？ …… 163
2. 什么是计价规范？它的内容有哪些？ …… 164
3. 计价规范的特点有哪些？ …… 166
4. 计价规范的适用范围是什么？ …… 167
5. 工程计价规范的作用是什么？ …… 167
6. 招标工程量清单编制程序和要求是什么？ …… 168
7. 工程量清单由哪些内容组成？ …… 168
8. 工程量清单编制依据、原则各是什么？ …… 169
9. 工程量清单计价的目的和意义是什么？ …… 170
10. 工程量清单计价的特点是什么？ …… 170
11. 工程量清单计价的组成包括哪些内容？影响因素有哪些？ …… 171

12. 工程量清单计价的影响因素有哪些？ …………………… 172
13. 工程量清单计价的基本原理和过程各是什么？ ………… 174

第三节 基础工程清单计价的基本规定

1. 土方工程量和石方工程量的计算规则各有哪些内容？……… 175
2. 土石方工程量计算及报价应注意哪些事项？……………… 177
3. 地基处理中各工序工程量计算规则有哪些内容？………… 179
4. 基坑与边坡支护工程量计算规则有哪些内容？…………… 183
5. 地基处理工程量计算及报价应注意的事项有哪些？……… 187
6. 基坑与边坡支护工程量计算及报价应注意的事项有哪些？ … 187
7. 打桩工程量的计算规则有哪些？ ………………………… 188
8. 灌注桩工程量的计算规则有哪些？ ……………………… 189
9. 桩基工程量计算及报价应注意哪些事项？………………… 191
10. 砖基础工程量计算规则有哪些？ ………………………… 193

第四节 主体结构工程量清单计价的基本规定

1. 砖墙的工程量计算规则有哪些？ ………………………… 194
2. 砌块墙的工程量计算规则有哪些？ ……………………… 195
3. 砌筑工程量计算及报价应注意哪些事项？………………… 196
4. 现浇混凝土基础、柱、梁、墙、板、楼梯工程量的计算规则
各是什么？ ………………………………………………… 197
5. 预制混凝土工程量的计算规则包括哪些内容？…………… 200
6. 钢筋工程量计算规则包括哪些内容？……………………… 201
7. 螺栓、铁件工程量计算规则包括哪些内容？……………… 201
8. 混凝土及钢筋混凝土工程量计算及报价应注意哪些事项？ … 202
9. 钢屋架、钢柱、钢梁的工程量计算工作各有哪些？……… 204
10. 金属结构工程量计算及报价应注意哪些事项？ ………… 206
11. 怎样计算木结构工程量？………………………………… 207
12. 木结构工程量计算及报价应注意哪些事项？ …………… 207

第五节 土建工程装饰分项工程项目工程量清单计价的基本规定

1. 木门、金属门、金属卷帘门、厂库房和特种门工程量计算规则各是什么? …… 208

2. 木窗、金属窗、门窗套、门窗台、窗帘和窗帘盒工程量计算各应注意什么? …… 210

3. 门窗工程量计算及报价应注意哪些事项? …… 212

4. 屋面防水及其他相关子项工程量的计算规则有哪些? …… 213

5. 屋面防水工程量计算注意事项有哪些? …… 214

6. 楼(地)面、墙面的防水、防潮工程量的计算规则有哪些? …… 215

7. 屋面及防水工程量计算及报价应注意哪些事项? …… 215

8. 保温、隔热工程量计算规则各是什么? …… 216

9. 防腐工程量计算规则是什么? …… 217

10. 保温、隔热、防腐工程量计算及报价应注意哪些事项? …… 219

第六节 施工措施项目工程量清单计价基本知识

1. 脚手架工程量计算规则有哪些? …… 220

2. 脚手架工程量计算及报价应注意哪些事项? …… 222

3. 混凝土模板及支架(撑)工程量计算规则有哪些? …… 222

4. 垂直运输工程量计算规则有哪些? …… 224

5. 垂直运输工程量计算及报价应注意哪些事项? …… 225

6. 超高施工增加工程量计算规则有哪些? …… 225

7. 超高施工增加工程量计算及报价应注意哪些事项? …… 226

8. 施工排水、降水工程量计算规则有哪些? …… 226

9. 施工排水、降水工程量计算及报价应注意哪些事项? …… 227

10. 安全文明施工包含哪些内容? …… 227

11. 夜间施工、非夜间施工照明、二次搬运、冬雨期施工、地下和地上设施、建筑物的临时保护设施、已完工程及设备保护

等措施项目各自的内容是什么? ………………………… 228

第四章 专业技能

第一节 工程施工图的识读基本技能

1. 怎样识读砌体结构房屋建筑施工图、结构施工图? ………… 230
2. 怎样识读多层混凝土结构房屋建筑施工图、结构施工图? … 231
3. 怎样识读单层钢结构厂房建筑施工图、结构施工图? ……… 233
4. 怎样读识勘察报告及其附图包括哪些内容? ………………… 234

第二节 施工工程项目设计变更和图纸会审

1. 工程设计变更的流程有哪些? ……………………………… 237
2. 为什么要组织好设计交底和图纸会审? 图纸会审的主要内容有哪些? ……………………………………………… 237

第三节 施工工程计价的基本要求和技能

1. 工程量清单计价费用怎样计算? ………………………… 238
2. 工程量清单计价费用包括哪些内容? …………………… 239
3. 如何进行综合单价的编制和清单项目费用的确定? ……… 240
4. 建筑工程量计算的内容有哪些? ………………………… 242
5. 建筑工程的工程量计算的基本方法是什么? …………… 242
6. 混凝土工程量怎样计算? ………………………………… 243
7. 砌筑工程量怎样计算? …………………………………… 243
8. 钢筋工程的工程量怎样计算? …………………………… 245
9. 工程造价由哪几部分构成? ……………………………… 246
10. 什么是定额计价? 进行定额计价的依据和方法是什么? … 246

第四节 工程清单计价的基本要求和技能

1. 编制工程量清单的一般规定有哪些? …………………… 247
2. 建筑工程工程量清单编制包括哪些内容? ……………… 247

3. 建筑工程工程量清单计价的一般规定有哪些内容? ········ 251
4. 建筑工程工程量清单计价方法的特点有哪些? ·············· 252
5. 建筑工程工程量清单计价方法的作用是什么? ·············· 253
6. 建筑工程工程量清单计价的原理是什么? ···················· 255
7. 建筑工程工程量清单计价的适用范围是什么? ·············· 255
8. 建筑工程工程量清单计价的方法是什么? ···················· 257
9. 建筑工程工程量清单计价文件由哪些内容组成? ··········· 257
10. 计价表格的填写方法包括哪些内容? ······················· 258

第五节 预算定额计价的基本要求和技能

1. 建筑工程定额的使用方法包括哪些内容? ···················· 261
2. 预算定额单价的换算方法有哪些? ··························· 263
3. 运用建筑工程综合预算定额编制预算时的注意事项有哪些? ··· 263
4. 单位估价表的编制方法包括哪些内容? ······················ 264
5. 单位估价表的使用方法是什么? ····························· 267
6. 人工定额消耗量指标的确定方法有哪些? ·················· 267
7. 材料定额消耗量指标的确定方法有哪些? ·················· 267
8. 机械定额消耗量指标的确定方法有哪些? ·················· 269
9. 企业定额编制的方法是什么? ································ 271
10. 定额计价工程量计算的顺序是什么? ······················· 272
11. 单位工程预算书编制的程序和方法有哪些? ·············· 272
12. 怎样计算分部分项工程合价与小计? ······················· 273
13. 怎样计算直接费、间接费? ·································· 274
14. 怎样计算利润、税金? ······································· 275
15. 怎样计算单位工程预算含税造价? ·························· 276
16. 怎样计算单位工程主要材料需要量? ······················· 277

第六节 工程建设项目概算、预算和结算的编制及审查

1. 初步设计概算的分类、组成各包括哪些内容? ·············· 277

2. 怎样用定额法编制单位建筑工程概算? …………………… 278
3. 单位工程概算审查包括哪些内容? ………………………… 279
4. 审查单位工程概算的注意事项有哪些? …………………… 280
5. 单位工程预算审查的内容有哪些? ………………………… 281
6. 单位工程预算审查的方法有哪些? ………………………… 284
7. 单位工程预算审查的步骤有哪些? ………………………… 286
8. 工程结(决)算的主要方式有哪些? ……………………… 287
9. 工程结算审查的方法是什么? …………………………… 288

第七节 计算机在工程项目造价管理中的应用

1. 利用专业软件录入、输出、汇编施工预算等信息资料包括
哪些内容? ……………………………………………………… 290
2. 怎样利用专业软件加工处理施工预算信息资料? ………… 290

参考文献 ………………………………………………………… 292

第一章　通用知识

第一节　相关法律法规知识

1. 从事建筑活动的施工企业应具备哪些条件？

答：根据《中华人民共和国建筑法》的规定，从事建筑活动的施工企业应具备以下条件：

（1）具有符合规定的注册资本；

（2）有与其从事建筑活动相适应的具有法定执业资格的专业技术人员；

（3）有从事相关建筑活动所应有的技术装备；

（4）法律、行政法规规定的其他条件。

2. 从事建筑活动的施工企业从业的基本要求是什么？《建筑法》对从事建筑活动的技术人员有什么要求？

答：根据《中华人民共和国建筑法》的规定，从事建筑活动的施工企业应满足下列要求：从事建筑活动的施工企业，按照其拥有的注册资本、专业技术人员、技术装备和已完成的建筑工程业绩等资质条件，划分为不同的资质等级，经资质审查合格，取得相应等级的资质证书后，方可在其资质等级许可的范围内从事建筑活动。

《建筑法》对从事建筑活动的技术人员的要求是：从事建筑活动的专业技术人员，应依法取得相应的执业资格证书，并在执业资格许可证的范围内从事建筑活动。

3. 建筑施工企业怎样采取措施保证施工工程的质量符合国家规范和规程的要求？

答：严格执行《建筑法》和《建设工程质量管理条例》中对工程质量的相关规定和要求，采取相应措施确保工程质量，做到在资质等级许可的范围内承揽工程；不转包或者违法分包工程。建立质量责任制，确定工程项目的项目经理、技术负责人和施工管理负责人。实行总承包的建设工程由总承包单位对全部建设工程质量负责，分包单位按照分包合同的约定对其分包工程的质量负责。做到照图纸和技术标准施工；做到不擅自修改工程设计，不偷工减料；对施工过程中出现的质量问题或竣工验收不合格的工程项目的内容负责返修。准确全面理解工程项目相关设计规范和施工验收规范的规定、地方和行业标准的规定；施工过程中完善工序管理，实行事先、事中管理，尽量减少事后管理，避免和杜绝返工，加强隐蔽工程验收，杜绝质量事故隐患；加强交底工作，督促作业人员作到工作目标明确、责任和义务清楚；对关键和特殊工艺、技术和工序要做好培训和上岗管理；对影响质量的技术和工艺要采取有效措施进行把关。建立健全企业内部质量管理体系，施工单位必须建立、健全施工质量的检验制度，严格工序管理，做好隐蔽工程的质量检查和记录；在实施中做到使施工质量不低于上述规范、规程和标准的规定；按照保修书约定的工程保修范围、保修期限和保修责任等履行保修责任，确保工程质量满足合同规定的要求。

4.《安全生产法》对施工及生产企业为具备安全生产条件的资金投入有什么要求？

答：施工单位应当具备的安全生产条件所必需的资金投入，由生产经营单位的决策机构、主要负责人或者个人经营的投资人予以保证，并对由于安全生产所必需的资金投入不足导致的后果承担责任。

建筑施工单位新建、改建、扩建工程项目（以下统称建设项目）的安全设施，必须与主体工程同时设计、同时施工、同时投入生产和使用。安全设施投资应当纳入建设项目概算。

5.《安全生产法》对建设项目安全设施和设备作了什么规定？

答：建设项目安全设施的设计人、设计单位应当对安全设施设计负责。矿山建设项目和用于生产、储存危险物品的建设项目的安全设施设计应当按照国家有关规定报经有关部门审查，审查部门及其负责审查的人员对审查结果负责。

矿山建设项目和用于生产、储存危险物品的建设项目的施工单位必须按照批准的安全设施设计施工，并对安全设施的工程质量负责。矿山建设项目和用于生产、储存危险物品的建设项目竣工投入生产或者使用前，必须依照有关法律、行政法规的规定对安全设施进行验收，验收合格后，方可投入生产和使用。验收部门及其验收人员对验收结果负责。施工和经营单位应当在有较大危险因素的生产经营场所和有关设施、设备上，设置明显的安全警示标志。安全设备的设计、制造、安装、使用、检测、维修、改造和报废，应当符合国家标准或者行业标准。生产经营单位必须对安全设备进行经常性维护、保养，并定期检测，保证正常运转。维护、保养、检测应当作好记录，并由有关人员签字。

施工单位使用的涉及生命安全、危险性较大的特种设备，以及危险物品的容器、运输工具，必须按照国家有关规定，由专业生产单位生产，并经取得专业资质的检测、检验机构检测、检验合格，取得安全使用证或者安全标志，方可投入使用。检测、检验机构对检测、检验结果负责。国家对严重危及生产安全的工艺、设备实行淘汰制度。

6. 建筑工程施工从业人员劳动合同安全的权利和义务各有哪些？

答：《中华人民共和国安全生产法》明确规定：施工单位与

从业人员订立的劳动合同，应当载明有关保障从业人员劳动安全、防止职业危害的事项，以及依法为从业人员办理工伤社会保险的事项。施工单位不得以任何形式与从业人员订立协议，免除或者减轻其对从业人员因生产安全事故伤亡依法应承担的责任。施工单位的从业人员有权了解其作业场所和工作岗位存在的危险因素、防范措施及事故应急措施，有权对本单位的安全生产工作提出建议。从业人员有权对本单位安全生产工作中存在的问题提出批评、检举、控告；有权拒绝违章指挥和强令冒险作业。施工单位不得因从业人员对本单位安全生产工作提出批评、检举、控告或者拒绝违章指挥、强令冒险作业而降低其工资、福利等待遇或者解除与其订立的劳动合同。从业人员发现直接危及人身安全的紧急情况时，有权停止作业或者在采取可能的应急措施后撤离作业场所。

施工单位不得因从业人员在前款紧急情况下停止作业或者采取紧急撤离措施而降低其工资、福利等待遇或者解除与其订立的劳动合同。因生产安全事故受到损害的从业人员，除依法享有工伤社会保险外，依照有关民事法律尚有获得赔偿的权利的，有权向本单位提出赔偿要求。从业人员在作业过程中，应当严格遵守本单位的安全生产规章制度和操作规程，服从管理，正确佩戴和使用劳动防护用品。从业人员应当接受安全生产教育和培训，掌握本职工作所需的安全生产知识，提高安全生产技能，增强事故预防和应急处理能力。从业人员发现事故隐患或者其他不安全因素，应当立即向现场安全生产管理人员或者本单位负责人报告；接到报告的人员应当及时予以处理。

7. 什么是劳动合同？劳动合同的形式有哪些？怎样订立和变更劳动合同？无效劳动合同的构成条件有哪些？

答：为了确定调整劳动者各主体之间的关系，明确劳动合同双方当事人的权利和义务，确保劳动者的合法权益，构建和发展和谐稳定的劳动关系，依据相关法律、法规、用人单位和劳动者双方的意愿等所签订的确定契约称为劳动合同。

劳动合同分为固定期限劳动合同、无固定期限劳动合同和以完成一定工作任务为期限的劳动合同等。固定期限劳动合同是指用人单位与劳动者约定终止时间的劳动合同。用人单位与劳动者协商一致，可以订立固定期限劳动合同。无固定期限劳动合同，是指用人单位与劳动者约定无确定终止时间的劳动合同。以完成一定工作任务为期限的劳动合同是指用人单位与劳动者约定以某项工作的完成为合同期限的劳动合同。

用人单位与劳动者协商一致，并经用人单位与劳动者在劳动合同文本上签字或者盖章后生效。用人单位与劳动者协商一致，可以变更劳动合同约定的内容，变更劳动合同应当采用书面的形式。订立的劳动合同和变更后的劳动合同文本由用人单位和劳动者各执一份。

无效劳动合同，是指当事人签订成立的而国家不予承认其法律效力的合同。劳动合同无效或者部分无效的情形有：

（1）以欺诈、胁迫手段或者乘人之危，使对方在违背真实意思的情况下订立或者变更劳动合同的；

（2）用人单位免除自己的法定责任、排除劳动者权利的；

（3）违反法律、行政法规强制性规定的。对于合同无效或部分无效有争议的，由劳动仲裁机构或者人民法院确定。

8. 什么是集体合同？集体合同的效力有哪些？集体合同的内容和订立程序各有哪些内容？

答：企业职工一方与企业可以就劳动报酬、工作时间、休息休假、劳动安全卫生、保险福利等事项，签订的合同称为集体合同。集体合同草案应当提交职工代表大会或者全体职工讨论通过。集体合同由工会代表职工与企业签订；没有建立工会的企业，由职工推举的代表与企业签订。集体合同签订后应当报送劳动行政部门；劳动行政部门自收到集体合同文本之日起十五日内未提出异议的，集体合同即行生效。

依法订立的集体合同对用人单位和劳动者具有约束力。行业性、区域性集体合同对当地本行业、本区域的用人单位和劳动者具有约束力。依法订立的集体合同对企业和企业全体职工具有约束力。职工个人与企业订立的劳动合同中劳动条件和劳动报酬等标准不得低于集体合同的规定。集体合同中劳动报酬和劳动条件不得低于当地人民政府规定的最低标准。

9. 造价员的岗位职责有哪些？

答：（1）能够熟练掌握国家的法律法规及有关工程造价的管理规定，精通本专业理论知识，熟悉工程图纸，掌握工程预算定额及有关政策规定，为正确编制和审核预算奠定基础。

（2）负责审查施工图纸，参加图纸会审和技术交底，依据其记录进行预算调整。

（3）协助领导做好工程项目的立项申报，组织招标投标、开工前的报批及竣工后的验收工作。

（4）工程竣工验收后，及时进行竣工工程的结算工作，并报主管领导签字认可。

（5）参与采购工程材料和设备，负责工程材料分析，复核材料价差，收集和掌握技术变更、材料代换记录，并随时做好造价测算，为领导决策提供科学依据。

（6）全面掌握施工合同条款，深入现场了解施工情况，为结算复核工作打好基础。

（7）工程结算后，要将工程决算单送审计部门，以便进行审计。

（8）完成工程造价的经济分析，及时完成工程结算资料的归档。

（9）协助编制基本建设计划和调整计划，了解基建计划的执行情况。

10. 造价员应该具备哪些专业技能？

答：造价员能够独立主持或配合完成以下相关工作：

（1）建设项目投资估算的编制、审核及项目经济评价；

（2）工程概算、预算、竣工结（决）算、工程量清单、工程招标标底（或控制价）、投标报价的编制和审核；

（3）工程变更及合同价款的调整和索赔费用的计算；

（4）建设项目各阶段的工程造价控制；

（5）工程经济纠纷的鉴定；

（6）与工程造价业务有关的其他事项。

第二节　工程材料基础知识

1. 无机胶凝材料是怎样分类的？它们的特性各有哪些？

答：（1）胶凝材料及其分类

胶凝材料就是把块状、颗粒状或纤维状材料粘结为整体的材料。无机胶凝材料也称为矿物胶凝材料，其主要成分是无机化合物、如水泥、石膏、石灰等均属于无机胶凝材料。

（2）胶凝材料的特性

根据硬化条件的不同，无机胶凝材料分为气硬性胶凝材料（如石灰、石膏、水玻璃）和水硬性胶凝材料（如水泥）两类。气硬性胶凝材料只能在空气中凝结、硬化、保持和发展强度，通常适用于干燥环境，在潮湿环境和水中不能使用。水硬性胶凝材料既能在空气中硬化，也能在水中凝结、硬化、保持和发展强度，既适用于干燥环境，也适用于潮湿环境和水中。

2. 水泥怎样分类？通用水泥分哪几个品种？它们各自主要技术性能有哪些？

答：（1）水泥及其品种分类

水泥是一种加水拌合成塑性浆体，通过水化逐渐固结、硬化，能够胶结砂、石等固体材料，并能在空气和水中硬化的粉状水硬性胶凝材料。水泥的品种可按以下两种方法分类。

1）按矿物组成分类。可分为硅酸盐水泥、铝酸盐水泥、硫铝酸盐水泥、氟铝酸盐水泥、铁铝酸盐水泥，以及少熟料或无熟料水泥等。

2）按其用途和性能可分为通用水泥、专用水泥和特殊水泥三大类。

（2）建筑工程常用水泥的品种

用于一般建筑工程的水泥为通用水泥，它包括硅酸盐水泥、普通硅酸盐水泥、矿渣硅酸盐水泥、火山灰质硅酸盐水泥、粉煤灰硅酸盐水泥、复合硅酸盐水泥等。

（3）建筑工程常用水泥的主要技术性能

建筑工程常用水泥的主要技术性能包括细度、标准稠度及其用水量、凝结时间、体积安定性、水泥强度、水化热等。

1）细度。细度是指水泥颗粒粗细的程度。它是影响水泥需水量、凝结时间、强度和安定性能的重要指标。颗粒越细，与水反应的表面积就越大，水化反应的速度就越快，水泥石的早期强度就越高，但硬化体的收缩也愈大，且水泥储运过程中易受潮而降低活性。因此，水泥的细度应适当。

2）标准稠度及其用水量。在测定水泥凝结时间、体积安定性等性能时，为使所测结果有准确的可比性，规定在试验时所用的水泥净浆必须按规范《水泥标准稠度用水量、凝结时间、安定性检验方法》GB/T 1346 的规定以标准方法测试，并达到统一规定的浆体可塑性（标准稠度）。水泥净浆体标准稠度用水量，是指拌制水泥净浆时为达到标准稠度所需的加水量，它以水与水泥质量之比的百分数表示。

3）凝结时间。水泥从加水开始到失去流动性所需的时间称为凝结时间，分为初凝时间和终凝时间。初凝时间为水泥从加水拌和起到水泥浆开始失去可塑性所需的时间；终凝时间是指水泥从加水拌和起到水泥浆完全失去可塑性，并开始产生强度所需要的时间。水泥的凝结时间对施工具有较大的意义。初凝时间过短，施工时没有足够的时间完成混凝土或砂浆的搅拌、运输、浇捣和砌筑等操作；水泥的终凝时间过迟，则会拖延施工工期。国家标准规定硅酸盐水泥的初凝时间不得早于45min，终凝时间不得迟于6.5h，其他品种通用水泥初凝时间都是45min，但终凝时间为10h。

4）体积安定性。它是指水泥具体硬化后体积变化的稳定性。安定性不良的水泥，在浆体硬化过程中或硬化后产生不均匀体积膨胀，并引起开裂。水泥安定性不良的主要因素是熟料中含有过量的游离氧化钙、游离氧化镁或研磨时掺入的石膏过多。国家标准规定水泥熟料中游离氧化镁的含量不得超过5.0%，三氧化硫的含量不得超过3.5%，体积安定性不合格的水泥为废品，不能用于工程。

5）水泥强度。水泥强度与水泥的矿物组成、水泥细度、水灰比大小、水化龄期和环境温度等密切相关。水泥强度按国家标准《水泥胶砂强度检验方法（ISO法）》GB/T 17671的规定制作试块、养护并测定其抗压强度和抗折强度值，并据此评定水泥的强度等级。

6）水化热。水泥水化放出的热量以及放热速度，主要取决于水泥矿物组成和细度。熟料矿物质铝酸三钙和硅酸三钙含量越高，颗粒越细，则水化热越大。水化热越大对冬期施工越有利，但对大体积混凝土工程是有害的。为了避免温度应力引起水泥石开裂，在大体积混凝土工程施工中，不宜采用硅酸盐水泥，而应采用水化热低的矿渣水泥等，水化热的测定可按国家标准规定的方法测定。

3. 普通混凝土是怎样分类的?

答：混凝土是以胶凝材料、粗细骨料及其他外掺材料按适当比例搅拌、成型、养护、硬化而成的人工石材。通常将以水泥、矿物掺合材料、粗细骨料、水和外加剂按一定比例配置而成的、干表观密度为2000～2800kg/m^{3}的混凝土称为普通混凝土。普通混凝土的分类方法如下：

（1）按用途分。可分为结构混凝土、抗渗混凝土、抗冻混凝土、大体积混凝土、水工混凝土、耐热混凝土、耐酸混凝土、装饰混凝土等。

（2）按强度等级分。可分为普通混凝土、强度等级高于 C60 的高强度混凝土，以及强度等级高于 C100 的超高强度混凝土。

（3）按施工工艺分。可分为喷射混凝土、泵送混凝土、碾压混凝土、压力灌浆混凝土、离心混凝土、真空脱水混凝土。

4. 混凝土拌合物的主要技术性能有哪些？

答：混凝土中各种组成材料按比例配合经搅拌形成的混合物称为混凝土的拌合物，又称新拌混凝土。混凝土拌合物易于各工序的施工操作（搅拌、运输、浇筑、振捣、成型等），并获得质量稳定、整体均匀、成型密实的混凝土性能，称为混凝土拌合物的和易性。和易性是满足施工工艺要求的综合性质，包括流动性、黏聚性和保水性。

流动性是指混凝土拌合物在自重或机械振动时能够产生流动的性质。流动性的大小反映了混凝土拌合物的稀稠程度，流动性良好的拌合物，易于浇筑、振捣和成型。

黏聚性是指混凝土组成材料间具有一定的凝聚力，在施工过程中混凝土能够保持整体均匀的性能。黏聚性反映了混凝土拌合物的均匀性，黏聚性良好的拌合物易于施工操作，不会产生分层和离析的现象。黏聚性差时，会造成混凝土质地不均匀，振捣后易出现蜂窝、空洞等现象。

保水性是指混凝土拌合物在施工过程中具有一定的保持内部水分而抵抗泌水的能力。保水性反映了混凝土拌合物的稳定性。保水性差的混凝土拌合物在混凝土内形成通水通道，影响混凝土的密实性，并降低混凝土的强度和耐久性。

流动性是反映和易性的主要指标，流动性常用坍落度法测定，坍落度数值越大，表明混凝土拌合物流动性大，根据坍落度值的大小，可以将混凝土分为四级：大流动性混凝土（坍落度大于 160mm）、流动性混凝土（坍落度 100～150mm）、塑性混凝土（坍落度10～90mm）和干硬性混凝土（坍落度小于10mm）。

5. 硬化后混凝土的强度有哪几种？

答：根据《混凝土结构设计规范》GB 500010的规定，混凝土强度等级按立方体抗压强度标准值确定，混凝土强度包括立方体抗压强度标准值，轴心抗压强度和轴心抗拉强度。

（1）混凝土立方体抗压强度

《规范》规定：混凝土的立方体抗压强度标准值是指，在标准状况下制作养护边长为150mm立方体试块，用标准方法测得的28d龄期时，具有95%保证率的强度值，单位是N/mm^2。我国现行《混凝土结构规范》规定混凝土强度等级有C15、C20、C25、C30、C35、C40、C45、C50、C55、C60、C65、C70、C75、C80共14级，其中C代表混凝土，C后面的数字代表立方体抗压标准强度值，单位是N/mm^2，用符号$f_{cu,k}$表示。《规范》同时允许，对近年来使用量明显增加的粉煤灰等矿物混凝土，确定其立方体抗压强度标准值$f_{cu,k}$时，龄期不受28d的限值，可以由设计者根据具体情况适当延长。

（2）混凝土轴心抗压强度

实验证明，立方体抗压强度不能代表以受压为主的结构构件中混凝土强度。通过用同批次混凝土在同一条件下制作养护的棱柱体试件和短柱在轴心力作用下受压性能的对比试验，可以看出高宽比超过3以后的混凝土棱柱体中的混凝土抗压强度和以受压为主的钢筋混凝土构件中的混凝土抗压强度是一致的。因此《规范》规定用高宽比为3～4的混凝土棱柱体试件测得的混凝土的抗压强度，作为混凝土的轴心抗压强度（棱柱体抗压强度），用符号f_{ck}表示。

（3）混凝土的抗拉强度

常用的混凝土轴心抗拉强度测定方法是拔出试验或劈裂试验。相比之下拔出试验更为简单易行。拔出试验采用100mm×100mm×500mm的棱柱体，在试件两端轴心位置预埋Φ16或

Φ18 HRB335 级钢筋，埋入深度为 150mm，在标准状况下养护 28d 龄期后可测试其抗拉强度，用符号 f_{tk} 表示。

6. 混凝土的耐久性包括哪些内容?

答：混凝土抵抗自身因素和环境因素的长期破坏，保持其原有性能的能力，称为耐久性。混凝土的耐久性主要包括抗渗性、抗冻性、抗腐性、抗碳化、抗碱—骨料反应等方面。

（1）抗渗性

混凝土抵抗压力液体（水或油）等渗透体的能力称为抗渗性。混凝土抗渗性用抗渗等级表示。抗渗等级是以 28d 龄期的标准试件，用标准方法进行试验，以每组六个试件，四个试件为出现渗水时，所能承受的最大静压力（单位为 MPa）来确定。混凝土的抗渗等级用代号 P 表示，分为 P4、P6、P8、P10、P12 和＞P12 六个等级。P4 表示混凝土抵抗 0.4MPa 的液体压力而不渗水。

（2）抗冻性

混凝土在吸水饱和状态下，抵抗多次反复冻融循环而不破坏，同时也不严重降低其各种性能的能力，称为抗冻性。混凝土抗冻性用抗冻等级表示。抗冻等级是以 28d 龄期的标准试件，在浸水饱和状态下，进行冻融循环试验，以抗压强度损失不超过 25％，同时，质量损失不超过 5％时，所承受的最大冻融循环次数来确定。混凝土的抗冻等级用 F 表示，分为 F50、F100、F150、F200、F250、F300、F350、F400 和＞F400 九个等级。F200 表示混凝土在强度损失不超过 25％，质量损失不超过 5％时，所能承受的最大冻融循环次数为 200。

（3）抗腐性

混凝土在外界各种侵蚀介质作用下，抵抗破坏的能力，称为混凝土的抗腐蚀性。当工程所处环境存在侵蚀性介质时，对混凝土必须提出耐腐性要求。

7. 普通混凝土的组成材料有几种？它们各自的主要技术性能有哪些？

答：普通混凝土的组成材料有水泥、砂子、石子、水、外加剂或掺合料。前四种是组成混凝土的基本材料，后两种材料可根据混凝土性能的需要有选择的添加。

（1）水泥

水泥是混凝土的最主要的材料，也是成本最高的材料，它也是决定混凝土强度和耐久性能的关键材料。一般普通混凝土可用硅酸盐水泥、普通硅酸盐水泥、矿渣硅酸盐水泥、火山灰质硅酸盐水泥及粉煤灰硅酸盐水泥，复合硅酸盐水泥等通用水泥。

水泥强度等级的选择应根据混凝土强度等级的要求来确定，低强度混凝土应选择低强度等级的水泥。一般情况下对于强度等级低于C30的中、低强度混凝土，水泥强度等级为混凝土强度等级的1.5～2.0倍；高强混凝土，水泥强度等级与混凝土强度等级之比可小于1.5，但不能低于0.8。

（2）细骨料

细骨料是指公称直径小于5mm的岩石颗粒，也就是通常所称的砂。根据其生产来源不同可分为天然砂（河砂、湖砂、海砂和山砂）、人工砂和混合砂。混合砂是人工砂与天然砂按一定比例组合而成的砂。

配置混凝土的砂要求清洁不含杂质，国家标准对砂中的云母、轻物质、硫化物及硫化盐、有机物、氯化物等各种有害物含量以及海砂中的贝壳含量作了规定。含泥量是指天然砂中公称粒径小于80μm的颗粒含量。泥块含量是指砂中公称粒径大于1.25mm，经净水浸洗，手捏后变成小于630μm的颗粒含量。有关国家标准和行业标准都对含泥量、泥块含量、石粉含量作了限定。砂在自然风化和其他外界物理、化学因素作用下，抵抗破坏的能力称为其坚固性。天然砂的坚固性用硫酸钠溶液法检验，砂样经5次循环后其质量损失应符合国家标准的规定。砂的表观密度大于 2500kg/m³，松散砂堆积密度大于 1350kg/m³，空隙率小于 47%。砂的粗细程度和颗粒级配应符合规定要求。

（3）粗骨料

粗骨料是指公称直径大于 5mm 的岩石颗粒，通常称为石子。天然形成的石子称为卵石，人工破碎而成的石子称为碎石。

粗骨料中泥、泥块含量以及硫化物、硫酸盐含量、有机物等有害物质的含量应符合国家标准规定。卵石及碎石形状以接近卵形或立方体为较好。针状和片状的颗粒自身强度低，而其空隙大，影响混凝土的强度，因此，国家标准中对以上两种颗粒含量作了规定。为了保证混凝土的强度，粗骨料必须具有足够的强度，粗骨料的强度指标包括岩石抗压强度、碎石抗压强度两种。国家标准同时对粗骨料的坚固性也做了规定，坚固性是指卵石及碎石在自然风化和物理、化学作用下抵抗破裂的能力，有抗冻性要求的混凝土所用粗骨料，要求测定其坚固性。

（4）水

混凝土用水包括混凝土拌合用水和养护用水。混凝土用水应优先选用符合国家标准的饮用水，混凝土用水中各种杂质的含量应符合国家有关标准的规定。

8. 轻混凝土的特性有哪些？用途是什么？

答：轻混凝土是指干表观密度小于 2000kg/m³ 的混凝土，包括轻骨料混凝土、多孔混凝土和大孔混凝土。

用轻粗骨料（堆积密度小于 1000kg/m³）和轻细骨料（堆积密度小于 1200kg/m³）或者普通砂与水泥拌制而成的混凝土，其表观密度不大于 1950kg/m³，称为轻骨料混凝土。分为由轻粗骨料和轻细骨料组成的全轻混凝土及细骨料为普通砂和轻粗骨料的砂轻混凝土。

轻骨料混凝土可以用浮石、陶粒、煤渣、膨胀珍珠岩等轻骨料制成。多孔混凝土以水泥、混合料、水及适量的发泡剂（铝粉等）或泡沫剂为原料而成，是一种内部均匀分布细小气孔而无骨料的混凝土。大孔混凝土是以粒径相似的粗骨料、水泥、水配制而成，有时加入外加剂。

轻混凝土的主要特性包括：表观密度小；保温性能好；耐火性能好；力学性能好；易于加工等。轻混凝土主要用于非承重墙的墙体及保温隔声材料。轻骨料混凝土还可以用于承重结构，以达到减轻自重的目的。

9. 高性能混凝土的特性有哪些？用途是什么？

答：高性能混凝土是指具有高耐久性和良好的工作性能，早期强度高而后期强度不倒缩，体积稳定性好的混凝土。它的特征包括：具有一定的强度和高抗渗能力；具有良好的工作性能；耐久性好；具有较高的体积稳定性。

高性能混凝土是普通水泥混凝土的发展方向之一，它被广泛用于桥梁、高层建筑、工业厂房结构、港口及海洋工程、水工结构等工程中。

10. 预拌混凝土的特性有哪些？用途是什么？

答：预拌混凝土也称为商品混凝土，是指由水泥、骨料、水以及根据需要掺入的外加剂、矿物掺合料等组分按一定的比例，在搅拌站经计量、拌制后出售的并采用运输车，在规定时间内运至使用地点的混凝土拌合物。

预拌混凝土设备利用率高，计量准确、产品质量高、材料消耗少，工效高、成本较低，又能改善劳动条件，减少环境污染。

11. 常用混凝土外加剂的品种及应用有哪些内容？

答：（1）减水剂

减水剂是一种使用最广泛、品种最大的一种外加剂，按其用途不同，可分为普通减水剂、高效减水剂、早强减水剂、缓凝减水剂、缓凝高效减水剂、引气减水剂等。

(2) 早强剂

早强剂是加速水泥水化和硬化，促进混凝土早期强度增长的外加剂。可缩短混凝土养护龄期，加快施工进度，提高模板和场地周转率。常用的早强剂有氯盐类、硫酸盐类和有机胺类。

1) 氯盐类早强剂。它主要有氯化钙、氯化钠，其中氯化钙是国内外使用最广的一种早强剂。为了抑制氯化钙对钢筋的腐蚀作用，常将氯化钙与阻锈剂硝酸钠复合使用。

2) 硫酸盐类早强剂。它包括硫酸钠、硫代酸钠、硫酸钾、硫酸铝等，其中硫酸钠使用最广。

3) 有机胺类早强剂。它包括三乙醇胺、三异丙醇胺等，前者常用。

4) 复合早强剂。以上三类早强剂在使用时，通常复合使用。复合早强剂往往比单组分早强剂具有更优良的早强效果，掺量也可以比单组分早强剂有所降低。

(3) 缓凝剂

缓凝剂可以在较长时间内保持混凝土工作性，是延缓混凝土凝结和硬化时间的外加剂。它分为无机和有机两大类。它的品种有糖类、木质素磺酸盐类、羟基羧酸及其盐类、无机盐类。

缓凝剂适用于较长时间运输的混凝土、高温季节施工的混凝土、泵送混凝土、滑模施工混凝土、大体积混凝土、分层浇筑的混凝土，不适用5℃以下施工的混凝土，也不适用于有早强要求的混凝土及蒸汽养护的混凝土。

(4) 引气剂

引气剂是一种在搅拌过程中具有在砂浆或混凝土中引入大量、均匀分布的气泡，而且在硬化后能保留在其中的一种外加剂。加入引气剂可以改善混凝土拌合物的和易性，显著提高混凝土的抗冻性能和抗渗性能，但会降低混凝土的弹性模量和强度。

引气剂有松香树脂类，烷基苯磺酸盐类和脂肪醇磺酸盐类，其中松香树脂中的松香热聚物和松香皂应用最多。

引气剂适用于配制抗冻混凝土、泵送混凝土、港口混凝土、防水混凝土以及骨料质量差、泌水严重的混凝土，不适宜配制蒸汽养护的混凝土。

（5）膨胀剂

膨胀剂是一种使混凝土体积产生膨胀的外加剂。常用的膨胀剂种类有硫铝酸钙类、氧化钙类、硫铝酸—氧化钙类等。

（6）防冻剂

防冻剂是能使混凝土在温度为零下硬化并能在规定条件下达到预期性能的外加剂。常用防冻剂有氯盐类（氯化钙、氯化钠、氯化氮等）；氯盐阻锈类；氯盐与阻锈剂（亚硝酸钠）为主的复合外加剂；无氯盐类（硝酸盐、亚硝酸盐、乙钠盐、尿素等）。

（7）泵送剂

泵送剂是改善混凝土泵送性能的外加剂。它由减水剂、调凝剂、引气剂、润滑剂等多种组分复合而成。

（8）速凝剂

速凝剂是使混凝土迅速凝结和硬化的外加剂。能使混凝上在5min内初凝，10min内终凝，1h内产生强度。速凝剂主要用于喷射混凝土、堵漏等。

12. 砂浆分为哪几类？它们各自的特性各有哪些？砌筑砂浆组成材料及其主要技术要求包括哪些内容？

答：砂浆是由胶凝材料水泥和石灰、细骨料砂子加水拌合而成的，特殊情况下根据需要掺入塑性掺合料和外加剂，按照一定的比例混合后搅拌而成。砂浆的作用是将砌体中的块材粘结成整体共同工作；同时，砂浆平整地填充在块材表面能使块材和整个砌体受力均匀；由于砌体填满块材间的缝隙，也同时提高了砌体的隔热、保温、隔声、防潮和防冻性能。

（1）水泥砂浆

水泥砂浆是指不掺加任何其他塑性掺合料的纯水泥砂浆，其强度高、耐久性好、适用于强度要求较高、潮湿环境的砌体；但和易性及保水性差，在强度等级相同的情况下，用同样块材砌筑而成的砌体强度比砂浆流动性好的混合砂浆砌筑的砌体要低。

(2) 混合砂浆

混合砂浆是指在水泥砂浆的基本组成成分中加入塑性掺合料(石灰膏、黏土膏)拌制而成的砂浆。它强度较高、耐久性较好、和易性和保水性好，施工灰缝容易做到饱满平整，便于施工。一般墙体多用混合砂浆，在潮湿环境不适宜用混合砂浆。

(3) 非水泥砂浆

它是不含水泥的石灰砂浆、黏土砂浆、石膏砂浆的统称。其强度低、耐久性差、通常用于地上简易的建筑。

砌筑砂浆的技术性质主要包括新拌砂浆的密度、和易性、硬化砂浆强度和对基面的粘结力、抗冻性、收缩值等指标。其中强度和和易性是新拌砂浆两个重要技术指标。

新拌砂浆的和易性是指砂浆易于施工并能保证质量的综合性质。和易性好的砂浆不仅在运输施工过程中不易产生分离、离析、泌水，而且能在粗糙的砖、石表面铺成均匀的薄层，与基层保持良好的粘结，便于施工操作。和易性包括流动性和保水性两个方面。流动性是指砂浆在重力和外力作用下产生流动的性能。通常用砂浆稠度仪测定。砂浆的保水性是指新拌砂浆能够保持内部水分不泌出流失的能力。砂浆的保水性用保水率(%)表示。

新拌砂浆的强度以3个70.7mm×70.7mm×70.7mm的立方体试块，在标准状况下养护28d，用标准方法测得的抗压强度(MPa)算术平均值来评定。砂浆强度等级分为M5、M7.5、M10、M15、M20、M25、M30共7个等级。

13. 砌筑用石材怎样分类？它们各自在什么情况下应用？

答：承重结构中常用的石材应选用无明显风化的天然石材，常用的有重力密度大的花岗岩、石灰岩、砂岩及轻质天然石。重力密度大的重质天然石材强度高、耐久性和抗冻性能好。一般用于石材生产区的基础砌体或挡土墙中，也可用于砌筑承重墙，但其热阻小、导热系数大，不宜用于北方需要供暖地区。

石材按其加工后的外形规整的程度可分为料石和毛料石。料石多用于墙体，毛石多用于地下结构和基础。

料石按加工粗细程度不同分为细料石、半细料石、粗料石和毛料石 4 种。料石截面高度和宽度尺寸不宜小于 200mm，且不小于长度的 1/4。毛石外形不规整，但要求中部厚度不应小于 200mm。

石材通常用 3 个 70mm 的立方体试块抗压强度的平均值确定。

石材抗压强度等级有 MU100、MU80、MU60、MU50、MU40、MU30 和 MU20 七个等级。

14. 砖分为哪几类？它们各自的主要技术要求有哪些？工程中怎样选择砖？

答：块材是组成砌体的主要部分，砌体的强度主要来自于砌块。现阶段工程结构中常用的块材有砖、砌体和各种石材。

（1）烧结普通砖

烧结普通砖是由矸石、页岩、粉煤灰或黏土为主要原料，经过焙烧而成的实心砖。分烧结煤矸石砖、烧结页岩砖、烧结粉煤灰砖、烧结黏土砖等。实心黏土砖是我国砌体结构中最主要和最常见的块材，其生产工艺简单、砌筑时便于操作、强度较高、价格较低廉，所以使用量很大。但是由于生产黏土砖消耗黏土的量大、毁坏农田与农业争地的矛盾突出，焙烧时造成的大气污染等对国家可持续发展构成负面影响，除在广大农村和城镇大量使用以外，大中城市已不允许建设隔热保温性能差的实心砖砌体房屋。

1）烧结普通砖

烧结黏土砖的尺寸为 240mm×115mm×53mm。为符合砖的规格，砖砌体的厚度为 240mm、370mm、490mm、620mm、740mm 等尺寸。

2）烧结多孔砖

烧结多孔砖是由矸石、页岩、粉煤灰或黏土为主要原料，经过焙烧而成、孔洞率不大于35%，孔的尺寸小而数量多，主要用于承重部位的砖。

砖的强度等级是根据标准试验方法（半砖叠砌）测得的破坏时的抗压强度确定，同时考虑到这类砖的厚度较小，在砌体中易受弯、受剪后易折断，《砌体结构设计规范》GB 50003同时规定某种强度的砖同时还要满足对应的抗折强度要求。《砌体结构设计规范》GB 50003同时还规定，普通黏土砖和黏土空心砖的强度共有MU30、MU25、MU20、MU15、MU10五个等级。

（2）非烧结硅酸盐砖

这类砖是用硅酸盐类材料或工业废料粉煤灰为主要原料生产的，具有节省黏土不损毁农田、有利于工业废料再利用、减少工业废料对环境污染的作用，同时可取代黏土砖生产、从而可有效降低黏土砖生产过程中环境污染问题，符合环保、节能和可持续发展的思路。这类砖常用的有蒸压灰砂普通砖、蒸压粉煤灰普通砖两类。

1）蒸压灰砂普通砖。它是以石灰等钙质材料和砂等硅质材料为主要原料，经坯料制备、压制排气成型、高压蒸汽养护而成的实心砖。

2）蒸压粉煤灰普通砖。它是以石灰、消石灰（如电石渣）或水泥等钙质材料与粉煤灰等硅质材料（砂等）为主要原料，掺加适量石膏，经坯料制备、压制排气成型、高压蒸汽养护而成的实心砖。

蒸压灰砂普通砖和蒸压粉煤灰普通砖的规格尺寸与实心黏土砖相同，能基本满足一般建筑的使用要求，但这类砖强度较低、耐久性稍差，在多层建筑中不用为宜。在高温环境下也不具备良好的工作性能，不宜用这类砖砌筑壁炉和烟囱。由于蒸压灰砂砖和粉煤灰砖自重小，用作框架和框架剪力墙结构的填充墙不失为较好的墙体材料。

蒸压灰砂砖的强度等级，与烧结普通砖一样，由抗压强度和抗折强度综合评定。在确定粉煤灰砖强度等级时，要考虑自然碳化影响，对试验室实测的值除以碳化系数1.15。《砌体结构设计规范》GB 50003规定，它们的强度等级分为MU25、MU20、MU15三个等级。

（3）混凝土砖

它是以水泥为胶凝材料，以砂、石为主要集料、加水搅拌、成型、养护制成的一种多孔的混凝土半盲孔砖或实心砖。多孔砖的主要规格尺寸为240mm×150mm×90mm、240mm×190mm×90mm、190mm×190mm×90mm等；实心砖的主要规格尺寸为240mm×115mm×53mm、240mm×115mm×90mm等。

15. 工程中最常用的砌块是哪一类？它的主要技术要求有哪些？它的强度分几个等级？

答：工程中最常用的砌块是混凝土小型空心砌块。由普通混凝土或轻集料混凝土制成，主要规格尺寸为390mm×190mm×190mm、空心率为25%～50%的空心砌块，简称为混凝土砌块或砌块。

砌块体积可达标准砖的60倍，因为其尺寸大才称为砌块。砌体结构中常用的砌块原料为普通混凝土或轻骨料混凝土。混凝土空心砌块是由于尺寸大、砌筑效率高、同样体积的砌体可减少砌筑次数，降低劳动强度。砌块分为实心砌块和空心砌块两类，空心砌块的空洞率在25%～50%之间。通常，把高度小于380mm的砌块称为小型砌块，高度在380mm～900mm的称为中型砌块。

混凝土砌块的强度等级是根据单块受压毛截面积试验时的破坏荷载折算到毛截面积上后确定的。其强度等级分为MU20、MU15、MU10、MU7.5和MU5共五个等级。

16. 钢筋混凝土结构用钢材有哪些种类？各类的特性是什么？

答：《混凝土结构设计规范》GB 50010中规定：增加了强度

为500MPa级的热轧带肋钢筋；推广400MPa、500MPa级热轧带肋高强度钢筋作为纵向受力的主导钢筋，限制并逐步淘汰335MPa级热轧带肋钢筋的应用；用300MPa级光圆钢筋取代235级光圆钢筋。推广具有较好延性、可焊性、机械连接性能及施工适应性的HRB系列普通钢筋。引入用控温轧制工艺生产的HRBF系列细晶粒带肋钢筋。RRB系列余热处理钢筋由轧制钢筋经高温淬水，余热处理后提高强度。其延性、可焊性、机械连接性能及施工适应性降低，一般可用于对变形性能及加工性能要求不高的构件中，如基础、大体积混凝土、楼板、墙体以及次要的中小结构构件等。

混凝土结构和预应力混凝土结构中使用的钢筋如下：

（1）纵向受力普通钢筋宜采用HRB400、HRB500、HRBF400、HRBF500钢筋，也可采用HPB300、HRB335、HRBF335、RRB400钢筋。

（2）梁、柱纵向受力普通钢筋应采用HRB400、HRB500、HRBF400、HRBF500钢筋。

（3）箍筋宜采用HPB300、HRB400、HRBF400、HRB500、HRBF500钢筋，也可采用HRB335、HRBF335钢筋。

（4）预应力筋宜采用预应力钢丝、消除预应力钢丝、预应力螺纹钢筋。

17. 钢结构用钢材有哪些种类？

答：钢结构用钢材按组成成分分为碳素结构钢和低合金结构钢两大类。

钢结构用钢材按形状分为热轧型钢（如热轧角钢、热轧工字钢、热轧槽钢、热轧H型钢）、冷轧薄壁型钢、钢板等。

钢结构用钢材按强度等级可分为Q235钢、Q345钢、Q390钢、Q420钢和Q460钢等，每个钢种可按其性能不同细分为若干个等级。

18. 碳素钢结构中焊条怎样选用？

答：我国碳钢焊条国家标准 GB/T 5117—95 中只有 E43××系列及 E50××系列两种型号，即抗拉强度只有 420MPa（55kgf/mm^2）和 490MPa（50kgf/mm^2）两个强度级别。目前焊接中大量使用的是 490MPa 级以下的焊条。焊接低碳钢（碳小于 0.25%）时大多使用 E43××（J42×）系列的焊条，这一系列焊条有多种牌号，可根据具体母材及使用条件、工作状况、焊件结构形状、钢板厚度等加以选用。

19. 防水卷材分为哪些种类？它们各自的特性有哪些？

答：防水卷材是一种具有一定宽度和厚度的能够卷曲成卷状的带状定性防水材料。根据构成防水膜层的主要原料的不同，防水卷材可以分为沥青防水卷材、高聚物改性沥青防水卷材和合成高分子防水卷材三类。其中高聚物改性沥青防水卷材和合成高分子防水卷材综合性能优越，是国内大力推广使用的新型防水卷材。

（1）沥青防水卷材

沥青防水卷材是以原纸、织物、纤维毡、塑料膜等材料为胎基，浸涂石油沥青、矿物粉料或塑料膜为隔离材料制成的防水卷材。它包括石油沥青纸胎防水卷材、沥青玻璃纤维布油毡、沥青玻璃纤维胎油毡几种类型。

沥青防水卷材重量轻、价格低廉、防水性能良好、施工方便、能适应一定的温度变化和基层伸缩变形，故多年来在工业与民用建筑的防水工程中得到广泛的应用。

（2）高聚物改性沥青防水卷材

高聚物改性沥青防水卷材是以高分子聚合物改性石油沥青为涂盖层，聚酯毡、纤维毡或聚酯纤维复合为胎基，细砂、矿物粉料或塑料膜为隔离材料制成的防水卷材。高聚物改性沥青防水卷材包括 SBS 改性沥青防水卷材、APP 改性沥青防水卷材、铝箔塑胶改性沥青防水卷材。

高聚物改性沥青防水卷材具有使用年限长、技术性能好、冷施工、操作方便、污染性低等特点，克服了传统的沥青纸胎油毡低温柔性差、延伸率低、拉伸强度及耐久性比较差等缺点，通过改善其各项技术性能，有效提高了防水质量。

（3）合成高分子防水卷材

合成高分子防水卷材以合成橡胶、合成树脂或两者共混为基料，加入适量的助剂和填料，经混炼、压延或挤出等工序加工而成的防水卷材。

合成高分子防水卷材包括三元乙丙（EPDM）橡胶防水卷材，聚氯乙烯（PVC）防水卷材，聚氯乙烯—橡胶共混防水卷材等。

合成高分子防水卷材具有拉伸强度高、断裂伸长率大、抗撕裂强度高、耐热性能好、低温柔软性好、耐腐蚀、耐老化以及可以冷施工等一系列优异性能，是我国大力发展的新型高档防水卷材。

20. 防水涂料分为哪些种类？它们各自具有哪些特点？

答：防水涂料按成膜物质的主要成分可分为沥青基防水涂料、高聚物改性沥青防水涂料、合成高分子防水涂料。按液态类型可分为溶剂型、水乳型和反应型三种。按涂层厚度又可分为薄质防水涂料、厚质防水涂料。

（1）沥青基防水涂料

沥青基防水涂料是以沥青为基料配制而成的水乳型或溶剂型防水涂料。水乳型防水涂料是将石油沥青分散于水中所形成的水分散体。溶剂型沥青涂料是将石油沥青直接溶解于汽油等有机溶剂后制得的溶液。沥青基防水涂料适用于Ⅲ、Ⅳ级防水等级的工业与民用建筑的屋面、混凝土地下室及卫生间的防水工程。

（2）高聚物改性沥青防水涂料

高聚物改性沥青防水涂料是以沥青为基料，用合成高分子聚合物进行改性而制成的水乳型或溶剂型防水涂料。由于高聚物的改性作用，使得改性沥青防水涂料的柔韧性、抗裂性拉伸强度、耐高低温性能、使用寿命等方面优于沥青基防水涂料。常用品种有再生橡胶沥青防水涂料、氯丁橡胶沥青防水涂料、丁基橡胶沥青防水涂料等。高聚物改性沥青防水涂料适用于Ⅱ、Ⅲ、Ⅳ级防水等级的屋面、地面、混凝土地下室和卫生间等的防水工程。

（3）合成高分子防水涂料

合成高分子防水涂料是以合成橡胶或合成树脂为主要成膜物质，加入其他辅料而配成的单组分或多组分的防水涂料。这类涂料具有高弹性、高耐久性及优良的耐高低温性能，是目前常用的高低档防水涂料。常用品种有聚氨酯防水涂料、硅橡胶防水涂料、氯磺化聚乙烯橡胶防水涂料和丙烯酸酯防水涂料等。合成高分子防水涂料适用于Ⅰ、Ⅱ、Ⅲ级防水等级的屋面、地下室、水池和卫生间的防水工程。

防水涂料应具有以下特点：

（1）整体防水性好。能满足各类屋面、地面、墙面的防水工程要求。在基层表面形状复杂的情况下，如管道根部、阴阳角处等，涂刷防水涂料较易满足使用要求。

（2）温度适应性强。因为防水涂料的品种多，养护选择余地大，可以满足不同地区气候的环境的需要。

（3）操作方便、施工速度快。涂料可喷可涂，节点处理简单，容易操作。可冷加工，不污染环境，比较安全。

（4）易于维修。当屋面发生渗漏时，不必完全铲除旧防水层，只要在渗漏部位进行局部维修，或在原防水层上重做一次防水处理就可达到防水目的。

21. 什么是建筑节能？建筑节能包括哪些内容？

答：建筑节能是指在建筑材料生产、屋面建筑和构筑物施工及使用过程中，合理使用能源，尽可能降低能耗的一系列活动过程的总称。建筑节能范围和技术内容非常广泛，主要范围包括：

（1）墙体、屋面、地面、隔热保温技术及产品。

（2）具有建筑节能效果的门、窗、幕墙、遮阳及其他附属部件。

（3）太阳能、地热（冷）或其他生物质能等在建筑节能工程中的应用技术及产品。

（4）提高供暖通风效能的节电体系与产品。

（5）供暖、通风与空气调解、空调与供暖系统的冷热源处理。

（6）利用工业废物生产的节能建筑材料或部件。

（7）配电与照明、监测与控制节能技术及产品。

（8）其他建筑节能技术和产品等。

22. 常用建筑节能材料种类有哪些？它们特点有哪些？

答：（1）建筑绝热材料

绝热材料（保温、隔热材料）是指对热流具有明显阻抗性的材料或材料复合体。绝热制品（保温、隔热制品）是指将绝热材料加工成至少有一个面与被覆盖表面形状一致的各种绝热制品。绝热材料包括岩棉及制品、矿渣棉及其制品、玻璃棉及其制品、膨胀珍珠岩及其制品、膨胀蛭石及其制品、泡沫塑料、微孔硅酸钙制品、泡沫石棉、铝箔波形纸保温隔热板等。

绝热材料具有表观密度小、多孔、疏松、导热系数小的特点。

（2）建筑节能墙体材料

建筑节能墙体材料主要包括蒸压加气混凝土砌块、混凝土小型空心砌块、陶粒空心砌块、多孔砖，多功能复合材料墙体砌块等。

建筑节能墙体材料与传统墙体材料相比具有密度小、孔洞率高、自重轻、砌筑工效高、隔热保温性能好等。

（3）节能门窗和节能玻璃

目前我国市场的节能门窗有 PVC 门窗、流塑复合门窗、铝合金门窗、玻璃钢门窗。节能玻璃包括中空玻璃、真空玻璃和镀膜玻璃等。

节能门窗和节能玻璃的主要优点是隔热保温性能良好、密封性能好。

23. 常用建筑陶瓷制品有哪些种类？各自的特性是什么？在哪些场合使用？

答：陶瓷制品按其烧结程度可分为陶质、瓷质、炻质（介于陶器和瓷器之间的一种陶瓷制品，如水缸等）三大类。建筑陶瓷制品最常用的有以下几种。

（1）陶瓷砖

陶瓷砖是用于建筑物墙面、地面的陶质、炻质和瓷质的饰面砖的总称。按表面特性分为有釉砖和无釉砖两种；按成型方法分为挤压法和干压法两种；按吸水率分为低吸水率砖、中吸水率砖和高吸水率砖。

地砖大多为低吸水率砖，主要特征是硬度大、耐磨性好、胎体较厚、强度较高、耐污染性好。主要品种有各类瓷质砖（施釉、不施釉、抛光、渗花砖等）、彩色釉面砖、通体砖、霹雳砖等。其中抛光砖是表面经过再加工的产品，装饰效果好，但耐污染性能差，因此，要选用经过表面处理的产品。其生产过程能耗高、粉尘和噪声污染严重，对土地和矿山开采会影响环境质量，不属于绿色产品。

建筑外墙砖通常要求采用吸水率小于10%的墙面砖。其表面分为无釉和有釉两种。吸水率小的可以不施釉、吸水率大的外墙砖施釉，其釉面多为亚光或无光。陶瓷外墙砖的主要品种为彩色釉面砖，选用时应根据室外气温的不同，选择不同吸水率的砖，如寒冷地区应选用低吸水率的砖。

陶质砖，主要用作卫生间、厨房、浴室等内墙的装饰与保护。陶质砖不适宜用于室外。

（2）陶瓷锦砖

陶瓷锦砖又称“马赛克”，分为有釉和无釉两种，系指边长不大于40mm、具有多种色彩和不同形状的小砖块镶拼组成花色图案的陶瓷制品，吸水率低。主要用于洁净车间、化验室、浴室等室内地面铺贴以及高级建筑物的外墙面装饰。

（3）琉璃制品

琉璃制品是覆有琉璃釉料的陶质器物。其常见的色彩有金黄蓝和青，主要产品有琉璃瓦、琉璃砖、琉璃兽、琉璃花窗和栏杆等。琉璃表面光滑、色彩绚丽、造型古朴、坚实耐久、富有民族特色，是我国传统的建筑装饰材料。

（4）卫生陶瓷

卫生陶瓷属细炻质制品，如洗面器、洗涤器、大便器、小便器、水箱、水槽等，主要用于浴室、盥洗室、厕所等处。

近年来墙面砖又出现了许多新产品，如渗水多孔砖、保温多孔砖、变色釉面砖、抗菌陶瓷砖和抗静电陶瓷砖。墙面砖选用时，除满足装饰效果外，尽量选择吸水率低，尺寸稳定性好的产品。

24. 普通平板玻璃的规格和技术要求有哪些？

答：建筑玻璃是以石英砂、纯碱、长石和石灰石等为主要原料、经熔融、成型、冷却固化而成的非结晶无机材料。其主要成分是二氧化硅（SiO_2，占70%左右）。为使玻璃具有某种特性或者改善玻璃的某些性质，常在玻璃原料中加入一些辅助原料，如助熔剂、着色剂、脱色剂、乳浊剂、澄清剂、发泡剂等。

按功能可将建筑用玻璃分为普通玻璃、吸热玻璃、防水玻璃、安全玻璃、装饰玻璃、漫射玻璃、镜面玻璃、热反射玻璃、低辐射玻璃、隔热玻璃等。

普通玻璃（原片玻璃）是一种未经进一步加工的钠钙硅酸盐质平板玻璃制品。其透光率在85%～90%，是建筑工程中用量最大的玻璃。

（1）普通平板玻璃的规格

引拉法玻璃有2mm、3mm、4mm、5mm、6mm五种。

浮法玻璃有3mm、4mm、5mm、6mm、8mm、10mm、12mm七种。

引拉法生产的玻璃其长宽比不得大于2.5，其中2mm、3mm厚的玻璃不得小于400mm×300mm；4mm、5mm、6mm厚的玻璃不得小于600mm×400mm；浮法玻璃尺寸一般不小于1000mm×1200mm，但不得大于2500mm×3000mm。

（2）普通玻璃的技术要求

透光率应满足《普通平板玻璃》GB 5871的规定。外观质量如波筋、气泡、划伤、砂粒、疙瘩、线道和麻点将其划分为优等品、一等品、合格品三个级别。浮法玻璃按外观质量如光学变形、气泡、夹杂物、划伤、线道和雾斑将其划分为优等品、一等品、合格品三个级别。

普通平板玻璃采用木箱或集装箱（架）包装，在贮存运输时，必须箱盖向上，垂直立放并需注意防潮、防雨，存放在不结雾的房间内。

25. 安全玻璃、玻璃砖各有哪些主要特性？应用情况如何？

答：（1）安全玻璃

为减少玻璃脆性，提高其强度，通过对普通玻璃进行增强处理，或与其他材料复合，或采用加入特殊成分等方法来加以改性。经过增强改性后的玻璃称为安全玻璃，常用的安全玻璃有钢化玻璃（又称强化玻璃）、夹丝玻璃和夹层玻璃。

1）钢化玻璃。钢化玻璃分为物理钢化和化学钢化两种。钢化玻璃表面层产生残余压缩应力，而使玻璃的抗折强度、抗冲击性、热稳定性大幅度提高。物理钢化玻璃破碎时形成圆滑的微粒状，有利于人身安全，用于高层建筑的门窗、幕墙、隔墙、桌面玻璃、炉门上的观察窗以及汽车风挡、电视屏幕等。

2）夹丝玻璃。这类玻璃是将平板玻璃加热到红热状态，再将预热处理的金属丝压入玻璃中而制成。它的耐冲击性和耐热性好，在外力作用和温度骤变时，破而不散，而且具有防火、防盗性能。夹丝玻璃适用于公共建筑的阳台、楼梯、电梯间、走廊、厂房天窗和各种采光屋顶。

3）夹层玻璃。夹层玻璃系两片或多片玻璃之间夹透明塑料薄膜，经加热、加压粘合而成。夹层玻璃有 3、5、7、9 层。9 层时成为防弹玻璃。它的抗冲击性能比平板玻璃高几倍，破碎时只产生辐射状裂纹而不分离成碎片，不致伤人。它还具有耐久、耐热、耐湿、耐寒和隔声性能好等特点，适用于有特殊要求的建筑物的门窗、隔墙、工业厂房的天窗和某些水下工程。

（2）玻璃砖

玻璃砖分为实心和空心两类。空心玻璃砖又分为单腔和双腔两种。玻璃砖的形状和尺寸有多种，砖的内外表面可制成光面和挖土花纹面，有无色透明和彩色的。形状有方形、矩形以及各种异型砖。玻璃砖具有透光不透视，保温隔声、密封性强，不透灰、不结漏，能短期隔断火焰、抗压耐磨、光洁明亮、图案精美、化学稳定性强等特点。可用于透光屋面、非承重外墙、内墙、门厅、通道、浴室等隔断。特别适用于宾馆、展览馆、体育馆等高级建筑。

26. 节能玻璃、装饰玻璃各有哪些主要特性？应用情况如何？

答：（1）节能玻璃

1）吸热玻璃。这种玻璃是能吸收大量红外线辐射能并保持较高可见光透射率的玻璃。一种方法是在普通钠钙硅酸盐玻璃的原料中加入一定量有吸热性能的着色剂，如氧化铁、氧化钴以及硒等。还可以在平板玻璃表面喷镀一层或多层金属或金属氧化物镀膜制成。其颜色有灰色、茶色、蓝色、绿色、古铜色、青铜色、粉红色和金黄色等。它能吸收更多的太阳辐射热，具有防眩效果，而且可以吸收一定的紫外线。它广泛用于建筑门窗以及车、船挡风玻璃等，起隔热、防眩和装饰作用。

2）热反射玻璃。它也称为镜面玻璃，具有较高的热反射能力而且又保持良好的透光性的平板玻璃。它通过热解、真空蒸镀和阴极溅射等方法，在玻璃表面涂以金、银、铝、铬、镍和铁等金属或金属氧化物薄膜，或采用电浮法等离子交换方法，以金属离子置换玻璃表面原有的离子而形成热反射膜。热反射玻璃有金色、茶色、灰色、紫色、褐色、青色、青铜色和浅蓝色等。热反射玻璃具有良好的隔热性能，它还具有单向透像的作用，白天能在室内看到室外景物，而室外却看不到室内的景物。它通常用于建筑物门窗、玻璃幕墙、汽车和轮船的玻璃。

3）中空玻璃。中空玻璃是将两片或多片玻璃相互间隔12mm镶于边框中，且四周加以密封，间隔空腔中充满干燥空气或惰性气体，也可在框底放干燥剂。为了获得更好的声控、光控和隔热效果，还可充以各种漫反射光线的材料、电介质等。中空玻璃可以选用不同规格的玻璃原片厚度为3mm、4mm、5mm、6mm，充气层厚度一般为6mm、9mm、12mm等。中空玻璃具有良好的绝热、隔声效果，而且露点低、自重轻。适用于需要供暖、空调、防止噪声、防止结露以及需要无直射阳光和特殊光的建筑物，如住宅、办公楼、学校、医院宾馆、旅店、恒湿恒温的实验室以及工厂的门窗、天窗和玻璃幕墙等。

（2）装饰玻璃

装饰玻璃是指用于建筑物表面装饰的玻璃制品，包括板材和砖材。主要有彩色玻璃、玻璃贴面砖、玻璃锦砖、压花玻璃、磨砂玻璃等。

27. 内墙涂料的主要品种有哪些？它们各自有什么特性？用途如何？

答：内墙涂料可分为以下几类：

（1）水溶性内墙涂料

水溶性内墙涂料有聚乙烯醇水玻璃涂料（106涂料）及其改

性聚乙烯醇甲醛水溶性涂料（803 涂料），这类涂料的耐水、耐刷洗、附着力不好，涂膜经不起雨水冲刷和冷热交替，改性聚乙烯醇甲醛水溶性涂料中残留的游离甲醛对人体、环境和施工时的劳动保护都有不利影响。

（2）合成树脂乳液内墙涂料（乳胶漆）

常用的有苯丙乳胶漆、聚醋酸乙烯乳胶漆和氯—偏共聚乳液等内墙涂料，涂膜具有耐水性、耐洗刷、耐腐蚀和耐久性好的特点是一种中档内墙涂料。

（3）溶剂型内墙涂料

溶剂型内墙涂料主要品种有过氯乙烯墙面涂料，绿化橡胶墙面涂料、丙烯酸酯墙面涂料，聚氨酯系墙面涂料。其光洁度好、易于冲洗，耐久性好，但透气性差，墙面易结露，多用于厅堂、走廊等处。

（4）内墙粉末涂料

内墙粉末涂料是以水溶性树脂或有机胶粘剂为基料，配以适当的填充料等研磨加工而成。这种涂料具有不起壳、不掉粉、价格低、使用方便等特点。加入一些功能性组分如二氧化钛，海泡石等还可制成具有净化空气，调湿和抗菌功能的涂料。

（5）多彩内墙涂料

多彩内墙涂料是一种内墙、顶棚装饰涂料。按其介质可分为水包油型、油包水型、油包油型和水包水型四种。常用的是水包油型。多彩内墙涂料涂层色泽丰富、富有立体感，装饰效果好；涂膜质地厚，有弹性，类似壁纸。整体感好；耐油、耐水、耐腐蚀、耐洗刷、耐久性好；具有较好的透气性。

28. 外墙涂料的主要品种有哪些？它们各自有什么特性？用途如何？

答：（1）丙烯酸乳胶漆

丙烯酸乳胶漆是由甲基丙烯酸丁酯、丙烯酸丁酯、丙烯酸乙酯，经共聚而制得的纯丙烯酸系乳液等丙烯酸单体作为成膜物质，再加入填料、颜料及其他助剂而成。它具有优良的耐热性、耐候性、耐腐蚀性、耐污染性、附着力高，保色保光性好；但硬度、抗污染性、耐溶剂性等方面不尽如人意。在设计工程中广泛使用，生产占有率占外墙涂料的85%以上。

（2）聚氨酯系列外墙涂料

这种涂料是以聚氨酯树脂或聚氨酯与其他树脂复合物为主要成膜物质的优质外墙涂料。这类涂料具有良好的耐酸性、耐水性、耐老化性、耐高温性，涂膜光洁度极好，呈瓷质感。

（3）彩色砂壁状外墙涂料

这种涂料简称彩砂涂料，是以合成树脂乳液为主制成的，可用不同的施工工艺做成仿大理石、仿花岗岩等。涂料具有丰富的色彩和质感，保色性、耐水性、耐候性好，使用寿命可达10年以上。

（4）水乳型合成树脂乳液外墙涂料

这种涂料是以合成树脂配以适量乳化剂、增稠剂和水通过高速搅拌分散而成的稳定乳液为主要成膜物质配制而成，主要有乙—丙酸乳胶、丙烯酸酯乳胶漆、乙丙酸乳液后模涂料等。这类涂料施工方便，可以在潮湿的基层上施工，涂膜的透气性好，不易发生火灾，环境污染少，对人体毒性小。

（5）氟碳涂料

含有C—F键的涂料统称为氟碳涂料。这类涂料具有许多独特的性质，如超耐气候老化性、超耐化学腐蚀性，足以抵御褪色、起霜、龟裂、粉化、锈蚀和大气污染、环境破坏、化学侵蚀等作用。

29. 地面涂料的主要品种有哪些？它们各自有什么特性？用途如何？

答：地面涂料主要有聚氨酯地面涂料、环氧树脂厚质地面涂料、环氧树脂自流平地面涂料、聚醋酸乙酯地面涂料、过氧乙烯地面涂料等品种。它们具有优良的耐磨性、耐碱性、耐水性和抗冲击性。地面涂料的主要功能是装饰与保护室内地面，使地面清洁美观、与室内墙面及其他装饰相适应。

第三节　施工识图、绘图的基本知识

1. 房屋建筑施工图由哪些部分组成？它的作用包括哪些？房屋建筑施工图的图示特点有哪些？

答：（1）房屋建筑施工图的组成

1）建筑设计说明；

2）各楼层平面布置图；

3）屋面排水示意图、屋顶间平面布置图及屋面构造图；

4）外纵墙面及山墙面示意图；

5）内墙构造详图；

6）楼梯间、电梯间构造详图；

7）楼地面构造图；

8）卫生间、盥洗室平面布置图、墙体及防水构造详图；

9）消防系统图等。

（2）建筑施工图的作用

1）确定建筑物在建设场地内的平面位置：

2）确定各功能分区及其布置；

3）为项目报批、项目招标投标提供基础性参考依据；

4）指导工程施工，为其他专业的施工提供前提和基础；

5）是项目结算的重要依据；

6）是项目后期维修保养的基础性参考依据。

（3）房屋建筑施工图的图示特点

房屋建筑施工图的图示特点包括：

1）直观性强；

2）指导性强；

3）生动美观；

4）具体实用性强；

5）内容丰富；

6）指导性和统领性强；

7）规范化和标准化程度高。

2. 建筑施工图和结构施工图的图示方法及内容各有哪些？

答：（1）建筑施工图的图示方法

1）文字说明；

2）平面图；

3）立面图；

4）剖面图，有必要时加附透视图；

5）表列汇总等。

（2）建筑施工图的图示内容

1）房屋平面尺寸及其各功能分区的尺寸及面积；

2）各组成部分的详细构造要求；

3）各组成部分所用材料的限定；

4）建筑重要性分级及防火等级的确定；

5）协调结构、水、电、暖、卫和设备安装的有关规定等。

（3）结构施工图的图示方法

结构施工图是表示房屋承重受各种作用的受力体系中各个构件之间相互关系、构件自身信息的设计文件，它包括下部结构的地基基础施工图、上部主体结构中承受作用的墙体、柱、板、梁或屋架等的施工图纸。

结构施工图包括结构设计说明、结构平面图以及结构详图，它们是结构图整体中联系紧密、相互补充、相互关联、相辅相成的三部分。

（4）结构施工图的图示内容

1）结构设计总说明。结构设计说明是对结构设计文件全面、概括性的文字说明，包括结构设计依据，适用的规范、规程、标准图集等，结构重要性等级、抗震设防烈度、场地土的类别及工程特性、基础类型、结构类型、选用的主要工程材料、施工注意事项等。

2）结构平面布置图。结构平面布置图是表示房屋结构中各种结构构件总体平面布置的图样，包括以下三种：

① 基础平面图。基础平面图反映基础在建设场地上的布置，标高、基坑和桩孔尺寸、地下管沟的走向、坡度、出口，地基处理和基础细部设计，以及地基和上部结构的衔接关系的内容。如果是工业建筑还应包括设备基础图。

② 楼层结构布置图。包括底层、标准层结构布置图，主要内容包括各楼层结构构件的组成、连接关系、材料选型、配筋、构造做法，特殊情况下还有施工工艺及顺序等要求的说明等。对于工业厂房，还应包括纵向柱列、横向柱列的确定、吊车梁、连系梁、必要时设置的圈梁，柱间支撑，山墙抗风柱等的设置。

③ 屋顶结构布置图。包括屋面梁、板、挑檐、圈梁等的设置、材料选用、配筋及构造要求；工业建筑包括屋架、屋面板、屋面支撑系统、天沟板、天窗架、天窗屋面板、天窗支撑系统的选型、布置和细部构造要求。

④ 细部构造详图。一般构造详图是和平面结构布置图一起绘制和编排的。主要反映基础、梁、板、柱、楼梯、屋架、支撑等的细部构造做法和适用的材料，特殊情况下包括施工工艺和施工环境条件要求等内容。

3. 混凝土结构平法施工图有哪些特点?

答：钢筋混凝土结构施工图平面整体表示法（以下简称平法），并编制了用平法表示的系列结构施工图集，经进一步完善已经在工程实践中得到普及使用，大大降低了设计者重复劳动所花费的无效益的时间，使施工图设计工作焕然一新。平法的普及也极大地方便了施工技术人员的工作，通过明了、简捷、易懂的图纸使原来易于出错、易于产生漏洞、含混不清的环节得以补救，提高了施工质量和效益。同时，平法标准图集的问世在推动建筑行业规范化、标准化起到积极的示范和带头作用。在减轻设计者劳动强度、提高设计质量，节约能源和资源方面具有非常重要的意义。概括起来说，钢筋混凝土结构平法结构施工图的特点如下：

(1) 标准化程度高，直观性强。

(2) 降低设计时的劳动强度、提高工作效率。

(3) 减少出图量，节约图纸量与传统设计法相比在60%～80%，符合环保和可持续发展的模式。

(4) 减少了错、漏、碰、缺现象，校对方便、出错易改；易于读识、方便施工、提高了工效。

4. 在钢筋混凝土框架结构中板块集中标注包括哪些内容？

答：板块集中标注就是将板的编号、厚度、X和Y两个方向的配筋等信息在板中央集中表示的方法。标注内容：板块编号、板厚、双向贯通筋及板顶面高差。对于普通楼（屋）面板两向均单独看作为一跨作为一个板块；对于密肋楼（屋）面板，两方向主梁（框架梁）均以一跨作为一个板块（非主梁的密肋次梁不视为一跨）。需要注明板的类型代号和序号，例如楼面板4，标注时写为LB4；屋面板2，标注时写为WB2；延伸悬挑板1，标注时写为YXB1，纯悬挑板6，标注时写为XB6等。构造上应注意延伸悬挑板的上部受力钢筋应与相邻跨内板的上部纵向钢筋连通配置。板厚用h=×××表示，单位为mm，一般省略不写；当悬挑板端和板根部厚度不一致时，注写时在等号后先写根部厚度，加注斜线后写板端的厚度，即h=×××/×××。如图中已经明确了板厚可以不予标注。贯通纵筋按板块的下部和上部分别标注，板块上部没有贯通筋时可不标注。板的下部贯通筋用B表示，上部贯通筋用T表示，B&T代表下部与上部均配有同一类型的贯通筋；X方向的贯通筋用X打头，Y方向的贯通筋用Y打头，双向均设贯通筋时用X&Y打头。

单向板中垂直于受力方向的贯通的分布钢筋设计中一般不标注，在图中统一标注即可。

板面标高高差是指相对于结构层楼面标高的高差，楼板结构层有高差时需要标注清楚，并将其写在括号内。

5. 在钢筋混凝土框架结构中板支座原位标注包括哪些内容?

答：板支座原位标注的内容主要包括板支座上部非贯通纵筋和纯悬挑板上部受力钢筋。

板支座原位标注的钢筋一般标注在配置相同钢筋的第一跨内，当在两悬挑部位单独配置时就在两跨的原位分别标注。在配置相同钢筋的第一跨或悬挑部位，用垂直于板支座一段适宜长度的中粗实线表示，当该钢筋通长设置在悬挑板上部或短跨上部时，该中粗实线应通至对边或贯通短跨；用上述中粗实线代表支座上部非贯通筋，并在线段上方注写钢筋编号，配筋值，括号内注写横向连系布置的跨数（××），如果只有一跨可不注写；（××A）代表该支座上部横向贯通筋在横向贯通的跨数和一端布置到了梁的悬挑端；（××B）代表该横向贯通的跨数和两端布置到了梁的悬挑端。

板支座上部非贯通钢筋伸入左右两侧跨内长度相同时只在一侧表示该钢筋的中粗线的下方标写伸入长度即可，如果伸入两侧长度不同则要分别标写清楚。板的上部非贯通钢筋和纯悬挑板上部的受力钢筋一般仅在一个部位注写，对于其他相同的非贯通钢筋，则仅在代表钢筋的线段上部注写编号及横向连续布置的跨数即可。对于弧形支座上部配置的放射状的非贯通筋，设计时应标明配筋间距的度量位置并加注“放射分布”字样。

6. 在钢筋混凝土框架结构中柱的列表标注包括哪些内容?

答：柱列表注写方式是指在柱平面布置图上，在编号相同的柱中选择一个或几个截面标注该柱的几何参数代号；在柱表中注写柱号，柱段的起止标高，几何尺寸和柱的配筋，并配以柱箍筋类型图的方式来表示柱平法施工图。在结构设计时，柱表注写的内容主要包括：柱编号、柱的起止标高、柱几何尺寸和对轴线的偏心、柱纵筋、柱箍筋等主要内容。

（1）柱编号

柱的编号由类型代号和序号两部分组成，类型代号表示的是柱的类型，例如框架柱类型代号为 KZ，框支柱类型代号为 KZZ，芯柱的类型代号为 XZ，梁上柱类型代号为 LZ，剪力墙上柱类型代号为 QZ。由此可见柱的类型代号也是其名称汉语拼音字母的大写。序号是设计者依据自己习惯或设计顺序给每类柱所编的排序号，一般用小写阿拉伯数字表示，编号时，当柱的总高、③④⑤⑥⑦⑧分段截面尺寸和配筋都对应相同，但是柱分段截面与轴线的关系不同时，可以将这些柱编成相同的编号。

（2）柱的起止标高

①各段起止标高的确定：各个柱段的分界线是自柱根部向上开始，钢筋没有改变到第一次变截面处的位置，或从该段底部算起柱内所配纵筋发生改变处截面作为分段界限分别标注。②柱根部标高：框架柱（KZ）和框支柱（KZZ）的根部标高为基础顶面标高；芯柱（XZ）的根部标高是指根据实际需要确定的起始位置标高；梁上柱（LZ）的根部标高为梁的顶面标高；剪力墙上的柱的根部标高分两种情况：一是当柱纵筋锚固在墙顶时，柱根部标高为剪力墙顶面标高；当柱与剪力墙重叠时，柱根部标高为剪力墙顶面往下一层的结构楼面标高。

（3）柱几何尺寸和对轴线的偏心

①矩形柱：矩形柱的注写截面尺寸 $b \times h$ 及与轴线的几何参数代号 b_1、b_2 和 h_1、h_2 的具体数值，一般对应于各段柱分别标注。其中 $b=b_1+b_2$，$h=h_1+h_2$。当柱截面的某一侧收缩至与柱轴线重合时，对应的几何参数 b_1、b_2 和 h_1、h_2 对应的值就为 0；当其中某一侧收缩到柱轴线另一侧时该对应的参数变为负值。②圆柱：柱表中 $b \times h$ 改为在圆柱直径数字之前加 d 表示。设计中为了使表达的更简单，圆柱形截面与轴线的关系用 b_1、b_2 和 h_1、h_2 表示，即 $d=b_1+b_2=h_1+h_2$。

（4）柱内纵筋

当柱纵筋直径相同、各边根数也相同时，将纵筋注写在“全部纵筋”一栏中，除此之外，纵筋分为角筋、截面 b 边中部筋和 h 边中部钢筋三类要分别注写。对于对称配筋截面柱只需要注写一侧的中部筋，对称边可以省略。

（5）柱箍筋类型号

对于箍筋宜采用列表注写法，在柱表中按图选择相应的柱截面形状及箍筋类型号，并注写在表中。

（6）柱箍筋

包括箍筋的级别、直径和间距。在具有抗震设防的柱上下端箍筋加密区与柱中部非加密区长度范围内箍筋的不同间距，在注写时用斜线符号“/”加以区分，斜线前是加密区的箍筋间距，斜线后为非加密区箍筋的间距。箍筋沿柱高间距不变时不需要斜线。例如，某柱箍筋注写为Φ10@100/200，表示箍筋采用的是HPB300级钢筋，箍筋直径为10mm，柱端箍筋加密区箍筋间距100mm，非加密区箍筋间距为200mm。

当柱截面为圆形时，采用螺旋箍筋时，在钢筋前加“L”。例如，某柱箍筋标注为LΦ10@100/200，表示该柱采用螺旋箍筋，箍筋为HPB300级钢筋，为Φ10mm，加密区间距100mm，非加密区间距为200mm。抗震设防时的柱端钢筋加密区的长度根据《建筑抗震设计规范》GB 50011的规定，参照标准构造详图，在几种不同要求的长度中取最大值。

7. 在钢筋混凝土框架结构中柱的截面标注包括哪些内容？

答：在施工图设计时，在各标准层绘制的柱平面布置图的柱截面上，分别在相同编号的柱中选择一个截面，将截面尺寸和配筋数值直接标注在选定的截面上的方式，称为柱截面注写方式。采用柱截面注写法绘制柱平法施工图时应注意以下事项。

（1）当柱的分段截面尺寸和配筋均相同，仅分段截面与轴线的关系即柱偏心情况不同时，这些柱采用相同的编号。但需要在未画配筋的截面上注写该柱截面与轴线关系的具体尺寸。

（2）按平法绘制施工图时，从相同编号的柱中选择一个截面，按需要的比例原位放大绘制柱截面配筋图，并在各配筋图上柱编号的后面注写截面尺寸 $b\times h$、全部纵筋（全部纵筋为同一直径）、角筋、箍筋的具体数值，另外在柱截面配筋图上标注柱截面与轴线关系 b_1、b_2、h_1、h_2 的具体数值。

（3）当柱纵筋采用两种直径时，将截面各边中部纵筋的具体数值注写在截面的侧边；当矩形截面柱采用对称配筋时，仅在柱截面一侧注写中部纵筋，对称边则不注写。

8. 在框架结构中梁的集中标注包括哪些方法？

答：梁的集中标注方式是指在梁平面布置图上，分别在不同编号的梁中各选一根，将截面尺寸和配筋的具体数值集中标注在该梁上，以此来表达梁平面的整体配筋的方法。例如图 1-1 中Ⓔ轴线的框架柱，将梁的共有信息采用集中标注的方法标注在①～②轴线间梁段的上部。

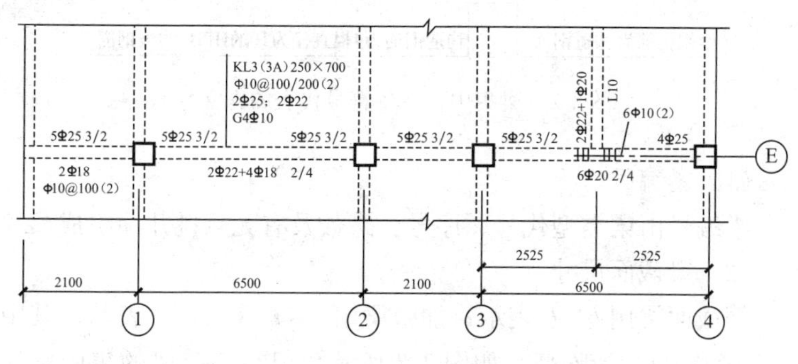

图 1-1　梁的集中与原位标注

梁集中标注各符号代表的含义如图 1-2 所示。

梁的集中标注表达梁的通用数值，它包括 5 项必注值和一项选注值。标注值包括梁的编号、梁的截面尺寸、梁箍筋、梁上部通长筋或架立筋、梁侧面纵向构造钢筋或受扭钢筋的配置；选注值为梁顶面标高高差。

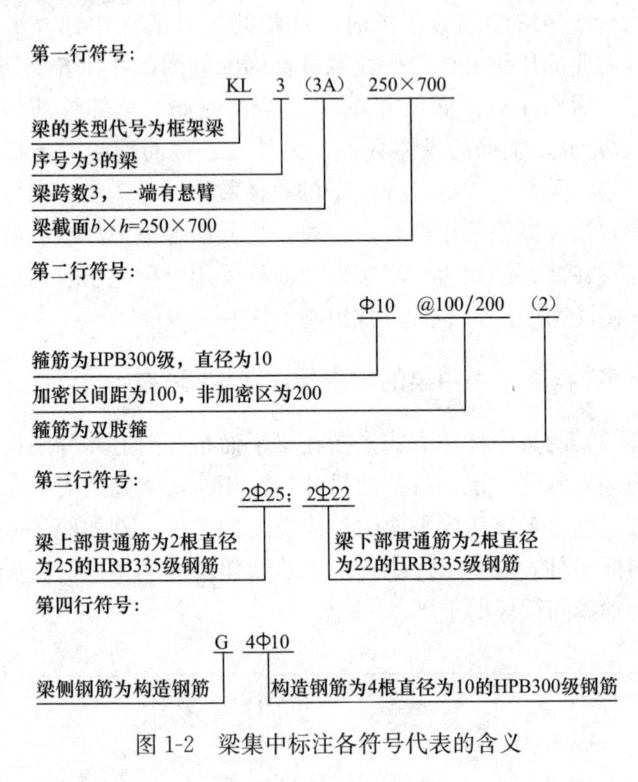

图 1-2 梁集中标注各符号代表的含义

（1）梁编号

梁编号由梁类型代号、序号、跨数及有无悬挑几项组成。

（2）梁截面尺寸

等截面梁用 $b \times h$ 表示；加腋梁用 $b \times h \mathrm{Y} C_1 \times C_2$ 表示，其中 C_1 为腋长，C_2 为腋高，如图 1-3 所示。但在多跨梁的集中标注已经注明加腋，但其中某跨的根部不需要加腋时，则通过在该跨原位标注等截面的 $b \times h$ 来修正集中标注的加腋信息。悬挑梁根部和端部的截面高度不同时，用斜线分隔根部与端部的高度数值，即 $b \times h_1/h_2$，其中 h_1 是梁根部厚度，h_2 是梁端部厚度，如图 1-4 所示。

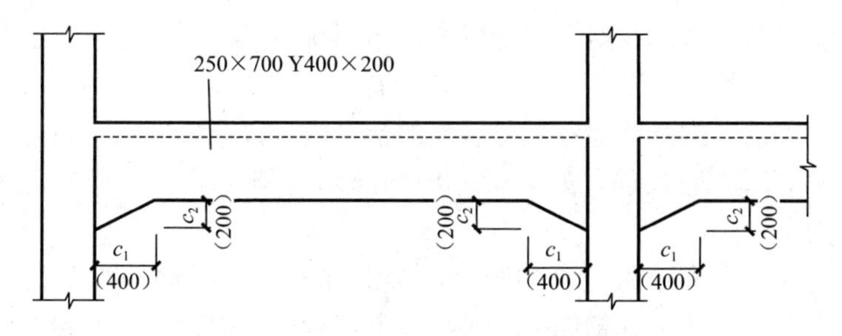

图 1-3　加腋梁截面尺寸及注写方法

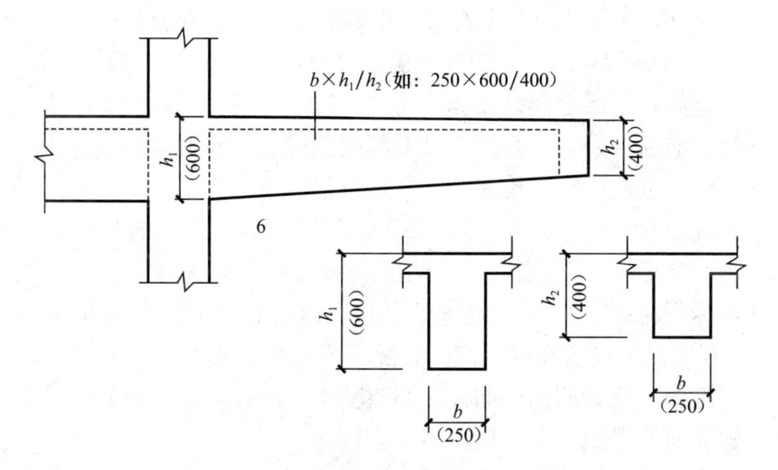

图 1-4　悬挑梁不等高截面尺寸注写方法

（3）梁箍筋

梁箍筋需标注包括钢筋级别、直径、加密区与非加密区间距及箍筋肢数，箍筋肢数写在标注数值最后的括号内。梁箍筋加密区与非加密区的不同间距及肢数用斜线“/”分隔，写在斜线前面的数值是加密区箍筋的间距，写在斜线后的数值是非加密区箍筋的间距。梁上箍筋间距没有变化时不用斜线分隔。当加密区箍筋肢数相同时，则将箍筋肢数注写一次。

（4）梁上通长筋或架立筋

梁上通长钢筋是根据梁受力以及构造要求配置的，架立筋是根据箍筋肢数和构造要求配置的。当同排纵筋中既有通长筋也有架立筋时用“+”将通常筋和架立筋相连，注写时将角部纵筋写在加号前，架立筋写在加号后面的括号内，以此来区别不同直径的架立筋和通长筋，如果两上部钢筋均为架立筋时，则写入括号内。

在当大多数跨配筋相同时，梁上部和下部纵筋均为通长筋时，在标注梁上部钢筋时同时标写下部钢筋，但要在上部和下部钢筋之间加“;”用其将梁上部和下部通长纵筋的配筋值分开。

例如，某梁上部钢筋标注 2⌽20，表示用于双肢箍；若标注为“2⌽20（2Φ12）”，其中 2⌽20 为通长筋，2Φ12 为架立筋。

例如，某梁上部钢筋标注为“2⌽25；2⌽20”，表示该梁上部配置的通长筋为 2⌽25，梁下部配置的通长筋为 2⌽20。

（5）梁侧面纵向构造筋或受扭钢筋

《混凝土结构设计规范》GB 50010 规定，当梁的腹板高度 h_w≥450mm 时，在梁的两个侧面应沿高度方向配置纵向构造钢筋，标写时第一字符应为构造钢筋汉语拼音第一个字母的大写 G，其后注写设置在梁两侧的总配筋值，并对称配筋。

例如，某梁侧向钢筋标注 G6⌽14，表示该梁两侧分别对称配置纵向构造钢筋 3⌽14，共 6⌽14。

当梁承受扭矩作用需要设置沿梁截面高度方向均匀对称配置的抗扭纵筋时，标注时第一个字符为扭转的扭字汉语拼音的第一个字母的大写“N”，其后标写配置在梁两侧的抗扭纵筋的总配筋值，并对称配置。

例如，某梁侧向钢筋标注 N6⌽22，表示该梁的两侧配置分别为 3⌽22 纵向受扭箍筋，共配置 6⌽22。

（6）梁顶顶面标高高差。梁顶顶面标高不在同一高度时，对于结构夹层的梁，则是指相对于结构夹层楼面标高的高差。有高差时，将此项高差标注在括号内，没有高差则不标注，梁顶面高于结构层的楼面标高，则标高高差为正值，反之为负值。

9. 在框架结构中梁的原位标注包括哪些方法?

答：这种标注方法主要用于梁支座上部和下部纵筋。顾名思义就是将梁支座上部的和下部的纵向配置的钢筋标注在梁支座部位的平法标注方法。

（1）梁支座上部纵筋

梁支座上部纵筋包括用通长配置的纵筋和梁上部单独配置的抵抗负弯矩的纵筋，以及为截面抗剪设置的弯起筋的水平段等。

1）当梁的上部纵筋多于一排时，用斜线“/”将各排纵筋自上而下隔开，斜线前表示上排钢筋，斜线后表示下排钢筋。例如，图 1-1 中 KL3 在①轴支座处，计算要求梁上部布置 5⌀25 纵筋，按构造要求钢筋需要配置成上下两排，原位标注为 5⌀25 3/2，表示上一排纵筋为 3⌀25 的 HRB335 级钢筋，下一排为 2⌀25的 HRB335 级钢筋。

2）当梁的上部或下部同排中配置的纵筋直径在两种以上时，在注写时用“+”号将两种及以上钢筋连在一起，角部钢筋写在前边。例如图 1-1 中 L10 在Ⓔ轴支座处，梁上部纵筋注写为 2⌀22 +1⌀20，表示此支座处梁上部有 3 根纵筋，其中角部纵筋为 2⌀22，中间一根为 1⌀20。

3）当梁中间支座两边的上部纵筋不同时，须在支座两边分别标注；梁支座两边配筋相同时，可仅在支座一边标注配筋即可。

4）当梁上部纵筋跨越短跨时，仅将配筋值标注在短跨梁上部中间位置。例如，图 1—1 中 KL3 在②轴与③轴间梁上部注写 5⌀25 3/2，表示②轴和③轴支座梁上部纵筋贯穿该跨。

（2）梁支座下部纵筋

梁支座下部纵向钢筋原位标注方法包括如下规定。

1）当梁的下部纵筋多于一排时，用斜线“/”将各排纵筋自上而下隔开，斜线前表示上排钢筋，斜线后表示下排钢筋。例如，图 1-1 中 KL3 在③轴和④轴间梁的下部，计算需要配置 6⌀20 的纵筋，按构造要求需要配置成两排，故原位标注为6Φ20 2/4，表示上一排纵筋为2Φ20的HRB335级钢筋，下一排为4Φ20的HRB335级钢筋。

2）当梁的下部同排纵筋有两种及以上直径时，在注写时用“＋”号将两种及以上钢筋连在一起，角部钢筋写在前边。例如，图1-1中KL3在①轴和②间梁下部，计算需要配置2Φ22＋4Φ18纵筋，表示此梁下部共有6根钢筋，其中上排筋为2Φ18，下排角部纵筋2Φ22，下排中部钢筋为2Φ18。

3）当梁下部纵筋不全部伸入支座时，将梁支座下部纵筋减少的数量写在括号内。例如，某根梁的下部纵筋标注为2Φ22＋2Φ18（－2）/5Φ22，表示上排纵筋为2Φ22和2Φ18，其中2Φ18不伸入支座；下一排纵筋为5Φ22，且全部伸入支座。

4）当梁的集中标注已按规定分别标写了梁上部和下部均为通长的纵筋时，则不需要在梁下部重复作原位标注。

（3）附加箍筋和吊筋

当主次梁相交时由次梁传给主梁的荷载有可能引起主梁下部被压坏时，设计时，在主次梁相交处一般设置有附加箍筋或吊筋，可将附加箍筋或吊筋直接画在主梁上，用细实线引注总配筋值。例如，图1-1中的L10③轴和④轴间跨中6Φ10（2），表示在轴支座处需配置6根附加箍筋（双肢箍），L10的两侧各3根，箍筋间距按标准构造取用，一般为50mm。在一份图纸上，绝大多数附加箍筋和吊筋相同时，可在两平法施工图上统一注明，少数与统一注明不同时，再进行原位标注。

（4）例外情况

当梁上集中标注的内容不适于某跨或某悬挑部分时，则将其不同数值原位标注在该跨或悬挑部分，施工时按原位标注的数值取用。其中梁上集中标注的内容一般包括梁截面尺寸、箍筋、上部通长筋或架立筋、梁两侧纵向构造筋或受扭纵筋，以及梁顶面标高高差中的某一项或几项数值。例如，图1-1中①轴左侧梁悬挑部分，上部注写的5Φ25，表示悬挑部分上部纵筋与①轴支座右侧梁上部纵筋相同；下部注写 2⌀18 表示悬挑部分下部纵筋为 2⌀18 的 HRB335 级钢筋。φ10@100（2）表示悬挑部分的箍筋通长为 HPB300 级直径 10mm，间距 100mm 的双肢箍。

梁截面注写方式是指在分标准层绘制的梁平面布置图上，分别在不同编号的梁中各选一根梁用剖面符号标出配筋图，并在其上注写截面尺寸和配筋具体数值的表示方式，如图 1-5 所示。

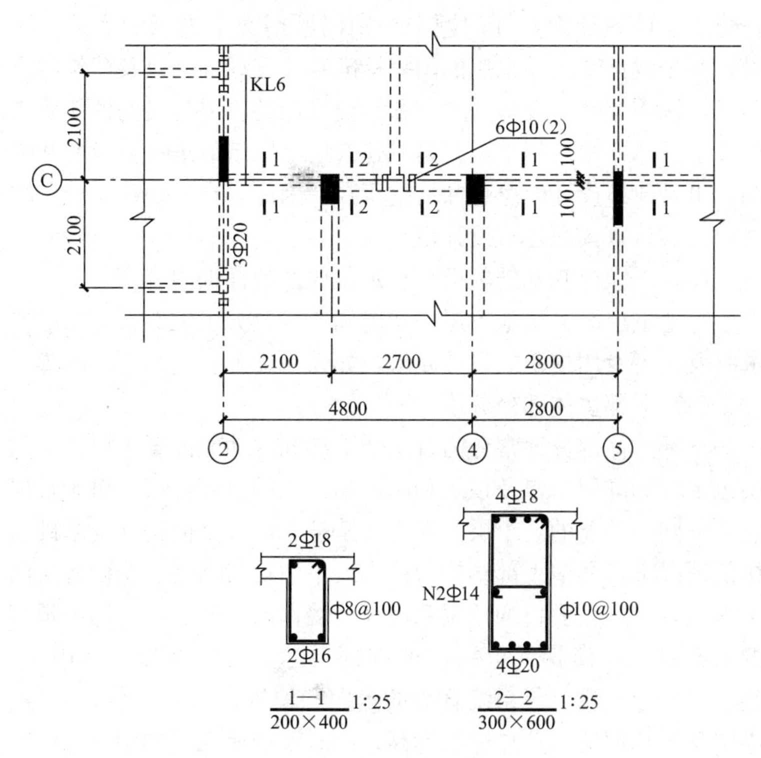

图 1-5 梁截面注写法

10. 建筑施工图的识读方法与步骤各有哪些内容？

答：建筑施工图识读方法与步骤包括如下内容：

（1）宏观了解建筑施工图。

读懂设计总说明和建筑设计说明，对其建筑平面布置、立面布置、建筑功能以及功能划分、柱网尺寸、层高有一个基本掌握，对有地下层的建筑弄懂地下层的功能、平面尺寸和层高，了解基础的基本类型。对墙体材料和墙面保温及饰面材料有一个基本了解。同时了解房屋其他专业设计图纸和说明。

（2）认真研读和弄懂建筑设计说明。

建筑设计说明是对本工程建筑设计的概括性的总说明，也是将建筑设计图纸中共性问题和个别问题用文字进行的表述。同时，对于设计图纸中采用的国家标准和地方标准，以及建筑防火等级，抗震等级及设防烈度，和需要强调的主要材料的性能要求提出了具体要求。简单说就是对建筑设计图纸的进一步说明和强调，也是建筑设计的思想和精髓所在。因此，在读识建筑施工图之前需要认真读懂建筑设计说明。

（3）弄懂地基基础的类型和定位放线的详细内容。

有地下层时弄清地下层的功能和布局及分工，有特殊功能要求时要满足专用规范的设计要求，如人防地下室、地下车库等。

（4）上部主体部分分段。

上部主体部分通常分为首层或下部同一功能的若干层，中间层也俗称标准层，以及顶层和屋顶间组成的上部各层。对于首层或下部同一功能的若干层，在弄清楚柱、墙等竖向构件与基础连接的情况下，弄清上部结构的柱网或平面轴线布置。明确各层的平面布置、门窗洞口的位置和尺寸、墙体的构造、内外墙和顶棚的饰面设计，楼梯和电梯间的细部尺寸和开洞要求，室内水、暖、电、卫、通风等系统管线的走向和位置，以及安装位置等，弄清楚楼地面的构造作法及标高，同时明确所在层的层高。同时注意与结构图、安装图相配合。

（5）标准层和顶层及屋顶间内部的建筑图读识与首层大致相同，这里不再赘述。

（6）应读懂屋面部分的防水和隔热保温层的施工图和屋面排水系统图、屋顶避雷装置图、外墙面的隔热保温层施工图及设计要求等。电梯间、消防水箱间或生活用水的水箱间的建筑图及其与水箱安装系统图等之间的关系。

11. 结构施工图的识读方法与步骤各有哪些内容？

答：结构施工图反映了建筑物中结构组成和各构件之间的相互关系，对各构件而言它反映了其组成材料的强度等级、截面尺寸、构件截面内各种钢筋的配筋值及相关的构造要求。读识结构施工图的步骤如下：

（1）宏观了解建筑施工图

读懂设计总说明和建筑设计说明，对其建筑平面布置、立面布置、建筑功能以及功能划分、柱网尺寸、层高有一个基本掌握，对有地下层的建筑弄懂地下层的功能、平面尺寸和层高，了解基础的基本类型。对墙体材料和墙面保温及饰面材料有一个基本了解。同时了解房屋其他专业设计图纸和说明。

（2）认真研读和弄懂结构设计说明

结构设计说明是对本工程结构设计的概括性的总说明，也是将结构设计图纸中共性问题和个别问题用文字进行的表述。同时，对于设计图纸中采用的国家标准和地方标准，以及结构重要性等级，抗震等级及设防烈度，和需要强调的主要材料的强度等级和性能要求提出了具体要求。简单说就是对结构设计图纸的进一步说明和强调，也是结构设计的思想和灵魂所在。因此，在读识结构施工图之前需要认真读懂结构设计说明。

（3）认真研读地质勘探资料

地勘资料是地勘成果的汇总，它比较清楚地反映了结构下部的工程地质和水位地质详细情况，是进行基础施工必须掌握的内容。

（4）首先接触和需要看懂地基和基础图

地基和基础图是房屋建筑最先施工的部分，在地基和基础施工前应首先对地基和基础施工的设计要求和设计图纸真正研读，弄清楚基础平面轴线的布置和基础梁底面和顶面标高位置，弄清楚地基和基础主要结构及构造要求，弄清楚施工工艺和施工顺序，为进行地基基础施工做好准备。

（5）标准层的结构施工图的读识

主体结构通常分为首层或下部同一功能的若干层，中间层也俗称标准层，以及顶层和屋顶间组成的上部各层。对于首层或下部同一功能的若干层，在弄清楚柱、墙等竖向构件与基础连接的情况下，弄清上部结构的柱网或平面轴线布置。明确各结构构件的定位、尺寸、配筋以及与本层相连的其他构件的相互关系，明确所在层的层高。按照梁、板、柱和墙的平法识图规则读识各自的结构施工图。弄清楚电梯间和楼梯间与主体结构之间的关系。

（6）顶层及屋顶间的结构图读识

与首层相同，这里不再赘述。

第四节　工程施工工艺和方法

1. 岩土的工程分类分为哪几类?

答：《建筑地基础设计规范》GB 50007 规定：作为建筑物地基岩土，可分为岩石、碎石土、砂土、粉土、黏性土和人工填土共六类。

岩石：岩石是指颗粒间牢固粘结，呈整体或具有节理裂隙的岩体。它具有以下性质：

（1）岩石的硬质程度

作为建筑地基的岩石除应确定岩石的地质名称外，还应根据岩石的坚硬程度，依据岩石的饱和单轴抗压强度将岩石分为坚硬岩、较硬岩、较软岩和极软岩。

（2）岩石的完整程度

岩石的完整程度划分为完整、较完整、较破碎、破碎和极破碎五类。

碎石土：碎石土是粒径大于 2mm 的颗粒含量超过全重 50% 的土。碎石土根据颗粒含量及颗粒形状可分为漂石或块石、卵石或碎石、圆砾或角砾。

砂土：砂土是指粒径大于 2mm 的颗粒含量不超过全重 50%、粒径大于 0.075mm 的颗粒超过全重 50%的土。按粒组含量分为砾砂、粗砂、中砂、细砂和粉砂。

粉土：粉土是指介于砂土和黏土之间，塑性指数 $I_p \leqslant 10$ 且粒径大于 0.0075mm 的颗粒含量不超过全重的 50%的土。

黏性土：塑性指数 I_p 大于 10 的土称为黏性土，可分为黏土、粉质黏土。

人工填土：是指由人类活动而形成的堆积物。其构成的物质成分较杂乱、均匀性较差。人工填土根据其组成和成因，可分为素填土、压实填土、杂填土、冲填土。素填土为由碎石土、砂土、粉土、黏土等组成的填土。压实填土是指经过压实或夯实的素填土。杂填土为含有建筑垃圾、工业废料、生活垃圾等杂物的填土。冲填土为由水力冲填泥砂形成的填土。

2. 常用地基处理方法包括哪些？它们各自适用哪些地基土？

答：地基处理的方法可分为：根据处理时间可分为临时处理和永久处理；根据处理深度可分为浅层处理和深层处理；根据被处理土的特性，可分为砂土处理和黏土处理，饱和土处理和不饱和土处理。现阶段一般按地基处理的作用机理对地基处理方法进行分类。

（1）机械压实法

机械压实法通常采用机械碾压法、重锤夯实法、平板振动法。这种处理方法是利用了土的压实原理，把浅层地基土压实、夯实或振实。属于浅层处理。适用地基土为碎石、砂土、粉土、低饱和度的粉土与黏性土、湿陷性黄土、素填土、杂填土等地基。

（2）换土垫层法

换土垫层法通常的处理方法是采用砂石垫层、碎石垫层、粉煤灰垫层、干渣垫层、土或灰土垫层置换原有软弱地基土来实现地基处理的。其原理就是挖除浅层软弱土或不良土，回填碎石、粉煤灰垫层、干渣垫、粗颗粒土或灰土等强度较高的材料，并分层碾压或夯实土，提高承载力和减少变形，改善特殊土的不良特性，属浅层处理。这种处理方法适用于淤泥、淤泥质土、湿陷性黄土、素填土、杂填土地基及暗沟、暗塘等的浅层处理。

(3) 排水固结法

排水固结法对地基处理方法是采用天然地基和砂井及塑料排水板地基的堆载预压、降水预压、电渗预压等方法达到地基处理的。其原理是通过在地基中设置竖向排水通道并对地基施以预压荷载，加速地基土的排水固结和强度增长，提高地基稳定性，提前完成地基沉降。属深层处理。适用于深厚饱和软土和冲填土地基，对渗透性较低的泥炭土应慎用。

(4) 深层密实法

深层密实法是通过采用碎石桩、砂桩、砂石桩、石灰桩、土桩、灰土桩、二灰桩、强夯法、爆破挤密法等对软弱地基土处理的一种方法。这种方法的原理是采用一定的技术方法，通过振动和挤密，使土体孔隙减少，强度提高，在振动挤密的过程中，回填砂、碎石、灰土、素土等，形成相应的砂桩、碎石桩、灰土桩、土桩等，并与地基土组成复合地基，从而提高强度，减少变形；强夯即利用强大的夯实功能，在地基中产生强烈的冲击波和动应力，迫使土体动力固结密实（在强夯过程中，可填入碎石，置换地基土）；爆破则为引爆预先埋入地基中的炸药，通过爆破使土体液化和变形，从而获得较大的密实度，提高地基承载能力，减少地基变形。这类地基处理方法属深层次处理。这种方法适用于松砂、粉土、杂填土、素填土、低饱和度黏性土及湿陷性黄土，其中强夯置换适用于软黏土地基的处理。

(5) 胶结法

这种方法是对地基土注浆、深层搅拌和高压旋喷等方法使地基土土体结构改变，从而达到改善地基土受力和变形性能的处理方法。这类处理方法是采用专门技术，在地基中注入泥浆液或化学浆液，使土粒胶结，提高地基承载力、减少沉降量、防止渗漏等；或在部分软土地基中掺入水泥、石灰等形成加固体，与地基土组成复合地基，提高地基承载力、减少变形、防止渗漏；或高压冲切土体，在喷射浆液的同时旋转，提升喷浆管，形成水泥圆柱体，与地基土组成复合地基，提高地基承载力，减少地基沉降量，防止砂土液化、管涌和基坑隆起等。这类处理方法适用于淤泥、淤泥质土、黏性土、粉土、黄土、砂土、人工填土地基；注浆法还可适用于岩石地基。

（6）加筋法

加筋法是采用土工膜、土工织物、土工格栅、土工合成物、土锚、土钉、树根桩、碎石桩、砂桩等对地基土加固的一种方法。它的原理是将土工聚合物铺设在人工填筑的堤坝或挡土墙内起到排水、隔离、加固、补强、反滤等作用；土锚、土钉等置于人工填筑的堤坝或挡土墙内可提高土体的强度和自稳能力；在软弱土层上设置树根桩、碎石桩、砂桩等，形成人工复合土体，用以提高地基承载力，减少沉降量和增加地基稳定性。这类方法适用于软黏土、砂土地基、人工填土及陡坡填土等地基的处理。

3. 基坑（槽）开挖、支护及回填主要事项各有哪些？

答：基坑工程根据其开挖和施工方法可分为无支护开挖和有支护开挖方法。有支护的基坑工程一般包括以下内容：维护结构、支撑体系、土方开挖、降水工程、地基加固、现场监测和环境保护工程。

有支护的基坑工程可以进一步分为无支撑维护和有支撑维护。无支撑维护开挖适合于开挖深度较浅、地质条件较好、周围环境保护要求较低的基坑工程，具有施工方便、工期短等特点。有支撑维护开挖适用于地层软弱、周围环境复杂、环境保护要求较高的深基坑开挖，但开挖机械的施工活动空间受限、支撑布置需要考虑适应主体工程施工、换拆支撑施工较复杂。

无支护放坡基坑开挖是空旷施工场地环境下的一种常见的基坑开挖方法，一般包括以下内容：降水工程、土方开挖、地基加固及土坡坡面保护。放坡开挖深度通常限于3～6m，如果大于这一深度，则必须采取分段开挖，分段之间应该设置平台，平台宽度2～3m。当挖土通过不同土层时，可根据土层情况改变放坡的坡率，并酌留平台。

基坑回填的回填和压实对保护基础和地基起决定性的作用。回填土的密实度达不到要求，往往遭到水冲灌使地基土变软沉陷，导致基础不均匀沉陷发生倾斜和断裂，从而引起建筑物出现裂缝。所以，要求回填土压实后的土方必须具有足够大的强度和稳定性。为此必须控制回填土含水量不超过最佳含水量。回填前必须将坑中积水、杂物、松土清除干净，基坑现浇混凝土应达到一定的强度，不致受填土损失，方可回填。回填土料应符合设计要求。

房心土质量直接影响地面强度和耐久性。当房心土下沉时导致地面层空鼓甚至开裂。房心土应合理选用土料，控制最佳含水量，严格按规定分层夯实，取样验收。房心回填土深度大于1.5m时，需要在建筑物外墙基槽回填土时采取防渗水措施。

4. 混凝土扩展基础和条形基础施工要点和要求有哪些？

答：混凝土基础施工工艺过程和注意事项包括：

（1）在混凝土浇灌前应先进行基底清理和验槽，轴线、基坑尺寸和土质应符合设计规定。

（2）在基坑验槽后应立即浇筑垫层混凝土，宜用表面振捣器进行振捣，要求表面平整。当垫层达到一定强度后，方可支模、铺设钢筋网。

（3）在基础混凝土浇灌前，应清理模板，进行模板的预验和钢筋的隐蔽工程验收。对锥形基础，应注意保证锥体斜面坡度的正确，斜面部分的模板应随混凝土的浇捣分段支设并顶压紧，以防模板上浮变形，边角处的混凝土必须注意捣实。严禁斜面部分不支模，用铁锹拍实。

（4）基础混凝土宜分层连续浇筑完成。

（5）基础上有插筋时，要将插筋加以固定，以保证其位置的正确。

（6）基础混凝土浇灌完，应用草帘等覆盖并浇水加以养护。

5. 筏板基础的施工要点和要求有哪些？

答：筏板基础的施工要点和要求包括：

（1）施工前如地下水位较高，可采用人工降低地下水位至基坑底不少于 500mm，以保证无水情况下进行基坑开挖和基础施工。

（2）施工时，可采用先在垫层上绑扎底板、梁的钢筋和柱子锚固插筋，浇筑底板混凝土，待达到设计强度的 25%后，再在底板上支梁模板，继续浇筑完梁部分混凝土；也可采用底板和梁模板一次同时支好，混凝土一次连续浇筑完成，梁侧模板采用支架支承并固定牢固。

（3）混凝土浇筑时一般不留施工缝，必须留设时，应按施工缝要求处理，并应设置止水带。

（4）混凝土浇筑完毕，表面应覆盖和洒水养护不少于 7d。

（5）当混凝土强度达到设计强度的 30%时，应进行基坑回填。

6. 箱形基础的施工要点和要求有哪些？

答：（1）基坑开挖，如地下水位较高，应采取措施降低地下水位至基坑底以下 500mm 处。当采用机械开挖时，在基坑底面标高以上保留 200～400mm 厚的土层，采用人工清槽。基坑验槽后，应立即进行基础施工。

（2）施工时，基础底板、内外墙和顶板的支模、钢筋绑扎和混凝土浇筑，可采用分块进行，其施工缝的留设位置和处理应符合钢筋混凝土工程施工及验收规范有关要求，外墙接缝应设止水带。

（3）基础的底板、内外墙和顶板宜连续浇筑完毕。如设置后浇带，应在顶板浇筑后至少两周以上再施工，使用比设计强度高一级的细石混凝土。

（4）基础施工完毕，应立即进行回填土。

7. 砖基础施工工艺要求有哪些？

答：砖基础砌筑前，应先检查垫层施工是否符合质量要求，然后清扫垫层表面，将浮土和垃圾清除干净。砌基础时可以皮数杆先砌几皮转角及交接处的砖，然后在其间拉准线砌中间部分。若砖基础不在同一深度，则应先由底往上砌筑。在砖基础高低台阶接头处，下台面台阶要砌一定长度（一般不小于500mm）实砌体，砌到上面后和上面的砖一起退台。

基础墙的防潮层，如设计无具体要求，宜用1∶2.5的水泥砂浆加适量的防水剂铺设，其厚度一般为20mm。抗震设防地区的建筑物，不用油毡做基础墙的水平防潮层。

8. 钢筋混凝土预制桩基础施工工艺和技术要求各有哪些？

答：钢筋混凝土预制桩根据施工工艺不同可分为锤击沉桩法和静力压桩法，它们各自的施工工艺和技术要求分别为：

（1）锤击沉桩法

锤击沉桩法也称为打入法，是利用桩锤下落产生的冲击能克服土对桩的阻力，使桩沉到预定深度或达到持力层。

1）施工程序：确定桩位和沉桩顺序→打桩机就位→吊桩喂桩→校正→锤击沉桩→接桩→再锤击沉桩→送桩→收锤→切割桩头。

2）打桩时，应用导板夹具或桩箍将桩嵌固在桩架内。将桩锤和桩帽压在桩顶，经水平和垂直度校正后，开始沉桩。

3）开始沉桩时应短距轻击，当入土一定深度并待桩稳定后，再按要求的落距沉桩。

4）正式打桩时，宜用“重锤低击”，“低提重打”，可取得良好效果。

5）桩的入土深度控制，对于承受轴向荷载的摩擦桩，以桩端设计标高为主，贯入度作为参考；端承桩则以贯入度为主，桩端设计标高作为参考。

6）施工时，应注意做好施工记录。

7）打桩时还应注意观察：打桩入土的速度；打桩架的垂直度；桩锤回弹情况，贯入度变化情况。

8）预制桩的接桩工艺主要有硫磺胶泥浆锚法接桩、焊接法接桩和法兰螺栓接桩法等三种。前一种适用于软土层，后两种适用于各种土层。

（2）静力压桩法

1）静力压桩的施工一般采取分段压入、逐段接长的方法。施工程序为：测量定位→压桩机就位→吊桩插桩→桩身对中调直→静压沉桩→接桩→再静压沉桩→终止压桩→切割桩头。

2）压桩时，用起重机将预制桩吊运或用汽车运至桩机附近，再利用桩机自身设置的起重机将其吊入夹持器中，夹持油缸将桩从侧面夹紧，即可开动压桩油缸。先将桩压入土中 1m 后停止，矫正桩在互相垂直的两个方向垂直度后，压桩油缸继续伸程动作，把桩压入土中。伸程完成后，夹持油缸回程松夹，压桩油缸回程。重复上述动作，可实现连续压桩操作，直至把桩压入预定深度土层中。

3）压同一根（节）桩时应连续进行。

4）在压桩过程中要认真记录桩入土深度和压力表读数的关系，以判断桩的质量和承载力。

5）当压力数字达到预先规定数值，便可停止压桩。

9. 混凝土灌注桩的种类及其施工工艺流程各有哪些？

答：混凝土灌注桩是一种直接在现场桩位上就地成孔，然后在孔内浇筑混凝土或安放钢筋笼再浇筑混凝土而成的桩。按其成孔方法不同，可分为钻孔灌注桩、沉管灌注桩、人工挖孔灌注桩、爆扩灌注桩等。

（1）钻孔灌注桩。钻孔灌注桩是指利用钻孔机械钻出桩孔，并在孔中浇筑混凝土（或先在孔中放入钢筋笼）而成的桩。根据钻孔机械的钻头是否在土的含水层中施工，又分为泥浆护壁成孔和干作业成孔两种施工方法。

1）泥浆护壁成孔灌注桩施工工艺流程：测定桩位→埋设护筒→制备泥浆→成孔→清空→下钢筋笼→水下浇筑混凝土。

2）干作业成孔灌注桩施工工艺流程：测定桩位→钻孔→清孔→下钢筋笼→浇筑混凝土。

（2）沉管灌注桩。沉管灌注桩是指利用锤击打桩法或振动打桩法，将带有活瓣式桩尖或预制钢筋混凝土桩靴的钢管沉入土中，然后边浇筑混凝土（或先在管中放入钢筋笼）边锤击边振动边拔管而成的桩。前者称为锤击沉管灌注桩，后者称为振动沉管灌注桩。

1）沉管灌注桩成桩过程为：桩基就位→锤击（振动）沉管→上料→边锤击（振动）边拔管并继续浇筑混凝土→下钢筋笼并继续浇筑混凝土及拔管→成桩。

2）夯压成型沉管灌注桩

夯压成型沉管灌注桩简称为夯压桩，是在普通锤击沉管灌注桩的基础上加以改进发展起来的新型桩。它是利用打桩锤将内夯管沉入土层中，由内夯管夯扩端部混凝土，使桩端形成扩大头，再灌注桩身混凝土，用内夯管和夯锤顶压在管内混凝土面形成桩身混凝土。

（3）人工挖孔灌注桩。人工挖孔灌注桩是指桩孔采用人工挖掘方法进行成孔，然后安装钢筋笼，浇筑混凝土而成的桩。为了确保人工挖孔灌注桩施工过程中的安全，施工时必须考虑预防孔壁坍塌和流砂现象的发生，制定合理的护壁措施。护壁方法可以采用现浇混凝土护壁、喷射混凝土护壁、砖砌体护壁、沉井护壁、钢套管护壁、型钢或木板桩工具式护壁等多种。以下以应用较广的现浇混凝土分段护壁为例说明人工成孔灌注桩的施工工艺流程。

人工成孔灌注桩的施工程序是：场地整平→放线、定桩位→挖第一节桩孔土方→支模浇筑第一节混凝土护壁→在护壁上二次投测标高及桩位十字轴线→安放活动井盖、垂直运输架、起重卷扬机或电动葫芦、活底吊木桶、排水、通风、照明设施等→第二节桩身挖土→清理桩孔四壁，校核桩孔垂直度和直径→拆除上节模板、支第二节模板、浇筑第二节混凝土护壁→重复第二节挖土、支模、浇筑混凝土护壁工序，循环作用直至设计深度→进行扩底（当需扩底时）→清理虚土、排除积水、检查尺寸和持力层→吊放钢筋笼就位→浇筑桩身混凝土。

10. 脚手架施工方法及工艺要求有哪些主要内容？

答：脚手架施工方法及工艺要求包括脚手架的搭设和拆除两个方面。

（1）脚手架的搭设包括：

1）脚手架搭设的总体要求。

2）确定脚手架搭设顺序。

3）各部位构件的搭设技术要点及搭设时的注意事项。

（2）确定脚手架的拆除工艺。

1）拆除作业应按搭设的相反顺序自上而下逐层进行，严禁上下同时作业。

2）每层连墙件的拆除，必须在其上全部可拆杆件全部拆除以后进行，严禁先松开连墙杆，再拆除上部杆件。

3）凡已松开连接的杆件必须及时取出、放下，以避免作业人员疏忽误靠引起危险。

4）拆下的杆件、扣件和脚手板应及时吊运至地面，禁止自架上向下抛掷。

11. 砖墙砌筑技术要求有哪些？

答：全墙砌砖应平行砌起，砖层正确位置除用皮数杆控制外，每楼层砌完后必须校对一次水平、轴线和标高，在允许偏差范围内，其偏差值应在基础或楼板顶面调整。砖墙的水平灰缝厚度一般在10mm，但不小于8mm，也不大于12mm。水平灰缝砂浆饱满度不低于80%，砂浆饱满度用百格网检查。竖向灰缝宜用挤浆或加浆方法，使其灰缝饱满，严禁用水冲浆灌缝。

砖墙的转角处和交接处应同时砌筑。不能同时砌筑处，应砌成斜槎，斜槎长度不应小于高度的2/3。非抗震区及抗震设防为6度、7度地区，如临时间断处留槎确有困难，除转角处外，也可以留直槎，但必须做成阳槎，并加设拉结筋。拉结筋的数量为每120mm厚设1根直径6mm的HPB300级钢筋（240mm厚墙放置两根直径6mm的HPB300级钢筋）；间距沿墙高度方向不得超过500mm；埋入长度从墙的留槎处算起，每边均不应小于500mm，对抗震设防6度、7度的地区，不应小于1000mm；末端应有90°的弯钩，抗震设防地区建筑物临时间断处不得留槎。

宽度小于1m的窗间墙，应选用整砖砌筑，半砖和破损的砖，应分散使用于墙心或受力较小的部位。不得在下列墙体或部位中留设脚手眼：①空斗墙、半砖墙和砖柱；②砖过梁上与过梁成60°的三角形范围及过梁净跨1/2高度内；③宽度小于1m的窗间墙；④梁或梁垫下及其左右各500 mm的范围内；⑤砖砌体的门窗洞口两侧200mm（石砌体为300mm）和转角处450mm（石砌体为60mm）的范围内。施工时在砖墙中留置的临时洞口，其侧边离交接处的墙面不应小于500mm，洞口净宽不应超过1m，洞口顶部宜设置过梁。抗震设防为9度地区的建筑物，临时洞口的设置应会同设计单位研究决定。临时洞口应做好补砌。

每层承重墙最上一皮砖，在梁或梁垫的下面，应用丁砖砌筑；隔墙与填充墙的顶面与上层结构的接触处，宜用侧砖或立砖斜砌挤紧。

设有钢筋混凝土构造柱的多层砖房，应先绑扎钢筋，而后砌砖墙，最后浇筑混凝土。墙与柱应沿高度方向每500mm设两根直径6mm的HPB300级拉结钢筋（一砖墙），每边伸入墙内不应少于1m；构造柱应与圈梁连接；砖墙应砌成马牙槎，每一马牙槎沿高度方向的尺寸不超过300mm，马牙槎从每层砖柱脚开始，应先退后进。该层构造柱混凝土浇筑完之后，才能继续上一层的施工。

砖墙每天砌筑高度以不超过1.8m为宜，雨天施工时，每天砌筑高度不宜超过1.2m。

12. 砖砌砌体的砌筑方法有哪些?

答：砖砌砌体的砌筑方法有“三一”砌砖法、挤浆法、刮浆法和满口灰法四种。以下介绍最常用的“三一”砌砖法、挤浆法。

（1）“三一”砌砖法。即是一块砖、一铲灰、一揉压并随手将挤出的砂浆刮去的砌筑方法。这种砌筑方法的优点是：随砌随铺，随即挤揉，灰缝容易饱满，粘结力好，同时在挤砌时随即刮去挤出墙面的砂浆，使墙面保持整洁。所以，砌筑实心砖墙宜采用“三一”砌砖法。

（2）挤浆法。用灰勺、大铲或铺灰器在墙顶铺一段砂浆，然后双手拿砖或单手拿砖，用砖挤入砂浆中一定厚度之后把砖放平，达到下齐边，上齐线，横平竖直的要求。这种砌砖方法的优点是，可以连续挤砌几块砖，减少繁琐的动作；平推平挤可使灰缝饱满；效率高；保证砌筑质量。

13. 砌块砌体施工技术要求有哪些?

答：（1）编制砌块排列图。砌块吊装前应先绘制砌块排列图，以指导吊装施工和砌块准备。绘制时在立面图上用1∶50或1∶30的比例绘出横墙，然后将过梁、平板、大梁、楼梯、混凝土砌块等在图上标出，再将预留孔洞标出，在纵墙和横墙上画出水平灰线，然后按砌块错缝搭接的构造要求和竖缝的大小进行排列。以主砌块为主，其他各种型号砌块为辅，以减少吊次，提高台班产量。需要镶砖时，应整砖镶砌，而且尽量对称分散布置。砖的强度等级不应小于砌块的强度等级，镶砖应平砌，不宜侧砌和竖砌，墙体的转角处，不得镶砖；门窗洞口不宜镶砖。

砖块的排列应遵守下列技术要求：上下皮砌块错缝搭接长度一般为砌块长度的1/2（较短的砌块必须满足这个要求），或不得小于砌块皮高的1/3，以保证砌块牢固搭接，外墙转角及横墙交接处应用砌块相互搭接。如纵横墙不能互相搭接，则每二皮应设置一道钢筋网片。

砌块中水平灰缝厚度应为10～15mm；当水平灰缝有配筋或柔性拉结条时，其灰缝厚度为20～25mm。竖向灰缝的宽度为10～20mm；当竖向灰缝宽度大于30mm时，应用强度等级不低于C20的细石混凝土填实；当竖向灰缝宽度大于或等于150mm，或楼层不是砌块加灰缝的整倍数时，都要用黏土砖镶砌。

（2）选择砌块安装方案。中小型砌块安装用的机械有台灵架、附有起重拔杆的井架、轻型塔式起重机等。根据台灵架安装砌块时的吊装线路分，有后退法、合拢法及循环法。

（3）机具准备除应准备好砌块垂直、水平运输和吊装的机械外，还要准备安装砌块的专用夹具和其他有关工具。

（4）砌块的运输及堆放。砌块的装卸可用少先式起重机、汽车式起重机、履带式起重机和塔式起重机等。砌块堆放应使场内运输线路最短。堆置场地应平整夯实，有一定泄水坡度，必要时开挖排水沟。砌块不宜直接堆放在地面上，应堆在草袋、炉渣垫层或其他垫层上，以免砌块底面弄脏。砌块的规格数量必须配套，不同类型分别堆放。砌块的水平运输可用专用砌块小车、普通平板车等。

14. 砌块砌体施工工艺有哪些内容？

答：砌块施工的主要工序是：铺灰、吊砌块、校正、灌缝等。

（1）铺灰。砌块墙体所采用的砂浆，应具有较好的和易性，砂浆稠度采用50～80mm，铺灰应均匀平整，长度一般以不超过5m为宜，炎热的夏季或寒冷季节应按设计要求适当缩短，灰缝的厚度按设计规定。

（2）吊砌块就位：吊砌块一般用摩擦式夹具，夹砌块时应避免偏心。砌块就位时应使夹具中心尽可能与墙身中心线在同一垂直线上，对准位置徐徐落于砂浆层上，待砌块安放稳当后，方可松开夹具。

（3）校正。用垂球或托线板检查垂直度，用拉准线的方法检查水平度。校正时可用人力轻微推动砌块或用撬杠轻轻撬动砌块，自重在150kg以下的砌块可用木锤锤击偏高处。

（4）灌缝。竖缝可用夹板在墙体内夹住，然后灌砂浆，用竹片插或铁棒捣，使其密实。当砂浆吸水后用刮缝板把竖缝和水平缝刮齐。此后砌块一般不准撬动，以防止破坏砂浆的粘结力。

15. 砖砌砌体工程质量通病有哪些？预防措施各是什么？

答：砌体工程的质量通病和防治措施如下：

（1）砂浆强度偏低，不稳定。这类问题有两种情况：一种是砂浆标养试块强度偏低；二是试块强度不低，甚至较高，但砌体中砂浆实际强度偏低。标养试块强度偏低的主要原因是计量不准，或不按配比计量，水泥过期或砂及塑化剂质量低劣等。由于计量不准，砂浆强度离散性必然偏大。主要预防措施是：加强现场管理，加强计量控制。

（2）砂浆和易性差，沉底结硬。主要表现在砂浆稠度和保水性不合格，容易产生沉淀和泌水现象，铺摊和挤浆较为困难，影响砌筑质量，降低砂浆和砌块的粘结力。预防措施是：低强度砂浆尽量不用高强度水泥配制，不用细砂，严格控制塑化材料的质量和掺量，加强砂浆拌制计划性，随拌随用，灰桶中的砂浆经常翻拌、清底。

（3）砌体组砌方法错误。砖墙面出现数皮砖同缝（通缝、直缝）、里外两张皮，砖柱采用包心法砌筑，里外层砖互相不相咬，形成周围通天缝等，影响砌体强度，降低结构整体性。预防措施是：对工人加强技术培训，严格按规范方法组砌，缺损砖应分散使用，少用半砖，禁用碎砖。

（4）墙面灰缝不平，游丁走缝，墙面凹凸不平。水平灰缝弯曲不平直，灰缝厚度不一致，出现“螺丝”墙，垂直灰缝歪斜，灰缝宽窄不匀，丁不压中（丁砖未压在顺砖中部），墙面凹凸不平。防止措施是：砌前应摆底，并根据砖的实际尺寸对灰缝进行调整；采用皮数杆拉线砌筑，以砖的小面跟线，拉线长度（15～20m）超长时应加腰线。竖缝，每隔一定距离应弹墨线找平，墨线用线锤引测，每砌一步架用立线向上引伸，立线、水平线与线锤应“三线归一”。

（5）墙体留槎错误。砌墙时随意留槎，甚至是阴槎，构造柱马牙槎不标准，槎口以砖渣填砌，接槎砂浆填塞不严，影响接槎部位砌体强度，降低结构整体性。预防措施是：施工组织设计中应对留槎作统一考虑，严格按规范要求留槎，采用 18 层退槎砌法；马牙槎高度，标准砖留 5 皮，多孔砖留 3 皮；对于施工洞所留槎，应加以保护和遮盖，防止运料车碰撞槎子。

（6）拉结钢筋被遗漏。构造柱及接槎的水平拉结钢筋往往被遗漏，或未按规定布置；配筋砖缝砂浆不饱满，露筋年久易锈。预防措施是：拉结筋应作为隐检查项对待，应加强检查，并填写检查记录档案。施工中，对所砌部位需要配筋应一次备齐，以备检查有无遗漏。尽量采用点焊钢筋网片，适当增加灰缝度（以钢筋网片上下各有 2mm 保护层为宜）。

16. 砌块砌体工程质量通病有哪些？预防措施各是什么？

答：（1）砌块砌体裂缝。砌块砌体容易产生沿楼板水平裂缝，底层窗台中部竖向裂缝，顶层两端角部阶梯型裂缝及砌块周边裂缝等。预防措施是：为减少收缩，砌块出池后应有足够的静置时间（30～50d）；清楚砌块表面脱模剂及粉尘等；采用粘结力强、和易性好的砂浆砌筑，控制灰缝长度和灰缝厚度；设置芯柱、圈梁、伸缩缝，在温度、收缩比较敏感的部位配置水平钢筋。

（2）墙面渗水。砌块墙面及门窗框四周常出现渗水、漏水现象。预防措施是：认真检查砌块质量，特别是抗渗性能；加强灰缝砂浆饱满度控制；杜绝砌体裂缝；门窗洞周边嵌缝应在墙面抹灰前进行，而且要待固定门窗框的铁脚和砂浆或细石混凝土达到一定强度后进行。

（3）层高超高。层高实际高度与设计的高度的偏差超过允许偏差。预防措施是：保证配置砂浆的原料符合质量要求，并且控制灰缝的厚度和长度；砌筑前应根据砌块、梁、板的尺寸规格，计算砌块皮数，绘制皮数杆，砌筑时控制好每皮砌块的砌筑高度，对于原楼地面的标高误差，可在砌筑灰缝或圈梁、楼板找平层的允许误差内逐皮调整。

17. 常见模板的种类、特性及技术要求各是什么？

答：（1）模板的分类有按材料分类、按结构类型分类和按施工方法分为以下三种：

1）按材料分类。木模板、钢框木（竹）模板、钢模板、塑料模板、铝合金模板、玻璃模板、装饰混凝土模板、预应力混凝土模板等。

2）按结构类型分类。分为基础模板、柱模板、梁模板、楼板模板、楼梯模板、墙模板、壳模板等。

3）按施工方法分类。分为现场拆装式模板、固定式模板和移动式模板。

（2）常见模板的特点。常见模板的特点包括以下六个方面。

1）木模板的优点是制作方便、拼接随意，尤其适用于外形复杂或异形混凝土构件，此外，由于导热系数小，对混凝土冬期施工有一定的保温作用。

2）组合钢模板轻便灵活，拆装方便，通用性较强，周转率高。

3）大模板工程结构整体性好，抗震性强。

4）滑升模板可节约大量模板，节省劳力、减轻劳动强度降低工程成本、加快工程进度，提高了机械化程度，但钢材的消耗量有所增加，一次性投资费用较高。

5）爬升模板既保持了大模板墙面平整的优点，又保持了滑模利用自身设备向上提升的优点。

6）台模是一种大型工具式模板、整体性好，混凝土表面容易平整，施工速度快。

(3) 模板的技术要求包括以下六个方面。

1）模板及其支架应具有足够的强度、刚度和稳定性；能可靠地承受浇筑混凝土的重量、侧压力以及施工荷载。

2）模板的接缝不应灌浆；在浇筑混凝土之前，木模板应浇水湿润，但模板内不应有积水。

3）模板与混凝土的接触面应该清理干净并涂隔离剂，但不得采用影响结构性能或妨碍装饰工程施工的隔离剂。

4）浇筑混凝土之前，模板内的杂物应该清理干净；对清水混凝土工程及装饰混凝土工程，应使用能达到设计效果的模板。

5）用作模板的地坪、胎膜等应平整光洁，不得产生影响构件质量的下沉、裂缝、起砂或起鼓。

6）对跨度不小于4m的钢筋混凝土现浇梁、板，其模板应按设计要求起拱；当设计无具体要求时，起拱高度宜为跨度的1/1000～3/1000。

18. 钢筋的加工和连接方法各有哪些？

答：(1) 钢筋的加工包括调直、除锈、下料切断、接长、弯曲成型等。

1）调直。钢筋的调直可采用机械调直、冷拉调直，冷拉调直必须控制钢筋的冷拉率。

2）除锈。钢筋的除锈可以采用电动除锈机除锈、喷砂除锈、酸洗除锈、手工除锈，也可以在冷拉过程中完成除锈工作。

3）下料切断。可用钢筋切断机及手动液压切断机。

4）钢筋弯折成型一般采用钢筋弯曲机、四头弯曲机及钢筋弯箍机，也可以采用手摇扳手、卡盘及扳手弯制钢筋。

（2）钢筋连接方法的分类和特点。

钢筋的连接有焊接、机械连接和绑扎连接三类。

1）钢筋常用的焊接方法有：闪光对焊、电弧焊、电渣压力焊、电阻电焊、电弧压力焊和钢筋气压焊。焊接连接可节约钢材，改善结构受力性能，提高工效降低成本。

2）机械加工连接有套筒挤压连接法、锥螺纹和直螺纹连接法。

① 套筒挤压连接法的优点是接头强度高、质量稳定可靠，安全、无明火，不受气候影响，适用性强；缺点是设备移动不便，连接速度慢。

② 锥螺纹连接法现场操作工序简单速度快，应用范围广，不受气候影响，但现场施工的锥螺纹的质量漏扭或扭紧不准，丝扣松动对接头强度和变形有很大影响。

③ 直螺纹连接法不存在扭紧力矩对接头质量的影响，提高了连接的可靠性，也加快了施工速度。

19. 混凝土基础、墙、柱、梁、板的浇筑要求和养护方法各是什么？

答：（1）混凝土浇筑要求包括以下几个方面：

1）浇筑混凝土时为了避免发生离析现象，混凝土自高处自由倾落的高度不应超过 2m，自由下落高度较大时，应使用溜槽或串筒，以防止混凝土产生离析。溜槽一般用木板制成，表面包铁皮，使用时其水平倾角不宜超过 30°。串筒用钢板制成，每节筒长 700mm 左右，用钩环连接，筒内设缓冲挡板。

2）为了使混凝土能够振捣密实，浇筑时应该分层浇注、振捣，并在下层混凝土初凝之前，将上层混凝土浇筑并振捣完毕。如果在下层混凝土已经初凝以后，再浇筑上层混凝土时，下层混凝土由于振动，已凝结的混凝土结构就会遭到破坏。

3）竖向构件（墙、柱）浇筑混凝土之前，底部应先填 50～100mm 厚与混凝土内砂浆成分相同的水泥砂浆。砂浆应用铁铲入模，不应用料斗直接倒入模内。浇筑墙体洞口时，要使洞口两侧混凝土高度大体一致。振捣时，振动棒应距洞口 300mm 以上，并从两侧同时振捣，以防止洞口变形。大洞口下部模板应开口并补充振捣。浇筑时不得发生离析现象。当浇筑高度超过 3m 时，应采用串筒、溜槽或振动串筒下落。

4）在一般情况下，梁和板的混凝土应同时浇筑。较大尺寸的梁（梁的高度大于 1m）可单独浇筑，在浇筑与柱和墙连成整体的梁和板时，应在柱和墙浇筑完毕后停歇 1～1.5h，使其获得初步沉实后，再继续浇筑梁和板。

5）由于技术上和组织上的原因，混凝土不能连续浇筑完毕，如中间间歇时间超过了混凝土的初凝时间，在这种情况下应留置施工缝。施工缝的位置应在混凝土浇筑之前确定，宜留在结构受剪力较小且便于施工的部位。柱应留水平缝，梁、板应留垂直缝。柱宜留在基础的顶面、梁或吊车梁牛腿的下面、吊车梁的上面、无梁板柱帽的下面；和板连接成整体的大截面梁，留置在板底面以下 20～30mm 处。单向板宜留置在平行于板的短边任何位置；有主梁的楼板，宜顺着次梁方向浇筑，施工缝应留置在次梁跨度中间 1/3 的范围内。墙留置在门洞口过梁跨中 1/3 范围内，也可留在纵横墙交接处，双向受力楼板、大体积混凝土结构、多层框架、拱、薄壳、蓄水池、斗仓等复杂的工程，施工缝的位置应按设计要求留置。在浇筑施工缝处混凝土之前，施工缝处宜先铺水泥浆或与混凝土成分相同的水泥砂浆一层。浇筑时混凝土应细致捣实，使新旧混凝土紧密结合。浇筑混凝土时，应经常观察模板、支架、钢筋、预埋件和预留孔洞的情况。当发现有变形、移位时，应立即停止浇筑，并应在已浇筑的混凝土凝结前修整完好。浇筑混凝土时，应填写好施工记录。

（2）养护方法

混凝土的凝结硬化是水泥颗粒水化作用的结果，而水泥水化颗粒的水化作用只有在适当的温度和湿度条件下才能顺利进行。混凝土的养护就是创造一个具有合适的温度和湿度的环境，使混凝土凝结硬化，逐渐达到设计要求的强度。混凝土养护的方法如下。

1）自然养护是在常温下（平均气温不低于5℃）用适当的材料（如草帘）覆盖混凝土，并适当浇水，使混凝土在规定的时间内保持足够的湿润状态。混凝土自然养护应符合下列规定：在混凝土浇筑完毕后，应在12h以内加以覆盖和浇水；混凝土的浇水养护日期：硅酸盐水泥、普通硅酸盐水泥、矿渣硅酸盐水泥拌制的混凝土不得少于7d；掺用缓凝型外加剂或有抗渗性要求的混凝土，不得少于14d；浇水次数应当保持混凝土具有足够的湿润状态为准。养护初期，水泥水化作用进行较快，需水也较多，浇水次数要较多；气温高时，也应增加浇水次数，养护用水的水质与拌制用的水质相同。

2）蒸汽养护是将构件放在充有饱和蒸汽或蒸汽空气混合物的室内，在较高温度和相对湿度的环境中进行养护，以加快混凝土的硬化。混凝土蒸汽养护的工序制度包括：养护阶段的划分，静停时间，升、降温度，恒温养护温度与时间，养护室内相对湿度等。常压蒸汽养护过程分为四个阶段：静停阶段，升温阶段，恒温阶段和降温阶段。静停时间一般为2～6h，以防止构件表面产生裂缝和疏松现象。升温速度不宜过快，以免由于构件表面和内部产生过多温度差而出现裂缝。恒温养护阶段应保持90%～100%的相对湿度，恒温养护温度不得高于95℃，恒温养护时间一般为3～8h，降温速度不得超过10℃/h，构件出养护池后，其表面温度与外界温度差不得大于20℃。

3）针对大体积混凝土可采用蓄水养护和塑料薄膜养护。塑料薄膜养护是将塑料溶液喷涂在已凝结的混凝土表面上，挥发后形成一种薄膜，使混凝土表面与空气隔绝，混凝土中的水分不再蒸发，内部保持湿润状态。

20. 钢结构的连接方法包括哪几种？各自的特点是什么？

答：钢结构的连接方法有焊接、螺栓连接、高强度螺栓连接、铆接。其中最常用的是焊接和螺栓连接，它们两者的特点如下。

（1）焊接的特点

速度快、工效高、密封性好、受力可靠、节省材料，但同时也存在污染环境，容易产生缺陷，如裂纹、孔穴、固体夹渣、未熔合和未焊透、焊接变形和焊接残余应力等。

（2）螺栓连接的特点

拼装速度快、生产效率高，可重复用于可拆卸结构，但也有加工制作费工费时，对板件截面有损伤，连接密封性差等缺陷。

21. 钢结构安装施工工艺流程有哪些？各自的特点和注意事项各是什么？

答：钢结构构件的安装包括如下内容：

（1）安装前的准备工作。应核对构件，核查质量证明书等技术资料。落实和深化施工组织设计，对稳定性较差的构件，起吊前进行稳定性验算，必要时应进行临时加固；应掌握安装前后外界环境；对图纸进行自审和会审；对基础进行验算。

（2）柱子安装。柱子安装前应设置标高观测点和中心线标志，并且与土建工程相一致；钢柱安装就位后需要调整，校正应符合有关规定。

（3）吊车梁安装应在柱子第一次校正和柱间支撑安装后进行。安装顺序应从有柱间支撑的跨间开始，吊装后的吊车梁应进行临时性固定。吊车梁的校正应在屋面系统构件安装并永久连接后进行。

（4）吊车轨道安装应在吊车梁安装符合规定后进行。吊车轨道的规格和技术条件应符合设计要求和国家现行有关标准的规定，如有变形应经矫正后方可安装。

（5）屋架的安装应在柱子校正符合规定后进行，屋面系统结构可采用扩大组合拼装后吊装，扩大组合拼装单元宜成为具有一定刚度的空间结构，也可进行局部加固。

（6）屋面檩条安装应在主体结构调整定位后进行。

（7）钢平台、梯子、栏杆的安装应符合国标的规定，平台钢板应铺设平整，与支承梁密贴，表面有防滑措施，栏杆安装牢固可靠，扶手转角应光滑。

（8）高层钢结构的安装。高层钢结构安装的主要节点有柱—柱连接，柱—梁连接，梁—梁连接等。在每层的柱与梁调整到符合安装标准后方可终拧高强度螺栓，方可施焊。安装时，必须控制楼面的施工荷载。严禁在楼面堆放构件，严禁施工荷载（包括冰雪荷载）超过梁和楼板的承载力。

22. 地下工程防水混凝土施工技术要求和方法有哪些？

答：地下工程防水混凝土施工技术要求和方法有以下几点。

（1）防水混凝土处于侵蚀性介质中，混凝土抗渗等级不应小于P8；防水混凝土结构的混凝土垫层，其抗压强度等级不得小于C15，厚度不应小于100mm。

（2）防水混凝土结构应符合下列规定：①结构厚度不应小于250mm；②裂缝宽度不得大于0.2mm，并不得贯通；③钢筋保护层厚度迎水面不应小于50mm。

（3）防水混凝土拌合，必须采用机械搅拌，搅拌时间不得小于2min；掺外加剂时，应根据外加剂的技术要求确定搅拌时间。防水混凝土必须采用机械振捣密实，振捣时间宜为10～30s，以混凝土开始泛浆和不冒气泡为准，并应避免漏振、欠振和超振。掺引气剂或引气型减水剂时，应采用高频插入式振捣器振捣。

（4）防水混凝土应连续浇筑，宜少留施工缝。当留设施工缝时应注意以下几点：①顶板、底板不宜留施工缝，顶拱、底拱不宜留纵向施工缝，墙体水平施工缝不宜留在剪力墙弯矩最大处或底板与侧墙的交接处，应留在高出底板顶面不小于300mm的墙体上，墙体有孔洞时，施工缝距孔洞边缘不宜小于300mm。拱墙结合的水平施工缝，宜留在起拱线以下150～300mm处；先拱后墙的施工缝可留在起拱线处，但必须加强防水措施。②垂直施工缝应避开地下水和裂隙水较多的地段，并宜于与变形缝相结合。③防水混凝土进入终凝时，应立即进行养护，防水混凝土养护得好坏对其抗渗性有很大的影响，防水混凝土的水泥用量较多，收缩较大，如果混凝土早期脱水或养护中缺乏必要的温度和湿度条件，其后果较普通混凝土更为严重。因此，当混凝土进入终凝（浇筑后 4～6h）时，应立即覆盖并浇水养护。浇捣后 3d 内每天应浇水 3～6 次，3d 后每天浇水 2～3 次，养护天数不得少于 14d。为了防止混凝土内水分蒸发过快，还可以在混凝土浇捣 1d 后，在混凝土的表面刷水玻璃两道或氯乙烯—偏氯乙烯乳液，以封闭毛细孔道，保证混凝土有较好的硬化条件。

23. 屋面涂膜防水工程施工技术要求和方法有哪些?

答：屋面涂膜防水工程施工技术要求和方法包括以下几个方面。

（1）屋面涂膜防水工程施工的工艺流程。表面基层清理、修理→喷涂基层处理剂→节点部位附加增强处理→涂布防水涂料及铺贴胎体增强材料→清理及检查修理→保护层施工。

（2）防水涂膜施工应分层分遍涂布。待先涂的涂层干燥成膜后，方可涂布后一遍涂料。铺设胎体增强材料，屋面坡度小于15%时可平行屋脊铺设；坡度大于 15%时应垂直屋脊铺设，并由屋面最低处向上操作。

（3）胎体的搭设长度，长边不得小于 50mm；短边不得小于 70mm。采用二层及以上胎体增强材料时，上下层不得互相垂直铺设，搭接缝应错开，其间距不得小于幅宽的 1/3。涂膜防水的收头应用防水涂料多遍涂刷或用密封材料封严。

（4）涂膜防水屋面应做保护层。保护层采用水泥砂浆或块材时，应在涂膜层与保护层之间设置隔离层。

（5）防水涂膜严禁在雨天、雪天施工；五级风及以上时或预计涂膜固化前有雨时不得施工；气温低于 5℃或高于 35℃时不得施工。

24. 屋面卷材防水工程施工技术要求和方法有哪些?

答：屋面卷材防水工程施工包括沥青防水卷材施工、高聚物改性沥青防水卷材施工和合成高分子防水卷材施工三类。它们的施工技术要求和方法分别如下：

（1）沥青防水卷材防水施工技术要求和方法包括以下内容：

1）沥青防水卷材的铺设方向按照房屋的坡度确定：当坡度小于3%时，宜平行屋脊铺贴；坡度在3%～15%之间时，可平行或垂直屋脊铺贴；坡度大于15%或屋面有受震动情况，沥青防水卷材应垂直屋脊铺贴（高聚物改性沥青防水卷材和合成高分子防水卷材可平行或垂直屋脊铺贴）。坡度大于25%时，应采取防止卷材下滑的固定措施。

2）当铺贴连续多跨的屋面卷材时，应按先高跨后低跨，先远后近的顺序。对同一坡度，则应先铺好水落口、天沟、女儿墙、沉降缝部位，特别应先做好泛水，然后顺序铺设大屋面的防水层。

（2）高聚物改性沥青防水卷材施工技术要求和方法包括以下几个方面：

1）根据高聚物改性沥青防水卷材的特性，其施工方法有热熔法、冷粘法和自粘法三种。现阶段使用最多的是热熔法。

2）热熔法施工是采用火焰加热器熔化热熔型防水卷材底面的热熔胶进行粘结的施工方法。操作时，火焰喷嘴与卷材底面的距离应适中；幅宽内加热应均匀，以卷材底面沥青熔融至光亮黑色为度，不得过分加热或烧穿卷材；卷材底面热熔后应立即滚贴，并进行排汽、辊压粘结、刮封接口等工序。采用条粘法施工，每幅卷材两边的粘贴宽度不得小于150mm。

3）冷粘法（冷施工）是采用胶粘剂或冷玛瑀脂进行卷材与基层、卷材与卷材的粘结，而不需要加热施工的方法。

4）自粘法是采用带有自粘胶的防水卷材，不用热施工，也不需要涂刷胶结材料而进行粘结的施工方法。

(3) 高分子防水卷材施工。合成高分子防水卷材的铺贴方法有：冷粘法、自粘法和热风焊接法。目前国内采用最多的是冷粘法。

25. 楼地面工程施工工艺流程和操作注意事项有哪些？

答：一般楼地面工程施工是在上一层楼层的其他作业完成后进行，以免损坏楼地面。在沟槽或暗管上面的楼地面，应在管道工程完成并经验收合格后进行。

常用的楼地面按面层所用材料不同分为水泥砂浆面层，水磨石面层，预制水磨石，大理石面层，塑料板面层等。为了节约篇幅，这里只谈一下水泥砂浆面层、预制水磨石及大理石地面的施工工艺。

(1) 水泥砂浆面层

水泥砂浆面层的厚度为15～20mm。它的施工质量应从材料和抹面操作两个方面加以控制。水泥应选用不低于325号的普通硅酸盐水泥，宜选中砂或粗砂，并严格控制砂的含泥量。水泥砂浆的体积配合比为1∶2～1∶2.5，砂浆的稠度，当有焦砟垫层时宜为25～35mm，当在混凝土基层上铺设时，必须使用干硬性砂浆，以手捏成团稍出浆为准。

施工前要彻底清理基层，按要求做好面层以下的垫层，在面层施工前要将垫层浇水湿润，刷素水泥浆一道。水泥砂浆应随铺随拍实，在砂浆初凝前完成刮杠、抹平，在砂浆终凝前完成压光。压光宜采用钢抹子分三遍完成。面积较大房间的水泥地面应分格，分格线应平直，深浅一致，地面完成一昼夜后应用锯末覆盖，洒水养护不少于7d。

(2) 预制水磨石、大理石地面

首先房间四边取中，在地面标高处作十字线，扫一层水泥砂浆。将石板浸水阴干，于十字线的交线处铺上1∶4干硬性水泥砂浆厚度约30mm，先试铺，合格后再揭开石板，翻动底部砂浆、浇水，再撒一层水泥干面，然后正式镶铺。安好后应整齐平稳，横竖缝对直，图案颜色必须符合设计要求。不合格时，起出，补浆后再行铺装。厕所、浴室地面要找好泛水，以防积水。缝子先用水泥砂浆灌 2/3 高度，再用兑好颜色的水泥砂浆擦严，然后再用干锯末擦亮，再铺上锯末或草席将地面保护起来，2～3h 内严禁上人，4～5h 内禁止走小车。

26. 一般抹灰工程施工工艺流程和操作注意事项有哪些？

答：一般抹灰工程施工顺序为先外墙后内墙。外墙由上而下，先抹阳角线（包括门窗角、墙角），台口线，后抹窗台和墙面。室内地坪可与外墙抹灰同时进行或交叉进行。室内其他抹灰是先顶棚后墙面，而后是走廊和楼梯，最后是外墙裙、明沟或散水坡。

（1）墙面抹灰

1）墙面抹灰的操作工序。墙面抹灰的施工工序有：基体清理→湿润墙面→阴角找方→阳角找方→涂刷 108 号胶水泥浆→抹踢脚板、墙裙及护角底层灰→抹墙面底层灰→设置标筋→抹踢脚板、墙裙及护角中层灰→抹墙面中层灰（高级抹灰墙面中层灰应分遍找平）→检查整修→抹踢脚板、墙裙面层灰→抹墙面面层灰并修整→表面压光。

2）墙面抹灰要点。墙面抹灰前，先找好规矩，即四角规方，横线找平，立线吊直，弹出准线，墙裙线、踢脚线。对于一般抹灰，应用托线板检查墙面平整、垂直程度，大致决定抹灰厚度（最薄处不小于 7mm）。再在墙的上角各做一个标准灰饼（用打底砂浆或 1∶3 水泥砂浆），遇有门窗洞口垛角处要增做灰饼。灰饼大小为 $5cm^2$，厚度以墙面平整垂直决定。然后根据两个灰饼用托线板或线锤吊挂垂直，做墙面下角两个标准灰饼（高低位置一般在踢脚线上口），厚度以垂直为准。待灰饼稍干后，拉通线在上下灰饼之间抹上约 10cm 的砂浆冲筋，用木杠刮平，厚度与灰饼相平，稍干后进行底层抹灰。对于高级抹灰，应先将房间规方，弹出墙角抹灰准线，并在准线上拉通线后做标准灰饼和冲筋。抹灰层采取分层涂抹多遍成活。底层灰应用力压进基层结构面的空隙之内，应粘结牢靠。中层灰等底层灰凝结后达7～8成干，用手指按压已不软，但有指印和潮湿感时，以冲筋厚找满砂浆为准，以大刮尺紧贴冲筋将中层灰刮平，最后用木模搓平，应达到密实平整和粗糙。当中层灰干至7～8成后，普通抹灰可用麻刀灰罩面。中、高级抹灰用纸筋罩面，用铁抹抹平，并分两边适时压实收光。室内墙裙、踢脚线一般要比罩面灰墙面凸出3～5mm。因此，应根据高度尺寸弹线，把八字靠尺靠在线上用铁抹子切齐，修边清理，然后再抹墙裙和踢脚板。

（2）顶棚抹灰

钢筋混凝土楼板顶棚抹灰前，应用清水湿润并刷素水泥浆一道。抹灰前在四周墙上弹出水平线，以此线为依据，先抹顶棚四周，圈边找平。抹板条顶棚时，抹子运行方向应与板条方向垂直。抹苇箔顶棚底灰时，抹子方向应顺向苇箔。应将灰挤入板条、苇箔缝隙中，待底子灰6～7成干时再进行罩面，罩面分三遍压实、赶光。顶棚表面应平顺，并压实压光，不应有抹纹、气泡及接槎不平现象。顶棚与墙板相交的阳角，应成一条直线。

27. 木门窗工程安装工艺流程和操作注意事项各有哪些？

答：现代建筑使用的门窗按材料分类有木门窗、钢门窗、铝合金门窗、塑钢门窗等。它们的安装工艺各不相同，但建筑房间内部门多采用木门，为了节省篇幅此处仅介绍一下木门窗的安装工艺流程。

（1）立门窗框

门窗框的安装分为先立口和后塞口两种。

1）先立口就是先立好门窗框，再砌门窗框两边的墙。立框时应先在地面和砌好的墙上划出门窗框的中线及边线，然后按线把门窗框立上，用临时支撑撑牢，并校正门窗框的垂直和上下槛的水平。内门框应注意下槛“锯口”以下是否满足地面做法的厚度。立框时应注意门窗的开启方向和墙壁的抹灰厚度。立框要检查木砖的数量和位置，门窗框和木砖要钉牢，钉帽要砸扁，使之钉入口内，但不得有锤痕。

2）后塞口是在砌墙时留出门窗洞口，待结构完成后，再把门窗框塞定洞口固定。这种方法施工方便，工序无交叉，门窗框不易变形走动。采用后塞法施工时，门窗洞口尺寸每边要比门框尺寸每边大 20mm。门窗框塞入后，先用木楔临时固定，靠、吊校正无误后，用钉子将门窗框固定在洞口预留木砖上。门窗框与洞口之间的缝隙用 1∶3 水泥砂浆塞严。

（2）门扇的安装

门扇安装前，应先检查门窗框是否偏斜，门窗扇是否扭曲。安装时先要量出门窗洞口尺寸，根据其大小修刨门窗扇，扇两边同时修刨，门窗冒头先刨平下冒头，以此为准再修刨上冒头，修刨时注意风缝大小，一般门窗扇的对口处及扇与框之间的风缝需留 2mm 左右。门窗扇的安装，应使冒头、窗芯呈水平，双扇门窗的冒头要对齐，开关灵活，不能有自开自关的现象。

（3）安装门扇五金

按扇高的 1/10～1/8（一般上留扇高 1/10，下留扇高的 1/8）在框上根据合页的大小画线，剔除合页槽，槽底要平，槽深要与合页后相适应，门插销应装在门拉手下面。安装窗钩的位置，应使开启后窗扇距墙 20mm 为宜。

门窗安装的允许偏差和留缝宽度应符合有关技术规程的要求。

28. 涂料工程施工工艺流程和操作注意事项有哪些？

答：涂料工程分为室内刷（喷）浆和室外刷（喷）浆两种情况。

（1）室内刷（喷）浆。室内刷（喷）浆按质量标准和浆料品种、等级来分几遍涂刷。中、高级刷浆应满刮腻子 1～2 遍，经磨平后再分 2～3 遍刷浆。机械喷浆则不受遍数限制，以达到质量要求为主。喷浆的顺序是先顶棚后墙面。先上后下，要求喷匀颜色一致，不流坠、无砂粒。

（2）室外刷（喷）浆。室外刷（喷）浆如分段进行，施工缝应留在分格缝、墙阳角或小落管等分界线处。同一墙面应用相同的材料和同一配合比。采用机械喷浆，要防止沾污门窗、玻璃等不刷浆的部位。

29. 内墙抹灰施工工艺包括哪些内容？

答：（1）施工工艺流程

基层处理→找规矩、弹线→做灰饼、冲筋→做阳角护角→抹底层灰→抹中层灰→抹窗台板、踢脚板（或墙裙）→抹面层灰→清理

（2）施工要点

1）基层处理。清扫墙面上浮灰污物、检查门窗洞口位置尺寸、大凿补平墙面、浇水湿润基层。

2）找规矩、弹线。四角规方、横线找平、立线吊直、弹出准线、墙裙线、踢脚线。

3）做灰饼、冲筋。为控制抹灰层厚度和平整度，必须用与抹灰材料相同的砂浆先做出灰饼和冲筋。先用托线板检查墙面平整度和垂直度，大致决定抹灰厚度，再在墙的上角各做一个标准灰饼（遇有门窗口垛角处要补做灰饼），大小为 50mm 的见方，然后根据这个灰饼用托线板或挂垂线做墙面下角的两个灰饼，厚度以垂线为准；再在灰饼左右两个墙缝里钉钉子，按灰饼厚度拴上小线挂通线，并沿小线每隔 1.2～1.5m 上下加若干个灰饼。待灰饼稍干后，在上下灰饼之间抹上宽约 100mm 的砂浆冲筋，用木杠刮平，厚度与灰饼相平，待稍干后可进行底层抹灰。

4）做阳角护角室内墙面、柱面和门窗洞口的阳角护角，一般 1∶2 水泥砂浆作暗护角，其高度不应低于 2m，每侧宽度不应小于 50mm。

5）抹底层灰。冲筋有一定强度，洒水湿润墙面，然后在两筋之间用力抹上底灰，用木抹子压实搓毛。底层灰应略低于冲

筋，约为标筋厚度的 2/3，由上往下抹。若墙面基层为混凝土时，抹灰前应刮素水泥浆一道；在加气混凝土或粉煤灰砌块基层抹灰时应先刷 108 胶溶剂一道（108 胶∶水＝1∶5），抹混合砂浆时，应先刷 108 胶水泥浆一道，胶的掺量为水泥量的 10％～15％。

6）抹中层灰。中层灰应在底层灰干至 6～7 成后进行。抹灰厚度以垫平冲筋为准，并使其略高于冲筋，抹上砂浆后用木杠按标筋刮平，刮平后紧接着用木抹子搓压使表面平整密实。在墙的阴角处，先用方尺上下核对方正。在加气混凝土基层上抹底层灰的强度与加气混凝土的强度接近，中层灰的配合比也宜与底层灰的相同，底灰宜用粗砂，中层灰和面层灰宜用中砂。板条或钢丝网的缝隙中，各层分遍成活，每遍厚 3～6mm，待前一遍 7～8 成干后抹第二遍灰。

7）抹窗台板、踢脚线（或墙裙）。应以 1∶3 水泥砂浆抹底灰，表面划毛，隔 1d 后用素水泥浆刷一道，再用 1∶2 水泥砂浆抹面，根据高度尺寸弹出上线，把八字靠尺靠在线上用铁抹子切齐，修边清理。

8）抹面层灰，俗称罩面。操作应以阳角开始，最好两人同时操作，一人在前面上灰，另一人紧跟在后找平整，并用铁抹子压实赶光，阴阳角处用阴阳角抹子捋光，并用毛刷子蘸水将门窗圆角等处清理干净。当面层不罩面抹灰，而采用刮大白腻子时，一般应在中层砂浆干透，表面坚硬呈灰白色，且没有水迹和潮湿痕迹，用铲刀刻划显白印时进行。面层刮大白腻子一般不少于两遍，总厚度 1mm 左右。操作时，使用钢片或胶皮刮板，每遍按同一方向往返刮。头遍腻子刮后，在基层已修补过的部位应进行复补找平，待腻子干后，用 0 号砂纸磨平，扫净浮灰；待头遍腻子干后，再进行第二遍，要求表面平整，纹理质感均匀一致。

9）清理。抹灰面层完工后，应注意对抹灰部分的保护，墙面上浮灰污物需用 0 号砂纸磨平，补抹腻子灰。

30. 外墙抹灰施工工艺包括哪些内容和步骤?

答:(1)施工工艺流程

基层清理→找规矩→做灰饼、冲筋→贴分隔条→抹底灰→抹中层灰→抹面层灰→滴水线(滴水槽)→清理。

(2)施工要点

1)基层清理。清理墙面上浮灰污物。打凿补平墙面,浇水湿润基层。

2)找规矩。外墙抹灰和内墙抹灰一样要做灰饼和冲筋,但因外墙面从檐口到地面,整体抹灰面大,门窗、阳台、明柱、腰线等都要横平竖直,而抹灰操作则必须自上而下一步架一步架地涂抹。因此,外墙抹灰找规矩要找四个大角,先挂好垂直通线(多层及高层楼房应用钢丝线垂下),然后大致确定抹灰厚度。

3)在每步架大角两侧弹上控制线,再拉水平通线并弹水平线做灰饼,竖直每步架都做一个灰饼,然后再做冲筋。

4)贴分格条。为避免罩面砂浆收缩后产生裂缝,一般均须设分格线,粘贴分格条。粘贴分格条是在底层抹灰之后进行(底层灰用刮尺赶平)。暗影弹好的分格线和分格尺寸弹好分格线,水平分格条一般贴在水平线下边,水准分格条贴于垂直线的左侧。分格条使用前要用水浸透,以防止使用时变形。粘贴时,分格条两侧用抹成八字形的水泥浆固定。

5)抹灰(底层、中层、面层)。与内墙抹灰要求相同。

6)滴水线(槽)外墙抹灰时,在外窗台板、窗楣、雨篷、阳台、压顶及突出腰线等部位的上面必须做出流水坡度,下面应做滴水线或滴水槽。

7)清理。与内墙抹灰要求相同。

31. 铝合金门窗安装施工工艺包括哪些内容?

答:铝合金门窗安装入洞口应横平竖直,外框与洞口弹性连接牢固,不得将门窗外框直接埋入墙体。

（1）安装工艺流程

放线→安框→填缝、抹面→门窗扇安装→安装五金配件

（2）安装要点

铝合金门窗安装必须先预留洞口，严禁采取边安装边砌墙或先安装后砌墙的施工方法。

1）放线。按设计要求在门窗洞口弹出门窗位置线，并注意同一立面的窗在水平及竖直方向做到整齐一致，还要注意室内地面的标高。地弹簧的表面，应该与室内地面标高一致。

2）安框。在安装制作好的铝合金门窗框时，吊垂线后要卡方。待两条对角线的长度相等，表面垂直后，将框临时固定，待检查立面垂直、左右、上下位置符合要求后，再把镀锌锚固板固定在结构上。镀锌锚固板是铝合金门窗固定的连接件。它的一端固定在门窗框上的外侧，另一端固定在密实的基层上。门窗框的固定可以采用焊接、膨胀螺栓连接或射钉等方式，但砖墙严禁用射钉固定。

3）填缝、抹面。铝合金门窗框在填缝前，经过平整、垂直度等的安装质量复查后，再将框四周清扫干净，洒水湿润基层。对于较宽的窗框，仅靠内外挤灰挤进去一部分灰是不能填饱满的，应专门进行填缝。填缝所用的材料，原则上按设计要求选用。但不论采用何种材料，以达到密闭、防水的目的。铝合金门窗框四周用的灰砂浆达到一定强度后（一般需要 24h），才能轻轻取下框旁的木楔，继续补灰，然后才能抹面层、压平抹光。

4）门窗扇安装：

① 铝合金门窗扇安装，应在室内外装饰基本完成后进行。

② 推拉门窗扇的安装。将配好的门窗扇分内扇和外扇，先将外扇插入上滑道的外槽内，自然下落于下滑道的外滑道内，然后再用同样的方法安装内扇。

③ 对于可调节导向轮，应在门窗扇安装之后调整导向轮，调节门窗扇在滑道上的高度，并使门窗扇与边框间平行。

④ 平开门窗扇安装。应先把合页按要求位置固定在铝合金

门窗框上，然后将门窗扇嵌入框内临时固定，调整合适后，再将门窗扇固定在合页上，必须保证上、下两个转动部分在同一个轴线上。

⑤ 地弹簧门扇安装。应先将地弹簧门主机埋设在地面上，并浇筑混凝土使其固定。主机轴应与中横档上的顶轴在同一垂线上，主机表面与地面齐平，待混凝土达到设计强度后，调节上门顶轴将门扇安装，最后调整门扇间隙及门扇开启速度。

5）安装五金配件。五金件装配的原则是：要有足够的强度、位置正确，满足各项功能以及便于更换，五金件的安装位置必须严格按照标准执行。

32. 塑钢彩板门窗安装施工工艺包括哪些内容？

答：（1）安装工艺流程

画线定位→塑钢门窗披水安装→防腐处理→塑钢门窗安装→嵌门窗四缝→门窗扇及玻璃的安装→安装五金配件。

（2）安装要点

1）画线定位

① 根据设计图纸中门窗的安装位置、尺寸和标高，依据门窗中线向两边量出门窗边线。多层或高层建筑时，以顶层门框边线为准，用线坠或经纬仪将门窗框边线下引，并在各层门窗口处画线标记，对个别不直的边应剔凿处理。

② 门窗的水平位置应以楼层室内＋50cm 的水平线为准向上量出窗下皮标高，弹线找直，每一层必须保持窗下皮标高一致。

2）塑钢门窗披水安装

按施工图纸要求将披水固定在塑钢门窗上，且要保证位置准确、安装牢固。

3）防腐处理

① 门窗框四周外表面的防腐处理设计有要求时，按设计要求处理。如果设计没有要求时，可涂刷防腐涂料或粘贴塑料薄膜进行保护，以免水泥砂浆直接与塑钢门窗表面接触，产生电化反

应，腐蚀塑钢门窗。

② 安装塑钢门窗时，如果采用连接铁件固定，则连接铁件，固定件等安装用金属零件最好用不锈钢，否则，必须采取防腐处理，以免产生电化反应，腐蚀塑钢门窗。

4）塑钢门窗安装

根据画好的门窗定位线，安装塑钢门窗框。并及时调整好门框水平、垂直及对角线长度等符合质量标准，然后用木楔临时固定。

5）塑钢门窗固定

① 当墙体上有预埋铁件时，可直接把塑钢门窗的铁脚直接与墙体上的预埋件焊牢。

② 当墙体上没有预埋铁件时，可用射钉将塑钢门窗上的铁脚固定在墙体上。

③ 当墙体上没有预埋铁件时，也可将金属膨胀螺栓或塑料膨胀螺栓用射钉枪把塑钢门窗上的铁脚固定在墙体上。

④ 当墙体上没有预埋铁件时，也可用电钻在墙上打 80mm 深、直径为 6mm 的孔，用直径 6mm 的钢筋，在长的一端粘涂 108 胶水泥浆，然后打入孔中。待 108 胶水泥浆终凝后，再将塑钢门窗的铁脚与预埋的直径 6mm 的钢筋焊牢。

6）门窗框与墙体间缝隙的处理

① 塑钢门窗安装固定后，应先进行隐蔽工程验收，合格后及时按设计要求处理门窗框与墙体之间的缝隙。

② 如果设计未达要求时，可采用矿棉或玻璃棉毡条分层填塞缝隙，外表面留 5～8mm 深槽口填嵌嵌缝油膏，或在门框四周外表面进行防腐处理后，嵌填水泥砂浆或细石混凝土。

7）门窗扇及玻璃的安装

① 门窗框及玻璃应在洞口墙体表面装饰完成后安装。

② 推拉门窗在门窗框安装固定后，将配好玻璃的门窗扇整体安入框内滑道，调整好框与扇的间隙即可。

③ 平开门窗在框与扇格架组装上墙、安装固定好后再安玻璃，即先调好框与扇的间隙，再将玻璃安入扇并调整好位置，最

终镶嵌密封条，填嵌密封胶。

④ 地弹簧门应在门框及地弹簧主机入地固定后再安门扇。先将玻璃嵌入扇格玻璃架并一起入框就位，调整好框扇缝隙，最后填嵌门窗四周的密封条及密封胶。

8）安装五金配件

五金配件与门框连接需要用镀锌螺钉。安装的五金配件应结实牢靠，使用灵活。

33. 玻璃地弹门安装施工工艺包括哪些内容？

答：（1）安装工艺

画线定位→倒角处理→固定钢化玻璃→注玻璃胶封口→活动玻璃门扇安装→清理。

（2）安装要点

1）画线定位

根据设计图纸中门窗的安装位置、尺寸和标高，依据门窗中线向两边量出门窗边线。多层或高层建筑时，以顶层门框边线为准，用线坠或经纬仪将门窗框边线下引，并在各层门窗口处画线标记，对个别不直的边应剔凿处理。

2）倒角处理

用玻璃磨边机给玻璃边缘打磨。

3）固定钢化玻璃

用玻璃吸盘器把玻璃吸紧，然后手握吸盘器把玻璃板抬起，抬起时应有 2～3 人同时进行。抬起后的玻璃板，应先入门框顶部的限位槽内，然后放到底托上，并对好安装位置，使玻璃板的边部正好面对缝口封住侧框柱的不锈钢饰。

4）注玻璃胶封口

注玻璃胶封口，应从缝隙的端头开始。操作的要领是握紧压柄用力要均匀，同时顺着缝隙移动的速度也要均匀，即随着玻璃胶的挤出，匀速移动注口，使玻璃胶在缝隙处形成一条表面均匀的直线。最后用塑料胶片割去多余的玻璃胶，并用干净布擦去胶迹。

5）玻璃板之间的对接

玻璃对接时，对接缝应留 2～3mm 的距离，玻璃边需倒角。两块相连的玻璃定位并固定后，用玻璃胶注入缝隙中，注满之后用塑料片在玻璃的两面割去多余的玻璃胶，用干净布擦去胶迹。

6）活动玻璃门扇安装

活动玻璃门扇的结构没有门扇框。活动门扇的开闭是用地弹簧来实现，地弹簧与门扇的金属上下横档铰接。地弹簧的安装方法与铝合金门相同。

① 地弹簧转轴与定位销的中线必须在一条垂直线上。测量是否同轴线的方法可用垂线法。

② 在门扇的上下横档内侧划线，并按线固定转动轴销的销孔板和地弹簧的转动轴连接板，安装时可参考地弹簧所附的说明。

③ 钢化玻璃应倒角处理，并打好安装门把手的孔洞，通常在买钢化玻璃时，就要求加工好。注意钢化玻璃的高度尺寸，应包括插入上下横档的安装部分。通过钢化玻璃的裁切尺寸，应小于测量尺寸 5mm 左右，以便进行调节。

④ 把上下横档分别装在玻璃地弹门扇上下边，并进行门扇高度的测量。如果门扇高度不够，可向上下横档内的玻璃底下垫木夹板条，如果门扇高度超过安装尺寸，则需请专业玻璃工裁去玻璃地弹簧门扇的多余部分。

⑤ 在定好高度之后，进行固定上下横档操作。在钢化玻璃与金属横档内的两侧空隙处，两边同时插入小木条，并轻轻敲入其中，然后在小木条、钢化玻璃横档之间的缝隙中注入玻璃胶。

⑥ 门扇定位安装。门扇下横档内的转动销连接件的孔位必须对准套入地弹簧的转动销轴上，门框横梁上定位销必须插入门扇上横档转动销连接件孔内 15mm 左右。

⑦ 安装玻璃门拉手应注意。拉手的连接部位，插入玻璃门拉手孔时不能太紧，应略有松动。如果过松可以在插入部分裹上软质胶带。安装前在拉手插入玻璃门部分涂少许玻璃胶。拉手组

装时，其根部与玻璃贴靠紧密后，再上紧固定螺钉，以保证拉手没有丝毫松动现象。

34. 整体楼地面施工工艺包括哪些内容?

答：（1）安装工艺流程

基层处理→弹线找规矩→铺设水泥砂浆面层→养护。

（2）施工要点

1）基层处理。对于表面较光滑的基层应进行凿毛，并用清水冲洗干净，冲洗后的基层不要上人。在现浇混凝土或水泥砂浆垫层、找平层上做水泥砂浆面层时，垫层强度达到1.2MPa，才能铺设面层。

2）弹线找规矩。地面抹灰前，应先在四周墙上弹出50线作为水平基准线。

3）根据50线在地面四周做灰饼，并用类似于墙面抹灰的方法拉线打中间灰饼，并做好地面标筋，纵横标筋的间距为1500～2000mm，在有坡度要求的地面找好坡度；有地漏的房间，要在地漏四周做好坡度不小于5%的泛水。对于面积较大的地面，用水准仪测出面层的平均厚度，然后边测标高边做灰饼。

4）铺设水泥砂浆面层。面层水泥砂浆的配合比应符合设计要求，一般不低于1∶2，水灰比为1∶0.3～0.4，其稠度不大于3.5cm，面层厚度不小于20mm。水泥砂浆要搅拌均匀，颜色一致。铺抹前，先将基层浇水湿润，第二次先刷一道水灰比0.4～0.5素水泥砂浆结合层，并随刷随抹，操作时先在标筋之间均匀铺上砂浆，比标筋面略高，然后用刮尺以标筋为准刮平、拍实。待表面水分稍干后，用木模子打磨，将沙眼、凹坑、脚印打磨掉，随后用纯水泥砂浆均匀涂抹在面上，用铁抹子磨光，把抹纹、细孔等压平、压实。面层与基层结合要求牢固，无空鼓、裂纹、脱皮、麻面、起砂等缺陷，表面不得有泛水和积水。

5）养护。水泥砂浆面层施工完毕后，要及时进行浇水养护，必要时可蓄水养护，养护时间不得少于7d，强度等级不应低于

15MPa。

35. 现浇水磨石地面的施工工艺包含哪些内容？

答：(1) 施工工艺流程

基层处理（抹找平层）→弹线找规矩→设置分格缝、分格条→铺抹面层石粒→养护→磨光→涂刷草酸出光→打蜡抛光。

(2) 施工要点

1）基层处理以及抹找平层、弹线找规矩同水泥砂浆地面的做法。找平层要表面平整、密实，并保持粗糙。找平层完成后，第二天应浇水养护至少1d。

2）设置并嵌固分隔条。现在找平层上按设计要求纵横垂直水平线或图案分格墨线，然后按墨线固定铜条或玻璃嵌条，用纯水泥砂浆在分格条下部，抹成八字角通长座嵌牢固（与找平层成45°角），粘嵌高度略大于分格条高度的一半，纯水泥砂浆的涂膜高度比分格条低4～6mm。分格条镶嵌牢固、接头严密、顶面平整一致，分格条镶嵌完成后应进行养护，时间不得少于2d。

3）铺抹面层石粒浆。铺水泥石子浆前一天，洒水将基层充分湿润。在涂刷素水泥浆结合层前，应将分格条内的积水和浮砂清理干净，接着刷水泥浆一遍，水泥品种与石子浆的品种一致。随即将水泥石子浆先铺在分格条旁边，将分格条边约100mm内水泥石子浆轻轻抹平压实（石子浆配合比一般为1∶2.5或1∶1.5），不应用靠尺刮。面层应比分格条高5mm，如局部石子浆过厚，应用铁抹（灰匙）挖去，再将石子浆刮平压实，达到表面平整、石子（石粒）分布均匀。

石子浆面至少要两次用毛刷（横刷）粘拉开浆面（开面），检查石粒均匀（若过于稀疏要补上石子）后，再用铁抹子抹平压实，至泛浆为止。要求将波纹压平，分格条顶面上的石子应清除掉。在同一平面上有几种颜色图案时，应先做深色，后做浅色。待前一种色浆凝固后，再抹后一种色浆。两种颜色的色浆不应同时铺抹，以免做成串色，界限不清。间隔时间不宜过长，一般可隔日铺抹。

4）养护。石子浆铺抹完成后，次日起浇水养护，并设警戒线严防行人踩踏。

5）磨光。大面积施工宜用机械磨石机研磨，小面积、边角处可用小型手提磨石机研磨，对于局部无法使用机械研磨的地方，可用手工研磨。开磨前应试磨，若试磨后石粒不松动，即可开磨。磨光可采用“两浆三磨”的方法进行，及整个磨光过程分为磨光三遍，补浆两次。要求磨至石子料显露，表面平整光洁，无砂眼细孔为止。

6）涂刷草酸出光。对研磨完成的水磨石面层，经检查达到平整度、光滑度的要求后，即可进行涂刷草酸出光工序。

7）打蜡抛光。按蜡∶煤油＝1∶4 的比例加热融化，掺入松香水适量，调成稀糊状，用布将蜡薄薄地均匀涂刷在水磨石上。待蜡干后，把包有麻布的木板块装在磨石机的磨盘上进行磨光，直到水磨石表面光滑洁亮为止。

36. 陶瓷地砖楼地面铺设施工工艺包括哪些内容？

答：(1) 施工工艺流程

基层处理（抹找平层）→弹线找规矩→做灰饼、冲筋→试拼→铺贴地砖→压平、拔缝→铺贴踢脚线。

(2) 施工要点

1）基层处理要点同砂浆楼地面的做法。

2）弹线找规矩根据设计确定的地面标高进行抄平、弹线，在四周墙上弹 50 线。

3）做灰饼、冲筋。根据中心点在地面四周每隔 1500mm 左右拉互相垂直的纵横十字线数条，并用半硬性水泥砂浆按 1500mm 左右做一个灰饼，灰饼高度必须与找平层在同一水平面，纵横灰饼相连成标筋作为铺贴地砖的依据。

4）试拼。铺贴前根据分格线确定地砖的铺贴顺序和标准块的位置，并进行试拼，检查图案、颜色及纹理的方向及效果，试拼后按顺序排列，编号，浸水备用。

5）铺贴地砖。根据地砖尺寸的大小分湿贴法和干贴法两种。

① 湿贴法。主要用于小尺寸地砖（常用于 400mm×400mm 以下）的铺贴。它是用 1∶2 水泥砂浆摊铺在地砖背面，将其镶铺在找平层上。同时用橡胶锤轻轻敲击砖表面，使其与地面粘贴牢靠，以防止出现空鼓和裂缝。铺贴时，如果室内地面的整体水平标高相差 40mm，需用 1∶2 的半硬性水泥砂浆铺找平层，边铺边用木方刮平、拍实，以保证地面的平整度，然后按地面纵横十字标筋在找平层上通铺一行地砖作为基准板，再沿基准板的两边进行大面积的铺贴。

② 干贴法。此方法主要适用于大尺寸地砖（500mm×500mm 以上）的铺贴。首先在地面用 1∶3 的干硬性水泥砂浆铺一层厚度 20～50mm 的垫层，干硬性水泥砂浆的密度大、收缩性小，以手捏成团，松手即散为好。找平层的砂浆应采用虚铺方式，即把干硬性水泥砂浆均匀铺在地面上，不可压实，然后将纯水泥砂浆刮在地砖背面，按地面十字筋通铺一行地砖与水泥砂浆上作为基准板，再沿基准板的临边进行大面积铺贴。

6）压平、拔缝。镶贴时，要边铺边用水平尺检查地砖的平整度，同时拉线检查缝格的平直度，如超出规定，应立即修整，将缝拔直，并用橡胶锤拍实，使纵横线之间的宽窄一致、笔直通顺，板面也应平整一致。

7）镶贴踢脚线。待地砖完全凝固硬化后，可在墙面与地砖交接处安装踢脚板。踢脚板一般采用与地面块材同品质、同颜色的材料。踢脚板的立缝应与地面缝对齐，厚度和高度应符合设计要求。铺完砖 24h 后洒水养护，时间不少于 7d。

37. 石材地面铺设施工工艺包括哪些内容?

答：（1）施工工艺流程

基层处理→弹线找规矩→做灰饼、冲筋→选板试拼→铺板→抹缝→打蜡→养护。

（2）施工要点

1）基层处理、弹线找规矩、做灰饼、冲筋找平等做法与地砖楼面铺设方法相同。

2）选板试拼。铺设前应根据施工大样图进行选板、试拼、编号，以保证板与板之间的色彩、纹理协调自然。按编号顺序在石材的正面、背面以及四条侧边，同时涂刷保新剂，防止污渍、油污浸入石材内部，而使石材持久地保持光洁。

3）铺板。先铺找平层，根据地面标筋铺设找平层，找平层起到控制标高和粘结面层的作用。按设计要求用1∶1～1∶3干硬性水泥砂浆，在地面均匀铺一层厚度为20～50mm的干硬性水泥砂浆。因石材的厚度不均匀，在处理找平层时可把干硬性水泥砂浆的厚度适当增加，但不可压实。在找平层上拉线，随线铺设一行基准板，再从基准板的两边进行大面积的铺贴。铺装方法是将素水泥浆均匀地刮在选好的石板背面，随即将石材镶铺在找平层上，边铺边用水平尺检查石材平整度，同时调整石材间的间隙，并用橡胶锤敲击石材表面，使其与结合层粘结牢靠。

4）抹缝。铺装完毕后，用面纱将板面上的灰浆擦拭干净，并养护1～2d，进行踢脚板的安装，然后用与石材颜色相同的勾缝剂进行抹缝处理。

5）打蜡、养护。最后用草酸清洗板面，再打蜡、抛光。

38. 涂料类装修施工工艺包括哪些内容？

答：涂饰工程是指将建筑涂料涂刷于构配件或结构的表面，并与之较好地粘结，以达到保护、装饰建筑物，并改善构件性能的装饰层。

（1）施工工艺

基层处理→打底子→刮腻子→施涂涂料→养护。

（2）施工要点

1）基层处理

混凝土和抹灰表面：施涂前应将基体或基层的缺棱掉角处、

孔洞用1：3的水泥砂浆（或聚合物水泥砂浆）修补；表面麻面、接缝错位处及凹凸不平处先凿平或用砂轮机磨平，清洗干净，然后用水泥聚合物刮腻子或用聚合物水泥砂浆抹平；缝隙用腻子填补齐平；对于酥松、起皮、起砂等硬化不良或分离脱壳部分必须铲除重做。基层表面上的灰尘、污垢、溅沫和砂浆流痕应清除干净。施涂溶剂型涂料，基体或基层含水率不得大于8%；施涂水性和乳液型涂料，含水率不得大于10%，一般抹灰基层养护14～21d，混凝土基层养护21～28d可达到要求。

木材表面：灰尘、污垢及粘着的砂浆、沥青或水柏油应除净。木材表面的缝隙、毛刺、掀岔和脂囊修整后，应用腻子填补，并用砂纸磨光，较大的脂囊、虫眼挖除后应用同种木材顺木纹粘结镶嵌。为防止节疤处树脂渗出，应点漆2～4遍。木材基层的含水率不得大于12%。

金属表面：施涂前应将灰尘、油渍、鳞皮、锈斑、焊渣、毛刺等消除干净。潮湿的表面不得施涂涂料。

2）打底子

木材表面涂刷混色涂料时，一般用工地自配的清油打底。若涂刷清漆，则应用油粉或水粉进行润粉，以填充木纹的棕眼，使表面平滑并起着色作用。油粉用大白粉，颜料，熟桐油，松香水等配成。

金属表面则应刷防锈漆打底。

抹灰或混凝土表面涂刷油性涂料时，一般也可用清油打底。打底子要求刷到、刷匀，不能有遗漏和流淌现象。涂刷顺序一般先上后下，先左后右，先外后里。

3）刮腻子、磨光

刮腻子的作用是使表面平整。腻子应按基层、底层涂料和面层涂料的性质配套使用，应具有塑性和易涂性，干燥后应坚固。

刮腻子的次数随涂料工程质量等级的高低而定，一般以三道为限，先局部刮腻子，然后再满刮腻子，头道要求平整，二、三道要求光洁。每刮一道腻子待其干燥后，用砂纸磨光一遍。对于做混色涂料的木料面，头道腻子应在刷过清油后才能批嵌；做清漆的木料面，则应在润粉后才能批嵌；金属面等防锈漆充分干燥后才能批嵌。

4）施涂涂料

① 刷涂：是指采用鬃刷或毛刷施涂。

刷涂时，头遍横涂走刷要平直，有流坠马上刷开，回刷一次；蘸涂料要少，一刷一蘸，防止流淌；由上向下一刷紧挨一刷，不得留缝；第一遍干后刷第二遍，第二遍一般为竖涂。

刷涂要求：

A. 上道涂层干燥后，再进行下道涂层，间隔时间依涂料性能而定。

B. 涂料挥发快的和流平性差的，不可过多重复回刷，注意每层厚薄一致。

C. 刷罩面层时，走刷速度要均匀，涂层要匀。

D. 第一道深层涂料稠度不宜过大，深层要薄，使基层快速吸收为佳。

② 滚涂：指利用滚涂辊子进行涂饰。

先把涂料搅匀调至施工黏度，少量倒入平漆盘中摊开。用辊筒均匀蘸涂料后在墙面或其他被涂物上滚涂。

滚涂要求：

A. 平面涂饰时，要求流平性好、黏度低的涂料；立面滚涂时，要求流平性小、黏度高的涂料。

B. 不要用力压滚，以保证涂料厚薄均匀。不要让辊中的涂料全部挤压出后才蘸料，应使辊内保持一定数量的涂料。

C. 接槎部位或滚涂一定数量时，应用空辊子滚压一遍，以保护滚涂饰面的均匀和完整，不留痕迹。

③ 喷涂：是指利用压力将涂料喷于物面上的施工方法。喷涂施工要求喷枪运行时，喷嘴中心线必须与墙、顶棚垂直，喷枪与墙、顶棚有规则地平行移动，运行速度一致。涂层的接槎应留在分格缝处，门窗以及不喷涂的部位，应认真遮挡。喷涂操作一般应连续进行，一次成活，不得漏喷、流淌。室内喷涂一般先喷

涂顶棚后喷涂墙面，两遍成活，间隔时间约 2h；外墙喷涂一般为两遍，较好的饰面为三遍，作业分段线设在水落管、接缝、雨罩等处。

④ 抹涂：是指用钢抹子将涂料抹压到各类物面上的施工方法。

抹涂底层涂料。用刷涂、滚涂方法先刷一层底层涂料做结合层。

抹涂面层涂料。底层涂料涂饰后 2h 左右，即可用不锈钢抹压工具涂抹面层涂料，涂层厚度为 2～3mm；抹完后，间隔 1h 左右，用不锈钢抹子拍抹饰面压光，使涂料中的粘结剂在表面形成一层光亮膜；涂层干燥时间一般为 48h 以上，期间如未干燥，应注意保护。

第五节　工程项目管理的基本知识

1. 施工项目管理的内容有哪些？

答：施工项目管理的内容包括如下几个方面。

（1）建立施工项目管理组织

①由企业采用适当的方式选聘称职的项目经理。②根据施工项目组织原则，采用适当的组织方式，组建施工项目管理机构，明确责任、权限和义务。③在遵守企业规章制度的前提下，根据施工管理的需要，制定施工项目管理制度。

（2）编制项目施工管理规划

施工项目管理规划包括如下内容：①进行工程项目分解，形成施工对象分解体系，以便确定阶段性控制目标，从局部到整体地进行施工活动和进行施工项目管理。②建立施工项目管理工作体系，绘制施工项目管理工作体系图和施工项目管理工作信息流程图。③编制施工管理规划，确定管理点，形成文件，以利执行。

（3）进行施工项目的目标控制

实现各项目标是施工管理的目的所在。施工项目的控制目标有进度控制目标、质量控制目标、成本控制目标、安全控制目标等。

（4）对施工项目施工现场的生产要素进行优化配置和动态管理

生产要素管理的内容包括：①分析各项生产要素的特点。②按照一定的原则、方法对施工项目生产要素进行优化配置，并对配置状况进行评价。③对施工项目的各项生产要素进行动态管理。

（5）施工项目的合同管理

在市场经济条件下，合同管理是施工项目管理的主要内容，是企业实现项目工程施工目标的主要途径。依法经营的重要组成部分就是按施工合同约定履行义务、承担责任、享有权利。

（6）施工项目的信息管理

施工项目信息管理是一项复杂的现代化管理活动，施工的目标控制、动态管理更要依靠大量的信息及大量的信息管理来实现。

（7）组织协调

组织协调是指以一定的组织形式、手段和方法，对项目管理中产生的关系不畅进行疏通，对产生的干扰和障碍予以排除的活动。协调与控制的最终目标是确保项目施工目标的实现。

2. 施工项目目标控制的任务包括哪些内容？施工项目目标控制的措施有哪些？

答：（1）施工项目目标控制的任务

施工项目包括成本目标、进度目标、质量目标等三大目标。目标控制的任务包括使工程项目不超过合同约定的成本额度；保证在没有特殊事件发生和不改变成本投入、不降低质量标准的情况下按期完成；在投资不增加，工期不变化的情况下按合同约定的质量目标完成工程项目施工任务。

（2）施工项目目标控制的措施

施工项目目标控制的措施有组织措施、技术措施、经济措施等。

1）组织措施是指施工任务承包企业通过建立施工项目管理组织，建立健全施工项目管理制度，健全施工项目管理机构，进行确切和有效的组织和人员分工，通过合理的资源配置作为施工项目目标实现的基础性措施。

2）技术措施是指施工管理组织通过一定的技术手段对施工过程中的各项任务通过合理划分，通过施工组织设计和施工进度计划安排，通过技术交底、工序检查指导、验收评定等手段确保施工任务实现的措施。

3）经济措施是指施工管理组织通过一定程序对施工项目的各项经济投入的手段和措施。包括各种技术准备的投入、各种施工设施的投入、各种涉及到管理人员施工操作人员的工资、奖金和福利待遇的提高等各种与项目施工有关的经济投入措施。

3. 施工现场管理的任务和内容各有哪些?

答：施工现场管理分为施工准备阶段的工作和施工阶段的工作两个不同阶段的管理工作。

（1）施工准备阶段的管理工作

它主要包括拆迁安置、清理障碍、平整场地、修建临时设施，架设临时供电线路、接通临时用水管线、组织材料机具进场，施工队伍进场安排等工作，这些工作虽然比较零碎，但头绪很多，需要协调和管理的组织层次和范围比较广，是对项目管理组织的一个考验。

（2）施工阶段的现场管理工作

此阶段现场管理工作头绪更多，施工参与各方人员的管理和协调，设备和器具，材料和零配件，生产运输车辆，地面、空间等都是现场管理的对象。为了有效进行现场管理，根本的一条就是要根据施工组织设计确定的现场平面进行布置图，需要调整变动时需要首先申请、协商、得到批准后方可变动，不能擅自变动，以免引起各部分主体之间的矛盾，以免造成违反消防安全、环境保护等方面的问题造成不必要的麻烦和损失。

对于节电、节水、用电安全、修建临时厕所及卫生设施等方面的管理工作，最好列入合同附则，有明确的约定，以便能有效进行管理，以在安全文明卫生的条件下实现施工管理目标。

第二章 基础知识

第一节 建筑构造、建筑结构的基本知识

1. 民用建筑由哪些部分组成？它们的作用和应具备的性能各有哪些？

答：一幢工业或民用建筑一般都是由基础、墙或柱、楼板层、楼梯、屋顶和门窗六大部分组成，如图 2-1 所示。各部分的作用如下。

（1）基础

它是建筑物最下部的承重构件，其作用是承受建筑物的全部荷载，并将这些荷载传给地基。因此，基础必须具有足够的强度，并能抵御地下各种有害因素的侵蚀。

（2）墙（或柱）

它是建筑物的承重构件和围护构件。作为承重构件的外墙主要抵御自然界各种因素对室内的侵袭；内墙主要起分隔作用及保证舒适环境的作用。框架和排架结构的建筑中，柱起承重作用，墙不仅起围护作用，同时在地震发生后作为抗震第二道防线可以协助框架和排架柱抵抗水平地震作用对房屋的影响。因此，要求墙体具有足够的强度、稳定性，保温、隔热、防水、防火、耐久及经济等性能。

（3）楼板层和地坪

楼板是水平方向的承重构件，按房间层高将整个建筑物沿水平方向分为若干层；楼板层承受家具、设备和人体荷载以及本身的自重，并将这些荷载传给墙和柱；同时对墙体起着水平支撑作用。因此，要求楼板层应具有足够的抗弯强度、刚度和隔声性

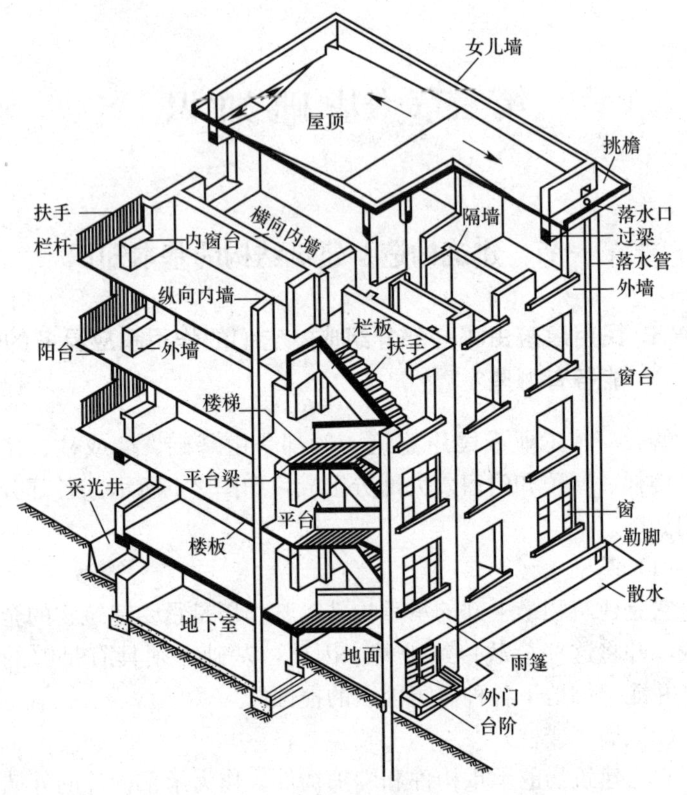

图 2-1 房屋的构造组成

能，对有水侵蚀的房间，还应具有防潮、防水的性能。

地坪是底层房间与地基土层相连的构件，起承受底部房间荷载和防潮、防水等作用。要求地坪具有耐磨、防潮、防水、防尘和保温等性能。

（4）楼梯

它是房屋建筑的垂直交通设施，供人们上下楼层和紧急疏散之用，故要求楼梯具有足够的通行能力，并具防滑、防火功能，能保证安全使用。

（5）屋顶

屋顶是建筑物顶部的围护和承重构件。既能抵御风、雨、雪霜、冰雹等的侵袭和太阳辐射热的影响；又能承受风雪荷载及施工、检修等屋面荷载，并将这些荷载传给墙或柱。故屋顶应具有足够的强度、刚度以及防水、保温、隔热等性能。

（6）门与窗

门与窗均属非承重构件，也称为配件。门主要是供人们出入房间承担室内外具体联系和分隔房间之用；窗除满足通风、采光、日照、造型等功能要求外，处于外墙上的门窗又是围护构件的一部分，要具有隔热、得热或散热的作用，某些特殊要求的房间，门、窗应具有隔声、防火性能。

建筑物除以上六大组成部分外，对于不同功能的建筑物还可有阳台、雨篷、台阶、排烟道等。

2. 砖基础、毛石基础、混凝土基础、钢筋混凝土独立基础、桩基础的组成特点各有哪些内容？

答：（1）砖基础、毛石基础、混凝土基础

它们均属于刚性基础，它们的共同点是：由刚性材料制作而成，刚性材料的特点是抗压强度高，而抗拉、抗剪强度较低。除以上几种刚性材料外，作为基础用刚性材料还包括灰土、三合土等。为了便于扩散上部荷载满足地基允许承载力的要求，基底宽度一般大于上部墙宽，当基础很宽时，从墙边算起的出挑宽度就很大，由于刚性材料的抗弯、抗剪性能差，基础有可能因弯曲或剪切而破坏。为了防止基础受剪或受弯破坏，基础就必须具有足够高度。通常刚性材料的受力特性，基础传力时只能在材料允许的范围内加以控制，这个控制范围的交角称为刚性角。砖石基础的刚性角控制在 1∶1.25～1∶1.5 即 26°～33°以内。混凝土基础刚性角控制在 1∶1 即 45°以内。

（2）钢筋混凝土基础

它属于非刚性基础，它是在混凝土基础的地板内双向配置箍筋，依靠钢筋混凝土较大的受力性能满足受弯、受剪的性能要求。在基础高度相同的前提下它比混凝土基础要宽，地面面积要大许多，容易满足地基承载力的要求。有时将这种基础也俗称为柔性基础。

（3）桩基础

通常由桩尖、桩身和基础梁等部分组成，桩身可以由素混凝土和上段的钢筋混凝土构成，也可以是桩身全高配置钢筋笼的钢筋混凝土桩基础。其施工要点在于选择合适的类型和成孔工艺。通常用于埋深大于 5m 的深基础，在地层内穿越深度大，端承桩的桩尖可以到达持力层，摩擦桩也需要足够的深度依靠桩身周围的摩擦阻力平衡上部传来的荷载。桩基础的特点是埋深大，施工难度大，不可预知的底层状况多发，造价相对较高，但其受力性能好，对上部结构受力满足的程度高，尤其适用于持力层埋深较大的情况。

3. 常见砌块墙体的构造有哪些内容？

答：砌体尺寸较大垂直缝砂浆不宜灌实，砌块之间粘结较差，因此砌筑时需要采取加固措施，以提高房屋的整体性。砌块建筑的构造要点如下：

（1）砌块建筑每层楼应加设圈梁，用以加强砌块的整体性

圈梁通常与过梁统一考虑，有现浇和预制圈梁两种作法。现浇圈梁整体性强，对加固墙身有利，但施工麻烦。为了减少现场支模的工序，可采用 U 形预制件，在槽内配置钢筋现浇混凝土形成圈梁。

（2）砌块墙的拼缝做法

砌块墙的拼缝有平缝、凹槽缝和高低缝。平缝制作简单，多用于水平缝；凹槽缝灌浆方便，多用于垂直缝，也可用于水平缝。缝宽视砌块尺寸而定，砂浆强度等级不低于 M15。

（3）砌块墙的通缝处理

当上下皮砌块出现通缝或错缝距离不足 150mm 时，应在水平缝处加双向直径 4mm 的钢筋织成的网片，使上下皮砌块被拉结成整体。

(4) 砌块墙芯柱

采用混凝土空心砌块砌筑时，应在房屋的四大角、外墙转角、楼梯间四角设芯柱，芯柱内配置从基础到屋顶的两根直径12mm的HPB300级钢筋，细石混凝土强度等级一般为C15，将其填入砌块孔中。

(5) 砌块墙外墙面

砌块墙的外墙面宜做饰面，也可采用带饰面的砌块，以提高砌块墙的防渗水能力和改善墙体的热工性能。

4. 现浇钢筋混凝土楼板、装配式楼板各有哪些特点和用途?

答：(1) 钢筋混凝土楼板

钢筋混凝土楼板是在施工现场支模、绑扎钢筋、浇筑混凝土而成的楼板。它的特点是整体性好，在地震设防烈度高的地区具有明显的优势。对有管道穿过的房间、平面形状不规整的房间、尺寸不符合模数要求的房间和防水要求较高的房间都适合现浇钢筋混凝土楼板。现浇混凝土楼板可用在平板式楼盖、单向板肋梁楼盖、双向板楼盖、井字梁楼盖和无梁楼盖中。

(2) 装配式楼板

装配式楼板是指在混凝土构件预制加工厂或施工现场外预先制作，然后运到工地现场安装的钢筋混凝土楼板。预制板的长度一般与房屋的开间或进深一致，板的宽度根据制作、吊装和运输条件以及有利于板的排列组合确定。板的截面尺寸须经结构计算确定。装配式预制楼板用于工程，具有施工速度快、质量稳定等特点，但是楼盖的整体性差，造价不比现浇楼板低，抗震性能差，在高烈度地区的多层房屋建设和使用人数较多的学校、医院等公共建筑中不能使用。

5. 地下室的防潮与防水构造做法各是什么?

答：(1) 地下室的防潮构造

当地下水的常年水位和最高水位均在地下水地坪标高以下

时，须在地下室外墙外面设垂直防潮层。其做法是在墙体外表面先抹一层 1∶2.5 的水泥砂浆找平层，再涂一道冷底子油和两道热沥青；然后在外面回填低渗水土壤，如黏土、灰土等，并逐层夯实，土层宽度为 500mm 左右，以防地面雨水或其他表面水的影响。另外，地下室的所有墙体都应设两道水平防潮层，一道设在地下室地坪附近，另一道设在室外地坪以上 150～200mm 处，使整个地下室防潮层连成整体，以防地潮沿地下墙身或勒脚处进入室内，具体构造如图 2-2 所示。

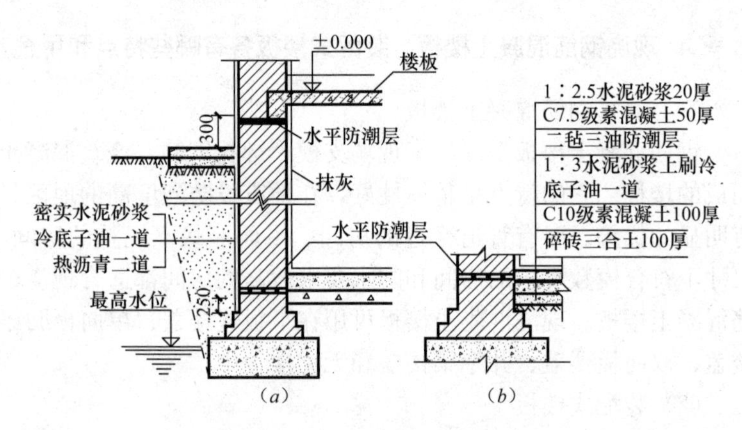

图 2-2　地下室的防潮处理

(a) 墙身防潮；(b) 地坪防潮

(2) 地下室防水构造

当设计最高水位高于地下室地坪时，地下室的外墙和底板都浸泡在水中，应对地下室进行防水处理。其方法有三种。

1) 沥青卷材防水

选用这种防水施工方案时，防水卷材的层数应按地下水的最大水头选用。最大水头小于 3m，卷材为 3 层，水头在 3～6m，卷材为 4 层，水头在 6～12m，卷材为 5 层，水头大于 12m，卷材为 6 层。

(a) 外防水。外防水是将防水层贴在地下室外墙的外表面，这对防水有利，但维修困难。它的构造要点是：先在墙外侧抹

1∶3的水泥砂浆找平层，并刷冷底子油一道，然后选定油毡数层，分层粘贴防水卷材，防水层须高出地下水位 500～1000mm 为宜。油毡防水层以上的地下室侧墙应抹水泥砂浆涂两道热沥青，直至室外散水处。垂直防水层外侧砌半砖厚的保护墙一道。具体构造做法如图 2-3（*a*）所示。

（b）内防水。内防水是将防水层贴在地下室外墙的内表面，这样施工方便，容易维修，但对防水不利，故常用于修缮工程。

地下室地坪的防水构造是厚约 100mm 的现浇混凝土垫层，再以选定的油毡层数在地坪垫层上做防水层，并在防水层上抹 20～30mm 厚的水泥砂浆保护层，以便于上面浇筑钢筋混凝土。具体构造做法如图 2-3（*c*）所示。

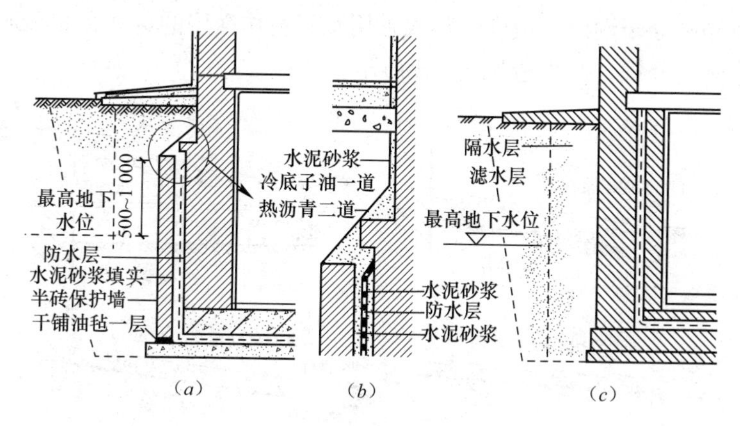

图 2-3 地下防水构造

（*a*）外防水；（*b*）墙身防火层收头处理；（*c*）内防火

2）防水混凝土防水

当地下室地坪和墙体均为钢筋混凝土时，应采用抗渗性能好的混凝土材料，常用的防水混凝土有普通混凝土和外加剂混凝土。普通混凝土主要是采用不同粒径的骨料进行级配，并提高混凝土中水泥砂浆的含量，使砂浆充满于骨料之间，从而填满因骨料间不密实而出现的渗水通路，以达到防水的目的。外加剂混凝土是在混凝土中掺入加气剂或密实剂，以提高混凝土的抗渗能力。

3）弹性材料防水

随着新型高分子防水材料的不断涌现，地下室的防水构造也在不断更新，如我国现阶段使用的三元乙丙橡胶卷材，能充分适应防水基层的伸缩及开裂变形，拉伸强度高，拉断延伸率大，能承受一定的冲击荷载，是耐久性很好的弹性卷材；又如聚氨酯涂膜防水材料，有利于形成完整的防水涂层，对建筑内有管道，转折和高差等特殊部位的防水处理极为有利。

6. 坡道及台阶的一般构造各有哪些主要内容?

答：（1）坡道构造

坡道材料常见的有混凝土或石块等，面层以水泥砂浆居多，对经常处于潮湿、坡度较陡或采用水磨石作面层的，其表面必须作防滑处理，其构造见图 2-4 所示。

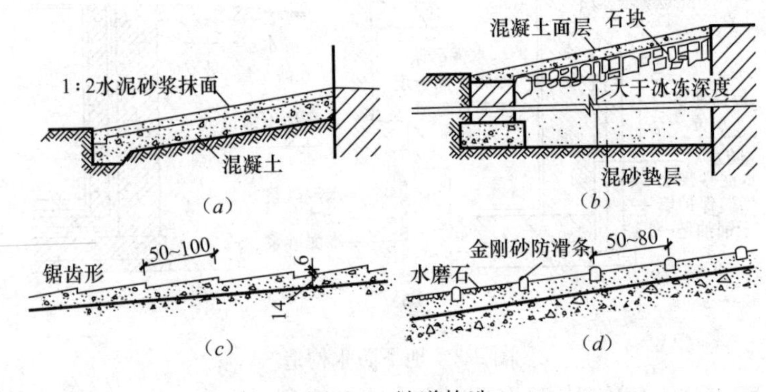

图 2-4　坡道构造

（2）室外台阶的构造

室外台阶的平台与室内地坪有一定的高差，一般为 40～50mm，而且表面向外倾斜，以免雨水流入室内。台阶构造与地坪构造相似，由面层和结构层组成结构层材料应采用抗冻、抗水性能好且质地坚实的材料，常见的台阶基础有就地砌造、勒脚挑出、桥式三种。台阶踏步有砖砌踏步、混凝土踏步、钢筋混凝土踏步，石踏步四种。高度在 1m 以上的台阶需考虑设置栏杆或栏板。

7. 平屋顶常见的保温与隔热方式有哪几种？

答：（1）平屋顶的保温

在寒冷地区或有空调设备的建筑中，屋顶应作保温处理，以减少室内热损失，保证房屋的正常使用并降低能源消耗。保温构造处理的方法通常是在屋顶中增设保温层。油毡平屋顶保温构造做法如图 2-5 所示。

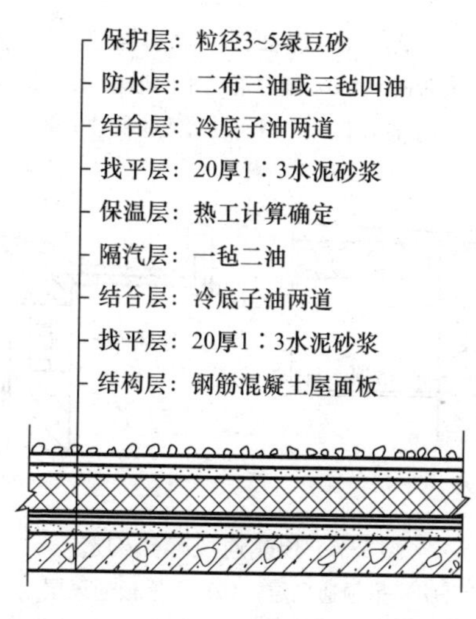

图 2-5　油毡平屋顶保温构造做法

（2）坡屋顶的隔热

在气候炎热地区，夏季太阳辐射热使屋顶温度剧烈升高，为了减少传进室内的热量和降低室内的温度，屋顶应该采取隔热降温措施。屋顶隔热通常包括通风隔热屋面、蓄水隔热屋面、种植隔热屋面以及反射隔热屋面等。通风隔热屋面通常包括架空隔热屋面，如图 2-6 所示，顶棚通风隔热屋面如图 2-7 所示。

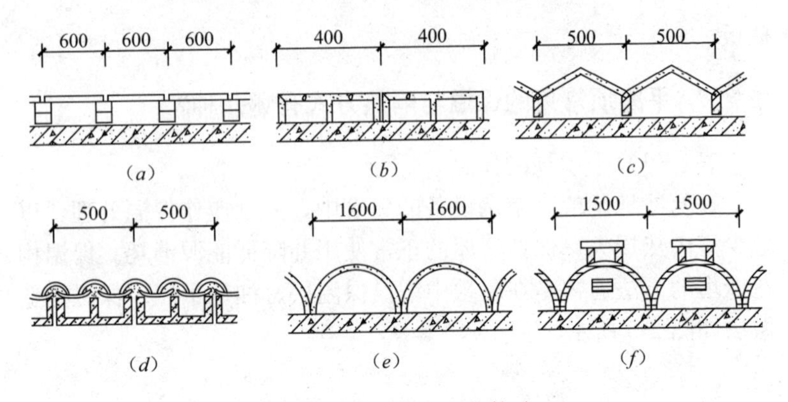

图 2-6　屋面架空隔热构造

(*a*) 架空预制板（或大阶砖）；(*b*) 架空混凝土山形板 (*c*) 架空钢丝网水泥折板；
(*d*) 倒槽板上铺小青瓦；(*e*) 钢筋混凝土半圆拱；(*f*) 1/4 厚砖拱

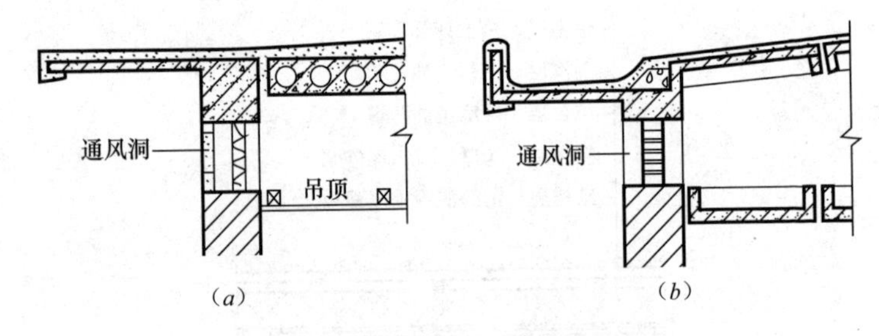

图 2-7　顶棚通风隔热构造

(*a*) 吊顶通风层；(*b*) 双槽板通风层

8. 平屋顶防水的一般构造有哪几种?

答：平屋顶按屋面防水层的不同分为刚性防水、卷材防水、涂料防水及粉剂防水大屋面等。

(1) 卷材防水屋面

卷材防水屋面是指以防水卷材和粘结剂分层粘贴而构成防水层的屋面。卷材防水屋面所用的卷材包括沥青类卷材、高分子卷材、高聚物类改性沥青卷材等。卷材防水的基本构造如图 2-8 所示。常用的油毡沥青卷材如图 2-9 所示。不上人卷材防水屋面如

图 2-10 所示；上人卷材防水屋面如图 2-11 所示。卷材屋面防水构造如图 2-12 所示。

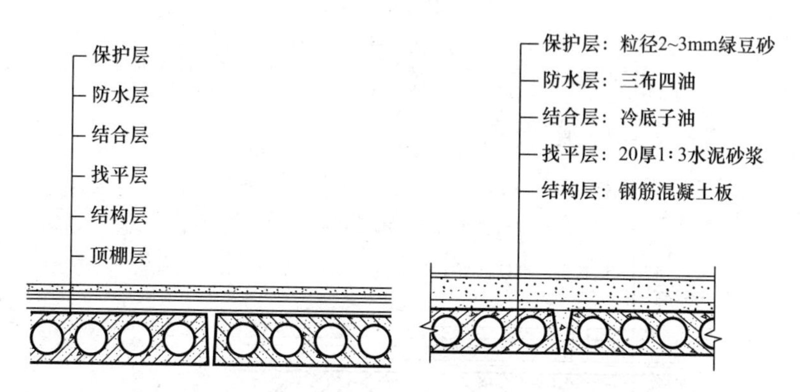

图 2-8　卷材防水的基本构造　　图 2-9　常用的油毡沥青卷材

图 2-10　不上人卷材防水屋面

（2）刚性防水屋面

刚性防水屋面是指以刚性材料作为防水层（如防水砂浆、细石混凝土、配筋细石混凝土等）的屋面。常用的混凝土刚性防水层屋面做法如图 2-13 所示。

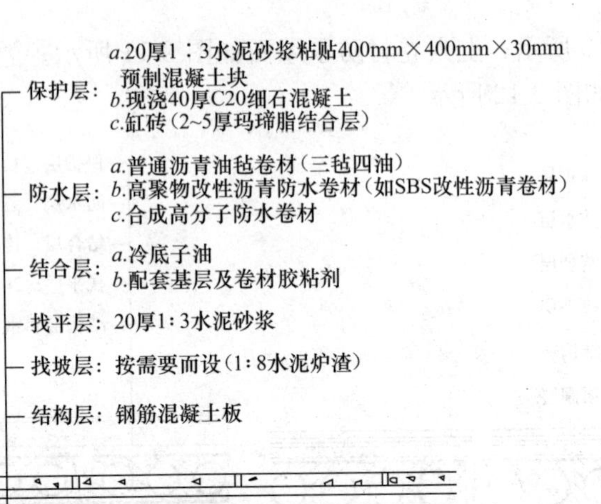

图 2-11　上人卷材防水屋面

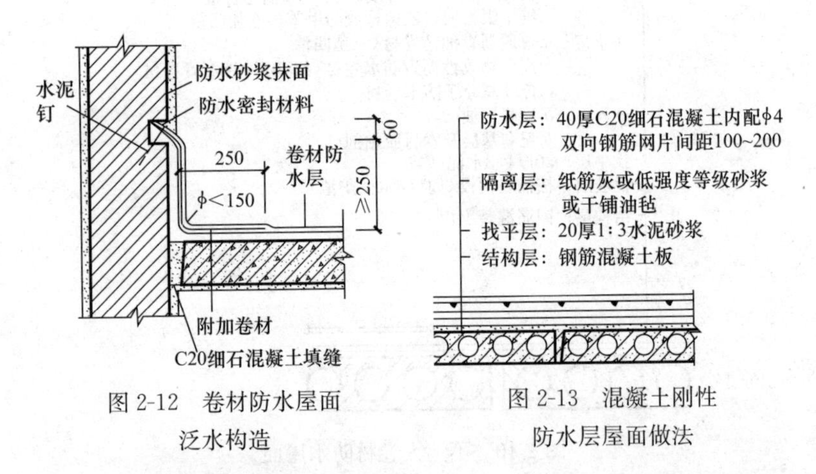

图 2-12　卷材防水屋面泛水构造

图 2-13　混凝土刚性防水层屋面做法

（3）涂膜防水屋面

涂膜防水屋面也叫做涂料防水屋面，它是指用可塑性和粘结力较强的高分子防水涂料直接涂刷在屋面基层上形成一层不透水的薄膜层以达到防水目的的一种屋面做法。涂膜防水屋面构造层次及常用做法如图 2-14 所示。

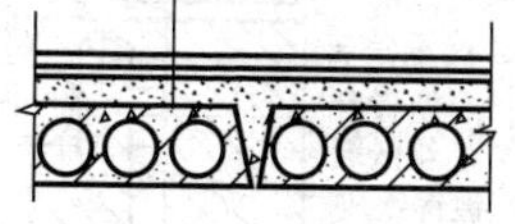

图 2-14　涂膜防水屋面构造层次及常用做法

9. 屋面变形缝的作用是什么？它的构造做法是什么？

答：屋面变形缝的主要作用就是防止由于屋面过长和屋面形状过于复杂而在热胀冷缩影响下产生的不规则破坏。将可能发生的变形集中和留在缝内。

屋面变形缝的构造处理原则是既不能影响屋面的变形，又要防止雨水从变形缝处渗入室内。

屋面变形缝按建筑设计可设在同层等高屋面上，也可设在高低屋面的交接处。

等高屋面的构造做法是：在缝两边的屋面上砌筑矮墙，以挡住屋面雨水。矮墙的高度不小于250mm，半砖厚。屋面卷材防水层与矮墙的连接处理类同于泛水构造，缝内嵌填沥青麻丝。矮墙顶部用镀锌铁皮盖缝，也可铺一层卷材后用混凝土盖板压顶，如图 2-15 所示。

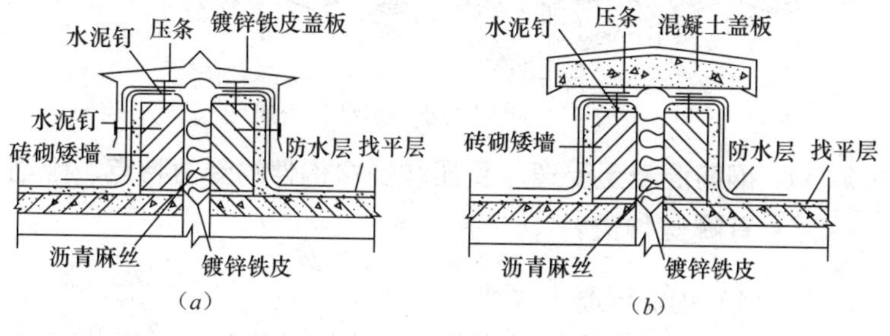

图 2-15　等高屋面变形缝

高低屋面变形缝则是在低侧屋面板上砌筑矮墙，当变形缝宽度较小时，可用镀锌铁皮盖缝并固定在高侧墙上，做法同泛水构造；也可从高侧墙上悬挑钢筋混凝土盖板，如图 2-16 所示。

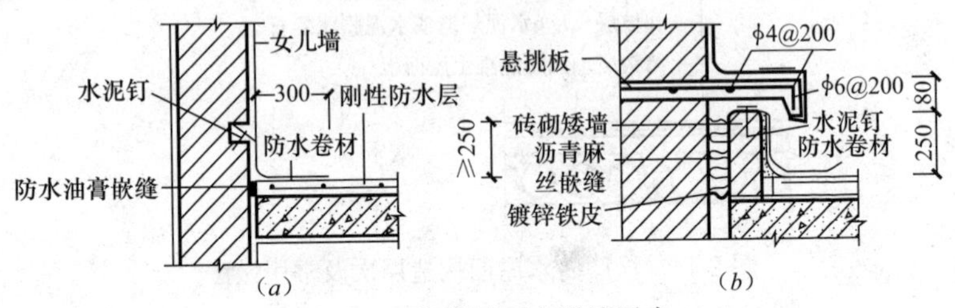

图 2-16　高低屋面变形缝泛水

(a) 女儿墙泛水；(b) 高低屋面变形缝泛水

10. 排架结构单层厂房结构一般由哪些部分组成？

答：单层工业厂房的结构体系主要由屋盖结构、柱和基础三大部分组成。单层工业厂房的结构组成如图 2-17 所示。

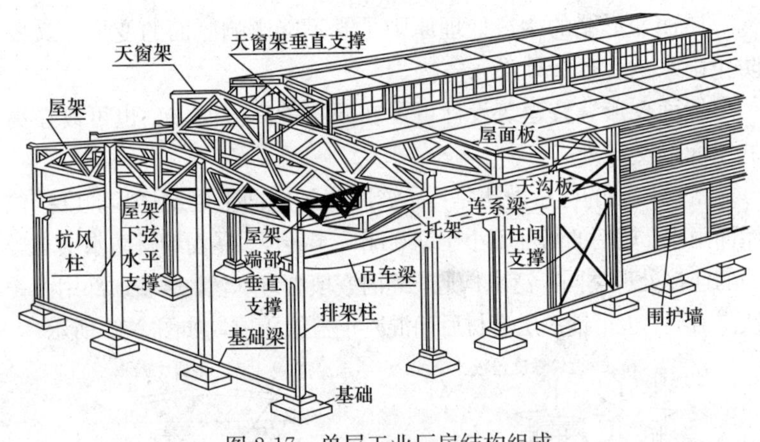

图 2-17　单层工业厂房结构组成

11. 钢筋混凝土受弯、受压和受扭构件的受力特点、配筋有哪些种类？

答：(1) 钢筋混凝土受弯

钢筋混凝土受弯构件是指支撑与房屋结构竖向承重构件柱、

墙上的梁和以梁或墙为支座的板类构件。它在上部荷载作用下各截面承受弯矩和剪力的作用，发生弯曲和剪切变形，承受主拉应力影响，简支梁的梁板跨中、连续梁的支座和跨间承受最大弯矩作用，梁的支座两侧承受最大剪力影响。

板内配筋主要有根据弯矩最大截面计算所配置的受力钢筋和为了固定受力钢筋在其内侧垂直方向所配置的分布钢筋；其次，在板角和沿墙板的上表面配置的构造钢筋，在连续支座上部配置的抵抗支座边缘负弯矩的弯起式钢筋或分离式钢筋等。

梁内钢筋通常包括纵向受力钢筋、箍筋、架立筋等；在梁的腹板高度大于450mm后梁中部箍筋内侧沿高度方向对称配置的构造钢筋和拉结筋等。

（2）钢筋混凝土受压构件

钢筋混凝土受压构件是指房屋结构中以柱、屋架中受压腹杆和弦杆等为代表的承受轴向压力为主的构件。根据轴向力是否沿构件纵向形心轴作用可分为轴心受压构件和偏心受压构件。

受压构件中的钢筋主要包括纵向受力钢筋、箍筋两类。

（3）钢筋混凝土受扭构件

钢筋混凝土受扭构件是指构件截面除受到其他内力影响还同时受到扭矩影响的构件。如框架边梁在跨中垂直梁纵向的梁端弯矩影响下受扭，雨篷阳台扭梁、悬挑阳台梁、折线梁等都是受扭构件。

受扭构件通常会同时受到弯矩和剪力的作用，它的钢筋包括了纵向钢筋和箍筋两类。受扭构件的纵向钢筋是由受弯纵筋和受扭纵筋配筋值合起来通盘考虑配置的，其中截面受拉区和受压区的配筋是两部分之和，中部对称配置的是受扭钢筋。箍筋也是受剪箍筋和受扭箍筋二者之和配置的结果。

12. 现浇钢筋混凝土肋形楼盖由哪几部分组成？各自的受力特点是什么？

答：现浇钢筋混凝土肋形楼盖由板、次梁和主梁三部分组成。

现浇钢筋混凝土肋形楼盖中的板的主要受力边与次梁上部相连，非主要受力边与主梁上部相连，它以次梁为支座并向其传递楼面荷载和自重等产生的线荷载，一般是单向受力板。

现浇钢筋混凝土肋形楼盖中次梁通常与主梁垂直相交，以主梁和两端墙体为支座，并向其支座传递集中荷载。主梁承受包括自重等在内的全部楼盖的荷载，并将其以集中荷载的形式传给了它自身支座柱和两端的墙。现浇钢筋混凝土肋形楼盖荷载的传递线路为板→次梁→主梁→柱（或墙）。板主要承受跨内和支座上部的弯矩作用；次梁和主梁除承受跨间和支座截面的弯矩作用外，还要承受支座截面剪力的作用。主次梁交接处主梁还要承受次梁传来的集中竖向荷载产生的局部压力形成的主拉应力引起的位置在次梁下部的“八”字形裂缝。

13. 钢筋混凝土框架的结构按制作工艺分为哪几类？各自的特点和施工工序是什么？

答：钢筋混凝土框架结构按施工工艺不同分为全现浇框架、半现浇框架、装配整体式框架和全装配式框架四类。

（1）全现浇框架

全现浇框架是指作为框架结构的板、梁和柱整体浇筑成为整体的框架结构。它的特点是整体性好、抗震性能好，建筑平面布置灵活，能比较好的满足使用功能要求；但由于施工工序多、质量难以控制，工期长、需要的模板量大、建筑成本高，在北方地区冬季施工成本高、质量较难控制。它的主要工序是绑扎柱内钢筋、经检验合格后支柱模板；支楼面梁和板的模板、绑扎楼面梁和板的钢筋，经检验合格后浇筑柱梁板的混凝土，并养护；逐层类推完成主体框架施工。

（2）半现浇框架

半现浇框架是柱预制、承重梁和连续梁现浇、板预制，或柱和承重梁现浇，板和连系梁预制，组装成型的框架结构。它的特点是节点构造简单、整体性好；比全现浇框架结构节约模板，比装配式框架节约水泥，经济性能较好。它的主要施工工序是先绑扎柱钢筋、经检验合格后支模；接着绑扎框架承重梁和连系梁的钢筋，经检验合格后支模板，然后浇筑混凝土；等现浇梁柱混凝土达到设计规定的值后，铺设预应力混凝土预制板，并按构造要求灌缝做好细部处理工作。

（3）装配整体式框架

它是指在装配式框架或半现浇框架的基础上，为了提高原框架的整体性，对楼屋面采用后浇叠合层，使之形成整体，以达到改善楼盖整体性的框架结构形式。它的特点是具有装配式框架施工进度快、也具有现浇框架整体性好的双重优点，在地震低烈度区应用较为广泛。它的主要施工工序是在现场吊装梁、柱，浇筑节点混凝土形成框架，或现场现浇混凝土框架梁、柱，在混凝土达到设计规定的强度值后，开始铺设预应力混凝土空心板，然后在楼屋面浇筑后浇筑钢筋混凝土整体面层。

（4）装配式框架

它是指框架结构中的梁、板、柱均为预制构件，通过施工现场组装所形成的拼装框架结构。它的主要特点是构件设计定型化、生产标准化、施工机械化程度高，与全现浇框架相比节约模板、施工进度快、节约劳动力、成本相对较低。但整体性差、接头多，预埋件多、焊接节点多，耗钢量大，层数多、高度大的结构吊装难度和费用都会增加，由于其整体性差的缺点在大多数情况下已不再使用。它的主要工序包括现场吊装框架柱和梁并就位、支撑、焊接梁和柱连接节点处的钢筋，后浇节点混凝土形成所拼装框架结构。

14. 砌体结构的特点是什么？怎样改善砌体结构的抗震性能？

答：砌体结构是块材和砂浆砌筑的墙、柱作为建筑物主要受力构件的结构。是砖砌体、砌块砌体和石砌体结构的统称。砌体材料包括块材和砂浆两部分，块材和硬化后的砂浆，它们均为脆性材料，抗压强度较高，抗拉强度较低。黏土砖是砌体结构中的主要块材，生产工艺简单、砌筑时便于操作、强度较高、价格较低廉，所以使用量很大。但是由于生产黏土砖消耗黏土的量大、毁坏农田与农业征地的矛盾突出，焙烧时造成的大气污染等对国家可持续发展构成负面影响，除在广大农村和城镇大量使用以外，大中城市已不允许建设隔热保温性能差的实心黏土砖砌体房屋。空心砖相对于实心砖具有强度不降低、重量轻、制坯时消耗的黏土量少、可有效节约农田，节约烧制时的燃料、施工时劳动强度低和生产效率高、在墙体中使用隔热保温性能良好等特点，所以，它可作为实心黏土砖的最好的替代品。水泥砂浆是其他结构的主要用料。水泥和砖各地都有生产，所以砌体材料便于就地取材，砌体结构价格低廉。但砌体结构所用材料是脆性的，所以结构整体延性差，抗震能力不足。

通过限制不同烈度区房屋总高和层数的作法减少震害，通过对结构体系的改进降低震害，通过对材料强度限定确保结构受力性能，通过采取设置圈梁、构造柱、配置墙体拉结钢筋、明确施工工艺、完善结构体系和对设计中各个具体和局部尺寸的限制等一系列方法和思路提高其抗震性能。

15. 什么是震级？什么是地震烈度？它们有什么联系和区别？

答：震级是一次地震释放能量大小的尺度，每次地震只有一个震级，世界上使用里克特震级来定义地震的强烈程度。震级越高地震造成的破坏作用越大，同一地区的烈度值就越高。

烈度是某地遭受一次特定地震后地表、地面建筑物和构筑物所遭受到影响和破坏的强烈程度。也就是某次地震所造成的影响大小的尺度。特定的某次地震在不同震中距处造成的烈度可能不同，也可能在相同震中距处造成明显不同的烈度，这主要是烈度与地质地貌条件有关，也与建筑物和构筑物自身的设计施工质量和房屋的综合抗震能力有关。即一次地震可能有多个烈度。

震级和烈度是正向相关关系，震级越大，烈度就越高；但是每次地震只有一个震级，但可能在不同地区或在同一地区产生不同的烈度；震级是地震释放能量大小的判定尺度，而烈度则是地震在地表上所造成后果的严重性的判定尺度，两者有联系但不是同一个概念。

16. 什么是抗震设防？抗震设防的目标是什么？怎样才能实现抗震设防目标？

答：抗震设防是指在建筑物和结构物等设计和施工过程中，为了实现抗震减灾目标，所采取的一系列政策性、技术性、经济性措施和手段的通称。

抗震设防的目标是：

（1）当受遇低于本地区基本烈度的多遇地震影响时，一般不受损坏或不需修理可以继续使用。

（2）当受遇相当本地区基本烈度的地震影响时，可能损坏，经一般修理或不需修理仍可继续使用。

（3）当受遇高于本地区基本烈度预估的罕遇地震影响时，不致倒塌或危及生命的严重破坏。概括起来就是俗称的“小震不坏、中震可修，大震不倒”，并且最终的落脚点是大震不倒。

要实现抗震设防目标必须从以下几个方面着手：①从设计入手，严格遵循国家抗震设计的有关规定、规程和抗震规范的要求从源头上设计出满足抗震要求的高质量合格的建筑作品。②施工阶段要严格质量把关和质量验收，切实执行设计文件和图纸的要求，从材料使用、工艺工序等环节着手严把质量关，切实实现设计意图，用高质量的施工保证抗震设防目标的实现。

第二节 工程建设项目质量控制与验收的基本知识

1. 实施工程建设强制性标准监督内容、方式、违规处罚的规定各有哪些？

答：（1）强制性标准监督的内容

1）新技术、新工艺、新材料以及国际标准的监督管理工作

工程建设中拟采用的新技术、新工艺、新材料，不符合强制性标准规定的，应当由拟采用单位提请建设单位组织专题论证，报批建设行政主管部门或者国务院有关主管部门审定。

工程建设中采用国际标准或者外国标准，现行强制性标准未作规定的，建设单位应当向国务院建设行政主管部门或者国务院有关行政主管部门备案。

2）强制性标准监督检查的内容

① 有关工程技术人员是否熟悉、掌握强制性标准；

② 工程项目的规划、勘察、设计、施工、验收等是否符合强制性标准的规定；

③ 工程项目采用的材料、设备是否符合强制性标准的规定；

④ 工程项目的安全、质量是否符合强制性标准的规定；

⑤ 工程中采用的导则、指南、手册、计算机软件的内容是否符合强制性标准的规定。

（2）工程建设强制性标准监督方式

工程建设标准批准部门应当对工程项目执行强制性标准的情况进行监督检查。监督检查可以采用重点检查、抽查和专项检查的方式。

2. 建设工程专项质量检测、见证取样检测内容有哪些？

答：建设工程质量检测是工程质量检测机构接受委托，根据国家有关法律、法规和工程建设强制性标准，对涉及结构安全项目的抽样检测和对施工现场的建筑材料、构配件的见证取

样检测。

（1）专项检测的业务内容

专项检测的业务内容包括：地基基础工程检测、主体结构工程现场检测、建筑幕墙工程检测、钢结构工程检测。

（2）见证取样检测的业务内容

见证取样检测的业务内容包括：水泥物理力学性能检验；钢筋（含焊接与机械连接）力学性能检验；砂、石常规检验；混凝土、砂浆强度检验；简易土工试验；混凝土掺加剂检验；预应力钢绞线、锚具及夹具检验；沥青混合料检验。

3. 怎样进行质量检测试样取样？检测报告生效的条件是什么？检测结果有争议时怎样处理？

答：（1）质量检测试样取样

质量检测试样的取样应在建设单位或者工程监理单位监督下现场取样。提供质量检验试样的单位和个人，应当对试样的真实性负责。

1）见证人员。应由建设单位或者工程监理单位具备试验知识的工程技术人员担任，并应由建设单位或该工程的监理单位书面通知施工单位、检测单位和负责该工程的质量监督机构。

2）见证取样和送检。在施工过程中，见证人员应当按照见证取样和送检计划，对施工现场的取样和送检进行见证，取样人员应在试样或其包装上作出标识、标志。标识和标志要标明工程名称、取样部位、取样日期、取样名称和样品数量，并由见证人员和取样人员签字。见证人员应制作见证记录，并将见证记录归入施工技术档案。涉及结构安全的试块、试件和材料见证取样和送检比例不得低于有关技术标准中规定应取样数量的 30％。

见证人员和取样人员应对试样代表性和真实性负责。见证取样的试块、试件和材料送检时，应由送检单位填写委托书，委托单应有见证人员和送检人员签字。检测单位应检查委托单及试样上的标识和标志，确认无误后方可进行检测。

（2）检测报告生效

检测报告生效的条件是：检测报告经检测人员签字、检测机构法定代表人或者其授权的签字人签署，并加盖检测机构公章或检测专用章后方可生效。检测报告经建设单位或监理单位确认后，由施工单位归档。

（3）检测结果争议的处理

检测结果利害关系人对检测结果发生争议的，由双方共同认可的检测机构复检，复检结果由提出复检方报当地建设主管部门备案。

4. 房屋建筑工程质量保修范围、保修期限和违规处罚内容有哪些？

答：（1）房屋建筑工程质量保修范围

《中华人民共和国建筑法》第62条规定的建设工程质量保修范围包括：地基基础工程、主体结构工程、屋面防水工程、其他土建工程，以及配套的电气管线、上下水管线的安装工程；供热供冷系统工程等项目。

（2）房屋建筑工程质量保修期

在正常使用条件下，房屋建筑最低质量保修期限为：

1）地基基础工程和主体结构工程，为设计文件规定的该工程的合理使用年限；

2）屋面防水工程、有防水要求的卫生间、房间和外墙面的防渗漏，为5年。

3）供热与供冷系统工程，为两个供暖、供冷期。

4）电气管线、给水排水管道、设备安装工程为2年。

5）装修工程为2年。

其他项目的保修期限由建设单位和施工单位约定。房屋建设保修期从工程竣工验收合格之日起计算。

5. 工程质量监督设施的主体有哪些规定？建筑工程质量监督内容有哪些？

答：(1) 工程质量监督的主体

国务院建设和住房建设主管部门负责全国房屋建筑和市政基础设施工程质量监督管理工作。

县级以上地方人民政府建设主管部门负责本行政区域内工程质量监督工作。

工程质量监督管理的具体工作可以由县级以上地方人民政府建设主管部门委托所属的工程质量监督机构实施。

(2) 工程质量监督的内容

1) 执行工程建设法律法规和工程建设强制性标准的情况；

2) 抽查涉及工程主体结构安全和主要使用功能的工程实体质量；

3) 抽查工程质量责任主体和质量检测等单位的工程质量行为；

4) 抽查主要建筑材料、建筑构配件的质量；

5) 对工程竣工验收进行监督；

6) 组织或参与工程质量事故的调查处理；

7) 定期对本地区工程质量状况进行统计分析；

8) 依法对违法违规行为实施处罚。

6. 工程项目竣工验收的范围、条件和依据各有哪些？

答：(1) 验收的范围

根据国家建设法律、法规的规定，凡新建、扩建、改建的基本建设项目和技术改造项目，按批准的设计文件所规定的内容建成，符合验收标准，都应及时验收办理固定资产移交手续。项目工程验收的标准为：工业项目经投料试车（带负荷运转）合格，形成生产能力的，非工业项目符合设计要求，能够正常使用的。对于某些特殊情况，工程施工虽未全部按设计要求完成，也应进行验收，这些特殊情况是指以下几种。

1）因少数非主要设备或某些特殊材料短期内不能解决，虽然工程内容尚未全部完成，但已可以投产或使用的工程项目。

2）按规定的内容已建成，但因外部条件的制约，如流动资金不足，生产所需原材料不足等，而使已建工程不能投入使用的项目。

3）有些建设项目或单项工程，已形成生产能力或实际上生产单位已经使用，但近期内不能按原设计规模续建，应从实际情况出发经主管部门批准后，可缩小规模对已完成的工程和设备组织竣工验收，移交固定资产。

（2）竣工验收的条件

建设项目必须达到以下基本条件，才能组织竣工验收：

1）建设项目按照工程合同规定和设计图纸要求已全部施工完毕，达到国家规定的质量标准，能够满足生产和使用要求。

2）交工工程达到窗明地净，水通灯亮及供暖通风设备正常运转。

3）主要工艺设备已安装配套，经联动负荷试车合格，构成生产线，形成生产能力，能够生产出设计文件规定的产品。

4）职工公寓和其他必要的生活福利设施，能适应初期的需要。

5）生产准备工作能适应投产初期的需要。

6）建筑物周围2m以内场地清理完毕。

7）竣工结算已完成。

8）技术档案资料齐全，符合交工要求。

（3）竣工验收的依据

1）上级主管部门对该项目批准的文件。包括可行性研究报告、初步设计以及与项目建设有关的各种文件。

2）工程设计文件。包括图纸设计及说明、设备技术说明书等。

3）国家颁布的各种标准和规范。包括现行的《×××工程施工及验收规范》、《×××工程质量检验评定标准》等。

4）合同文件。包括施工承包的工作内容和应达到的标准，以及施工过程中的设计修改变更通知书等。

7. 竣工验收的标准有哪些？

答：土建工程、安装工程、人防工程、管道工程等的验收各自的标准不尽相同，它们分别是：

（1）土建工程的验收标准。凡生产性工程、辅助公用设施及生活设施按照设计图纸、技术说明书、验收规范验收。同时，工程质量还应符合施工承包合同条款规定的要求。

（2）安装工程的验收标准。按照设计要求的施工项目内容、技术质量要求及验收规范的规定进行验收。

（3）人防工程的验收标准。凡有人防工程或结合建设的人防工程的验收必须符合人防工程的有关规定，并要求按安装工程等级安装好防护密闭门；室外通道在人防密闭门外的部位增设防护洞，排风洞等设备安装完毕。还没有安装的设备，要做好设备基础预埋件，等有了设备以后即能达到安装的条件；应做到内部粉刷完工；内部照明设备安装完毕，并可通电；工程无漏水，回填土结束；通道畅通等。

（4）大型管道工程的验收标准。按设计内容、设计要求、施工规格、验收规范（或分段）按质量标准铺设完毕和竣工，泵验必须符合规定要求，管道内部垃圾要清除干净，输油管道、自来水管道还要经过清洗和消毒，输气管道还要经过输气换气实验。在实验前对管道材质及防腐层（内壁及外壁）要根据规定标准验收，钢材要注意焊接质量并加以评定和验收。

8. 施工单位在什么条件下怎样提出申请交工验收？

答：整个建设项目如果分成若干个合同交予不同的施工单位，施工方已完成了合同工程或按合同约定可分步移交工程的，均可申请交工验收。竣工验收一般是单位工程，但在某些特殊情况下也可是单项工程的施工内容，如特殊基础处理工程、电站单台机组完成后的移交等。施工单位的施工达到竣工条件后，自己应首先进行预验，修补有缺陷的工程部位。设备安装工程还应与甲方和监理工程师共同进行无负荷的单机和联动试车。施工单位在完成了上述工作和准备好竣工资料后，即可向甲方提交竣工验收报告。

9. 单项工程竣工验收的程序包括哪些内容?

答：单项工程验收对大型工程项目的建设有重要意义，特别是某些能独立发挥作用、产生效益的单项工程，更应该是竣工一项验收一项，这样可以使工程项目及早地发挥效益。单项工程验收又称为交工验收，即验收合格后建设方即可投入使用。初步验收是指国家有关部门还未进行最终验收认可，只是施工涉及的有关各方进行的验收。

由建设方组织的交工验收，主要是依据国家颁布的有关技术规范和施工承包合同，对以下几个方面进行检查和检验。

（1）检查核实竣工项目准备移给建设方的所有技术资料的完整性、准确性。

（2）按设计文件和合同检查已完建工程是否有漏洞。

（3）检查工程质量、隐蔽工程资料，关键部位的施工记录等，考察施工质量是否达到合同要求。

（4）检查试车记录及试车中所发现的问题是否得到改正。

（5）在交工验收中发现需要返工、修补的工程，明确规定完成的期限。

（6）其他涉及的有关问题。

验收合格后，建设方和施工单位共同签署《交工验收证书》。然后由施工单位将有关技术资料、连同试车记录、试车报告和交工验收证书一并上报主管部门，经批准后该工程即可投入使用。

验收合格的单项工程，在全部工程验收时，不再办理验收手续。

10. 全部工程竣工验收的程序有哪些？

答：全部工程施工完成后，由国家有关部门组织的验收称为竣工验收，有时也称为动用验收。它分为以下三个阶段：

（1）验收准备阶段

竣工验收准备阶段的工作应由甲方组织施工、监理、设计等单位共同进行，主要包括以下内容。

1）核实建筑安装工程的完成情况，列出已交工工程和未完工工程一览表（包括工程量、预算价值、完工日期等）。

2）提出财务决算分析。

3）检查工程质量，查明须返工或补修工程，提出具体修竣时间。

4）整理汇总项目档案资料，将所有档案资料整理装订成册，分类编目，编制好工程竣工图。

5）登载固定资产，编制固定资产构成分析表。

6）落实生产准备工作，提出试车检查的情况报告。

7）编写竣工验收报告。

（2）预验收阶段

一般由上级主管部门或建设方代表会同设计、施工、监理和使用单位及有关部门组成预验收组，主要包括以下内容。

1）检查、核实竣工项目所有档案资料的完整性、准确性是否符合归档要求。

2）检查项目建设标准，评定质量，对隐患和遗留问题提出处理意见。

3）检查财务账表是否齐全，数据是否真实，开支是否合理。

4）检查试车情况和生产准备情况。

5）排除验收中有争议的问题，协调项目与有关方面、部门的关系。

6）督促返工、补做工程的修竣及收尾工程的完工。

7）编写竣工验收报告和移交试生产准备情况报告。

8）预验收合格后，甲方向有关部门提出正式验收报告。

（3）正式验收

工程竣工的正式验收由国家有关部门组成的验收委员会主持，建设单位及有关部门参加，包括如下主要内容。

1）听取建设单位对项目建设的工作报告。

2）审查竣工项目移交生产使用的各种档案资料。

3）评审项目质量。对主要工程部位的施工质量进行复验、鉴定，对工程设计的先进性、合理性、经济性进行鉴定和评审。

4）审查试车规程，检查投产生产情况。

5）核定尾工项目，对遗留问题提出处理意见。

6）审查竣工预验收报告，签署《国家验收鉴定书》，对整个项目做出总的验收鉴定，对项目启用的可靠性作出结论。

11. 建筑工程质量验收的划分的要求是什么?

答：《建筑工程施工质量验收统一标准》GB 50300 中规定：建筑工程质量验收应划分为单位（子单位）工程、分部（子分部）工程、分项工程和检验批。

（1）单位工程划分的原则

1）具有独立施工条件并能形成独立使用功能的建筑物及构筑物为一单位工程。

2）建筑规模较大的单位工程，可将其能形成独立使用功能的部分为一个单位工程。

（2）分部工程划分的原则

1）分部工程的划分应当按专业性质、建筑部位确定。

2）当分部工程较大或较复杂时，可按材料种类、施工特点、施工程序、专业系统及类别等划分为若干个分部工程。

3）分部工程应按主要工种、材料、施工工艺、设备类别等进行划分。

4）分项工程可由一个或若干个检验批组成，检验批可以根据施工质量控制和专业验收需要按楼层、施工段、变形缝等进行划分。

5）室外工程可根据专业类别和工程规模划分单位（子单位）工程。

12. 怎样判定建筑工程质量验收是否合格？

答：（1）检验批质量验收合格的规定

1）主控项目和一般项目的质量经抽样检验合格。

2）具有完整的施工操作依据、质量检查记录。

（2）分项工程质量验收合格的规定

1）分项工程所含的检验批均符合合格质量的规定。

2）分项工程所含的检验批的质量验收记录应完整。

（3）分部（子分部）工程验收质量合格的规定

1）分部（子分部）工程所含工程的质量均验收合格。

2）质量控制资料完整。

3）地基与基础、主体结构和设备安装等分部工程有关安全及功能的检验和抽样检测结构应符合有关规定。

4）观感质量验收应符合要求。

（4）单位（子单位）工程质量验收合格的规定

1）单位（子单位）工程所含分部（子分部）工程的质量均验收合格。

2）质量控制资料完整。

3）单位（子单位）工程所含分部（子分部）工程有关安全和功能的检测资料完整。

4）主要功能项目的抽查结果应符合相关专业质量验收的规定。

5）观感质量验收应符合要求。

13. 怎样对工程质量不符合要求的进行处理？

答：（1）经返工重做更换器具、设备的检验批，应重新进行验收。

（2）经有资质的检测单位检测鉴定能够达到设计要求的检验批，应予验收。

（3）经有资质的检测单位检测鉴定不能够达到设计要求、当经原设计单位核算认可能够满足结构安全和使用功能的检验批，可予以验收。

（4）经返修或加固处理的分项、分部工程，虽然改变外形尺寸但仍能满足安全使用要求，可按技术处理方案和协商文件进行验收。

通过返修加固处理仍不能满足安全使用功能要求的分部工程、单位（子单位）工程，严禁验收。

14. 质量验收的程序和组织包括哪些内容？

答：（1）检验批及分项工程应由监理工程师（建设单位项目技术负责人）组织施工单位项目专业质量（技术）负责人等进行验收。

（2）分部工程应由总监理工程师（建设单位负责人）组织施工单位项目负责人和技术、质量负责人等进行验收；地基基础、主体结构分部工程的勘察、设计单位的项目负责人和施工单位技术、质量部门负责人也应参加相关分部工程验收。

（3）单位工程完工后，施工单位应组织有关技术人员进行检查评定，并向建设单位提交工程质量报告。

（4）建设单位收到工程报告后，应由建设单位（项目）负责人组织施工（含分包单位）、设计、监理等部门（项目）负责人进行单位（子单位）工程验收。

（5）单位工程由分包单位施工时，分包单位对承包的工程项目应按《建筑工程施工质量验收统一标准》GB 50300 规定的程序检查评定，总包单位应派人参加。分包工程完成后，应将工程有关资料交总包单位。

（6）但参加验收各方对工程质量验收意见不一致时，可请当地建设行政主管部门或工程质量进度机构协调处理。

（7）单位工程质量验收合格后，建设单位在规定的时间内将工程竣工报告和有关文件，报送建设行政主管部门备案。

第三节　工程项目成本控制的基本知识

1. 工程成本管理的特点是什么？

答：（1）成本管理的全员性

成本管理涉及企业生产经营活动所有环节的每一个部门和个人，解决成本问题必须依靠全体员工共同努力，强化成本意识，更新成本观念，通过大力提高成本会计人员的理论和业务素质，掌握现代成本管理的理论和方法，建立一个有效的业绩评价系统及相应的奖励制度，健全奖励机制，提高成本管理水平。

（2）成本管理的全面性

成本管理贯穿于工程设计、施工生产、材料供应、产品销售等各个领域，降低成本是一个涉及企业各方面的综合性问题。需要工程建设各个相关责任主体共同努力才能实现成本管理的目标。

（3）成本管理的目标性

具体表现在：第一，制定成本标准，形成成本控制目标体系。第二，进行成本预测，预见成本升降的因素及其作用，采取措施消除不利因素。第三，充分发挥成本绩效评价管理的作用。

（4）成本管理的战略性

不仅要关心成本升降对企业近期利益的影响，更要关注企业长期影响和企业良好现象的树立。为此，企业成本管理活动中利用成本杠杆的作用，追求经营规模最佳；经济与技术的紧密结合；进行重点管理，对不正常的、不合规的关键性差异进行例外管理；寻求成本与质量的最佳结合点。

（5）成本管理的系统性

成本管理的系统性主要表现在成本管理结构的系统化和成本控制的总体优化。

2. 施工成本的影响因素有哪些？

答：施工成本的影响因素有多个方面，可概括为以下几个方面。

（1）人的因素

为了有效控制工程成本，施工过程中必须注意人的因素的控制，包括参加工程施工的工程技术人员及管理人员，操作人员、服务人员。他们共同构成工程最终成本的影响因素。

（2）工程材料的控制

工程材料是工程施工的物质条件，是工程质量的基础，材料质量决定着工程质量。造成工程施工过程中材料费出现变化的因素通常有材料的量差和材料的价差。材料成本占整个工程成本的2/3左右，材料的节余对降低工程造价意义非凡。

（3）机械费用的控制

影响施工过程中机械费用高低的主要因素有施工机械的完好率和施工机械的工作效率。确保施工机械完好率就是要防止施工机械的非正常损坏，使用不当、不规范操作，忽视日常保养都能造成施工机械的非正常损坏；施工机械工作效率低，不但要消耗燃油，为了弥补效率低下造成的误工需要投入更多的施工机械，同样也要增加成本。

（4）科学合理的施工组织设计与施工技术水平

施工组织设计是工程项目实施的核心和灵魂。它既是全面安排施工的技术经济文件，也是指导施工的重要依据。它对加强项目施工的计划性和管理的科学性，克服工作中的盲目和混乱现象，将起到极其重要的作用。它编制的是否科学、合理直接影响着工程成本的高低。施工技术水平对工程建设成本影响不容忽视，它影响着工程的直接成本，先进科学的施工工艺与技术对降低工程造价作用十分明显。

（5）项目管理者的成本控制能力

项目管理者的素质技能和管理水平对工程造价的影响非常明显，一个优秀的项目管理团队可以通过自身的成本控制技术水平和能力，在工程项目施工过程中面对内外部复杂多变的环境变化和因素影响，能够做出科学的分析判断、制定出正确的应对策略并加以切实执行，减少成本消耗，能有效降低工程成本。

（6）其他因素

除以上影响因素外，设计变更率、气候影响、风险因素等也是影响工程项目成本的重要因素。建筑材料价格的波动，对工程造价也有一定影响，是工程成本波动的重要因素。激烈的建筑市场竞争，派生的低于控制价投标及中标，也是影响工程成本的不可忽略的因素。

3. 施工成本控制的基本内容有哪些？

答：施工成本控制的基本内容有以下几个方面：

（1）材料费的控制

材料费的控制按照“量价分离”的原则进行，不仅要控制材料的用量，也要控制材料的价格。

1）材料用量的控制。在保证符合设计规格和质量标准的前提下，合理使用并节约材料，通过定额管理，计量管理手段以及施工质量控制，减少和避免返工等，有效控制材料的消耗量。

2）材料价格的控制。工程材料的价格构成由买价、运杂费、运输中的合理消耗等组成，因此，控制材料价格主要是通过市场信息、询价、应用竞争机制和经济合同手段等控制材料、设备、工程用品的采购价格。

（2）人工费的控制

人工费的控制也可按照“量价分离”的原则进行，人工用工数通过项目经理与施工劳务承包人的承包合同，按照内部施工预算，按照所承包的工程量计算出人工工日，并将安全生产、文明施工及零星用工按定额工日一定的比例（一般为15%～25%）一起发包。

（3）机械费的控制

机械费用主要由台班数量和台班单价两方面决定，机械费的控制包括以下价格方面：

1）合理安排施工生产，加强设备租赁计划管理，减少因安排不当引起的设备闲置。

2）加强机械设备的调度工作，尽量避免窝工，提高现场设备利用率。

3）加强现场设备的维修保养，避免因不正当使用造成机械设备的停置。

4）做好上机人员与辅助人员的协调与配合，提高台班输出量。

（4）管理费的控制

现场施工管理费在项目成本中占有一定的比例，控制和核算有一定难度，通常主要采取以下措施：

1）根据现场施工管理费占工程项目计划总成本的比重，确定项目经理部施工管理费用总额。

2）编制项目经理部施工管理费总额预算和管理部门的施工管理费预算，作为控制依据。

3）制定项目开展范围和标准，落实各部门和岗位的控制责任。

4）制定并严格执行项目经理部的施工管理费使用的审批、报销程序。

4. 施工成本控制的基本要求是什么?

答：合同文件中有关成本的约定内容和成本计划是成本控制的目标。进度计划和工程变更与索赔资料是成本控制过程中的动态资料。施工成本控制的基本要求如下：

（1）按照计划成本目标值控制生产要素的采购价格，认真做好材料、设备进场数量和质量的检查、验收与保管。

（2）控制生产要素的利用效率和消耗定额，如任务单管理、限额领料、验收报告审核等。同时要做好不可预见成本风险的分析和预控，包括编制相应的应急措施等。

（3）控制影响效率和消耗定量的其他因素所引起的成本增加，如工程变更等。

（4）把施工成本管理责任制度与对项目管理者的激励机制结合起来，以增强管理人员的成本意识和控制能力。

（5）承包人必须健全项目财务管理制度，按规定的权限和程序对项目资金的使用和费用的结算支付进行审核、审批，使其成为施工成本控制的重要手段。

5. 施工过程成本控制的依据和步骤是什么？

答：（1）施工成本控制的依据

1）工程承包合同；

2）施工成本计划；

3）进度报告；

4）工程变更。

（2）工程成本控制的步骤

成本控制与项目进度、质量等的控制手段大致相似，同样包含了比较、分析、预测、纠偏、检查等步骤。

1）比较。将施工成本计划与实际值逐项进行比较，得到每个分项工程的进度与成本的同步关系；每个分项工程的计划成本与实际成本之比（节约或超支），以及对完成某一时期责任成本的影响；每个分项工程施工进度的提前或拖延对成本的影响程度等，由此发现施工成本是否已经超支。

2）分析。对比较结果进行分析，以确定偏差的严重性以及偏差产生的原因，以便有针对性采取措施，减少或避免相同原因的再次发生或减少由此造成的损失。

3）预测。通过对成本变化因素的分析，预测这些因素对工程成本中有关项目的影响程度，按照完成情况估计完成项目所需的总费用。

4）纠偏。当工程项目的实际成本与计划成本之间出现偏差后，应当根据工程的具体情况、偏差分析和预测的结果，采取适当的措施，以期达到使施工成本偏差尽可能小的目的。纠偏是工程成本控制中最具实质性的一步。只有通过纠偏，才能最终达到有效控制施工成本的目的。

5）检查。通过对工程的进展进行跟踪和检查，及时了解工程进展情况以及纠偏措施的执行情况和效果，为今后的项目成本控制积累经验。

6. 施工过程成本控制的措施有哪些？

答：为了取得成本管理的理想效果，通常需采取的措施有：

（1）组织措施

组织措施是从施工成本管理的组织方面采取的措施。项目经理部应将成本责任分解落实到各个岗位、落实到专人、对成本进行全过程控制，全员控制、动态控制。形成一个分工明确、责任到人的成本责任控制体系。

组织措施的另一方面是编制施工成本控制工作计划、确定详细合理的工作流程。要做好施工采购计划，通过生产要素的优化配置、合理使用、动态管理、有效控制实际成本；加强施工定额管理和任务单管理，控制活劳动和物化劳动的消耗。加强施工调度，避免因计划不周和盲目调度造成窝工损失、机械利用率降低、物料积压等使成本增加。

（2）技术措施

通过采取技术经济分析、确定最佳的施工方案；结合施工方法，进行材料使用的比选，在满足功能要求的前提下，通过代用、改变配合比，使用外加剂等方法降低材料消耗的费用；确定最合适的施工机械、设备使用方案；结合项目的施工组织设计和自然地理条件，降低材料的库存成本和运输成本；应用先进的施工技术、运用新材料，使用新开发机械设备等。

（3）经济措施

管理人员应编制资金使用计划，确定、分解施工成本管理目标。对施工成本管理目标进行风险分析，并制定防范性对策。对各种支出，应认真做好资金的使用计划，并在施工中严格控制各项开支。及时准确地记录、收集、整理、核算实际发生的成本。对各种变更，及时做好增减账，及时落实业主签证，及时结算工程价款。通过偏差分析和未完工工程预测，发现一些潜在的可能引起未完工程成本增加的问题，并对其采取预防措施。

（4）合同措施

选用合适的合同结构，对各种合同结构模式进行分析、比较，在合同谈判时，要争取选用适合于工程规模、性质与特点的合同结构模式。在合同条款中应仔细考虑一切影响成本和效益的因素，特别是潜在的风险因素。识别并分析成本变动风险因素，采取必要风险对策降低损失发生的概率和数量。严格合同管理，抓好合同索赔和反索赔管理工作。

7. 什么是建筑面积？正确计算建筑面积的意义有哪些？

答：（1）建筑面积

建筑面积也称为建筑展开面积，它是指建筑物外墙勒脚以上外围水平测定的各层面积之和，它是表示一个建筑物规模大小的经济指标。建筑面积应该根据《建筑工程建筑面积计算规范》GB/T 50353 的规定确定。

（2）正确计算建筑面积的意义

1）是国家衡量国民经济建设规模的重要指标之一。

2）是衡量人民物质生活条件、水平的主要依据。

3）是工程造价人员编制初步设计概算选用概算指标的依据。

4）是工程造价人员编制工程量清单、结算有关分部分项工程量的重要基数，如平整场地、综合脚手架费用计算、楼地面、屋面等分项工程量计算，都与建筑面积这一基数有关。

5）是计算房屋建筑单位造价指标、衡量施工预算造价高低的依据。

6）是计算建设场地利用系数和衡量场地建设密度的基础。

正确计算房屋建筑面积，不仅便于计算有关分项工程的工程数量。正确编制概算、预算书，而且对于在工程建设计划、设计、统计、会计、施工等工作中贯彻执行国家有关方针政策，对于控制建设项目投资，合理使用建设资金等方面都有重要作用。

8. 计算建筑面积的规定有哪些?

答：建筑面积计算的规定包括如下内容：

（1）建筑物的建筑面积应按自然层外墙结构外围水平面积之和计算。结构层高在 2.20m 及以上的，应计算全面积；结构层高在 2.20m 以下的，应计算 1/2 面积。

（2）建筑物内设有局部楼层时，对于局部楼层的二层及以上楼层，有围护结构的应按其围护结构外围水平面积计算，无围护结构的应按其结构底板水平面积计算，且结构层高在 2.20m 及以上的，应计算全面积，结构层高在 2.20m 以下的，应计算 1/2 面积。

（3）对于形成建筑空间的坡屋顶，结构净高在 2.10m 及以上的部位应计算全面积；结构净高在 1.20m 及以上至 2.10m 以下的部位应计算 1/2 面积；结构净高在 1.20m 以下的部位不应计算建筑面积。

（4）对于场馆看台下的建筑空间，结构净高在 2.10m 及以上的部位应计算全面积；结构净高在 1.20m 及以上至 2.10m 以下的部位应计算 1/2 面积；结构净高在 1.20m 以下的部位不应计算建筑面积。室内单独设置的有围护设施的悬挑看台，应按看台结构底板水平投影面积计算建筑面积。有顶盖无围护结构的场馆看台应按其顶盖水平投影面积的 1/2 计算面积。

（5）地下室、半地下室应按其结构外围水平面积计算。结构层高在 2.20m 及以上的，应计算全面积；结构层高在 2.20m 以下的，应计算 1/2 面积。

（6）出入口外墙外侧坡道有顶盖的部位，应按其外墙结构外围水平面积的 1/2 计算面积。

（7）建筑物架空层及坡地建筑物吊脚架空层，应按其顶板水平投影计算建筑面积。结构层高在 2.20m 及以上的，应计算全面积；结构层高在 2.20m 以下的，应计算 1/2 面积。

(8) 建筑物的门厅、大厅应按一层计算建筑面积，门厅、大厅内设置的走廊应按走廊结构底板水平投影面积计算建筑面积。结构层高在 2.20m 及以上的，应计算全面积；结构层高在 2.20m 以下的，应计算 1/2 面积。

(9) 对于建筑物间的架空走廊，有顶盖和围护设施的，应按其围护结构外围水平面积计算全面积；无围护结构、有围护设施的，应按其结构底板水平投影面积计算 1/2 面积。

(10) 对于立体书库、立体仓库、立体车库，有围护结构的，应按其围护结构外围水平面积计算建筑面积；无围护结构、有围护设施的，应按其结构底板水平投影面积计算建筑面积。无结构层的应按一层计算，有结构层的应按其结构层面积分别计算。结构层高在 2.20m 及以上的，应计算全面积；结构层高在 2.20m 以下的，应计算 1/2 面积。

(11) 有围护结构的舞台灯光控制室，应按其围护结构外围水平面积计算。结构层高在 2.20m 及以上的，应计算全面积；结构层高在 2.20m 以下的，应计算 1/2 面积。

(12) 附属在建筑物外墙的落地橱窗，应按其围护结构外围水平面积计算。结构层高在 2.20m 及以上的，应计算全面积；结构层高在 2.20m 以下的，应计算 1/2 面积。

(13) 窗台与室内楼地面高差在 0.45m 以下且结构净高在 2.10m 及以上的凸（飘）窗，应按其围护结构外围水平面积计算 1/2 面积。

(14) 有围护设施的室外走廊（挑廊），应按其结构底板水平投影面积计算 1/2 面积；有围护设施（或柱）的檐廊，应按其围护设施（或柱）外围水平面积计算 1/2 面积。

(15) 门斗应按其围护结构外围水平面积计算建筑面积，且结构层高在 2.20m 及以上的，应计算全面积；结构层高在 2.20m 以下的，应计算 1/2 面积。

（16）门廊应按其顶板的水平投影面积的1/2计算建筑面积；有柱雨篷应按其结构板水平投影面积的1/2计算建筑面积；无柱雨篷的结构外边线至外墙结构外边线的宽度在2.10m及以上的，应按雨篷结构板的水平投影面积的1/2计算建筑面积。

（17）设在建筑物顶部的、有围护结构的楼梯间、水箱间、电梯机房等，结构层高在2.20m及以上的应计算全面积；结构层高在2.20m以下的，应计算1/2面积。

（18）围护结构不垂直于水平面的楼层，应按其底板面的外墙外围水平面积计算。结构净高在2.10m及以上的部位，应计算全面积；结构净高在1.20m及以上至2.10m以下的部位，应计算1/2面积；结构净高在1.20m以下的部位，不应计算建筑面积。

（19）建筑物的室内楼梯、电梯井、提物井、管道井、通风排气竖井、烟道，应并入建筑物的自然层计算建筑面积。有顶盖的采光井应按一层计算面积，且结构净高在2.10m及以上的，应计算全面积；结构净高在2.10m以下的，应计算1/2面积。

（20）室外楼梯应并入所依附建筑物自然层，并应按其水平投影面积的1/2计算建筑面积。

（21）在主体结构内的阳台，应按其结构外围水平面积计算全面积；在主体结构外的阳台，应按其结构底板水平投影面积计算1/2面积。

（22）有顶盖无围护结构的车棚、货棚、站台、加油站、收费站等，应按其顶盖水平投影面积的1/2计算建筑面积。

（23）以幕墙作为围护结构的建筑物，应按幕墙外边线计算建筑面积。

（24）建筑物的外墙外保温层，应按其保温材料的水平截面积计算，并计入自然层建筑面积。

（25）与室内相通的变形缝，应按其自然层合并在建筑物建筑面积内计算。对于高低联跨的建筑物，当高低跨内部连通时，其变形缝应计算在低跨面积内。

（26）对于建筑物内的设备层、管道层、避难层等有结构层的楼层，结构层高在 2.20m 及以上的，应计算全面积；结构层高在 2.20m 以下的，应计算 1/2 面积。

（27）下列项目不应计算建筑面积：

1）与建筑物内不相连通的建筑部件；

2）骑楼、过街楼底层的开放公共空间和建筑物通道；

3）舞台及后台悬挂幕布和布景的天桥、挑台等；

4）露台、露天游泳池、花架、屋顶的水箱及装饰性结构构件；

5）建筑物内的操作平台、上料平台、安装箱和罐体的平台；

6）勒脚、附墙柱、垛、台阶、墙面抹灰、装饰面、镶贴块料面层、装饰性幕墙，主体结构外的空调室外机搁板（箱）、构件、配件，挑出宽度在 2.10m 以下的无柱雨篷和顶盖高度达到或超过两个楼层的无柱雨篷；

7）窗台与室内地面高差在 0.45m 以下且结构净高在 2.10m 以下的凸（飘）窗，窗台与室内地面高差在 0.45m 及以上的凸（飘）窗；

8）室外爬梯、室外专用消防钢楼梯；

9）无围护结构的观光电梯；

10）建筑物以外的地下人防通道，独立的烟囱、烟道、地沟、油（水）罐、气柜、水塔、贮油（水）池、贮仓、栈桥等构筑物。

9. 层高、自然层、架空层、走廊、挑廊、檐廊、回廊、门斗、建筑物通道、架空走廊、勒脚的定义各是什么？

答：（1）层高是指上下两层楼面或楼面与地面之间的垂直距离。

（2）自然层是指按楼板、地板结构分层的楼层。

（3）架空层是指仅有结构支撑而无围护结构的空间。

（4）走廊是指建筑物的水平交通空间。

(5) 挑廊是指挑出建筑物外墙的水平交通空间。

(6) 檐廊是指在建筑物挑檐下的水平交通空间。

(7) 回廊是指在建筑物门厅、大门内设置在二层或二层以上的回形走廊。

(8) 门斗是指在建筑物出入口位置设置的起分隔、挡风、御寒等作用的建筑过渡空间，也可称为建筑物入口处两道门之间的空间。

(9) 建筑物通道是指为道路穿过建筑物而设置的建筑空间。

(10) 架空走廊是指建筑物与建筑物之间，在二层或二层以上专门为水平交通设置的走廊。

(11) 勒脚是指建筑物的外墙与室外地面或散水接触部位墙体的加厚部分。

10. 围护结构、围护性幕墙、装饰性幕墙、落地橱窗、阳台、眺望间、雨篷、地下室、半地下室、变形缝、永久性顶盖、飘窗、骑楼、过街楼的定义各是什么?

答：(1) 围护结构是指围合居住空间四周的墙体、门、窗等。

(2) 围护性幕墙是指直接作为外墙起围护作用的幕墙。

(3) 装饰性幕墙是指在建筑物墙体外起装饰作用的幕墙。

(4) 落地橱窗是指突出外墙面根基落地的橱窗。

(5) 阳台是指供使用者进行活动和晾晒衣物的居住空间。

(6) 眺望间是指设置在建筑物顶层或挑出房间的供人们远眺或观察周围情况的建筑空间。

(7) 雨篷是指设置在建筑物进出口上部的遮雨、遮阳篷。

(8) 地下室是指房间地平面低于室外地平面的高度超过该房间净高的 1/2 的地下室。

(9) 半地下室是指房间地平面低于室外地平面的高度超过该房间净高的 1/3，且不超过 1/2 者为半地下室。

(10) 变形缝是指伸缩缝（温度缝）、沉降缝和抗震缝的总称。

(11) 永久性顶盖是指经规划批准设计的永久使用的顶盖。

（12）飘窗是指为房间采光和美化造型而设置的凸出外墙的窗。

（13）骑楼是指楼层部分骑在人行道上的临街楼房。

（14）过街楼是指道路穿过建筑空间的楼房。

11. 住宅设计中有关住宅、居住空间、卧室、起居室、厨房、卫生间、使用面积、标准层、室内净高、平台、过道、壁柜、吊柜、跃层住宅、塔式高层住宅、通廊式高层住宅的定义各是什么？

答：（1）住宅是指供家庭居住使用的建筑。

（2）居住空间是指卧室、起居室（厅）的使用空间。

（3）卧室是指供居住者睡觉、休息的空间。

（4）起居室（厅）是指供居住者会客、娱乐、团聚等活动的空间。

（5）厨房是指供居住者进行炊事活动的空间。

（6）卫生间是指供居住者进行便溺、洗浴、盥洗等活动的空间。

（7）使用面积是指房间实际能使用的面积，不包括墙、柱等结构构造和保温层的面积。

（8）标准层是指平面布置相同的楼层。

（9）室内净高是指楼面或地面至上部楼板底面或吊顶底面之间的垂直距离。

（10）平台是指供居住者进行室外活动的上人屋面或由住宅底层地面伸出室外的部分。

（11）过道是指住宅内使用的水平交通空间。

（12）壁柜是指住宅套内与墙壁结合而成的落地贮藏空间。

（13）吊柜是指住宅套内凸出墙面悬挑的贮藏空间。

（14）跃层住宅是指套内空间跨越两楼层及以上的住宅。

（15）塔式高层住宅是指以共用楼梯、电梯为核心布置多套住房的高层住宅。

（16）通廊式高层住宅是指由共用楼梯、电梯通过内、外廊进入各套住房的高层建筑。

第四节　计算机在施工项目工程管理中的应用

1. 办公自动化（office）应用程序在项目管理工作中的应用包括哪些方面？

答：办公自动化应用程序在项目管理工作中的应用包括：

（1）文字处理及文档编辑、储存；

（2）编制工程施工管理资料，绘制所需的工程技术图纸；

（3）提高办公自动化和管理现代化水平；

（4）局域网络和互联网资源共享；

（5）获取工程管理的各类可能获得的信息；

（6）与项目管理外部组织和内部管理系统各单位可进行工程项目资源共享。

2. 怎样应用 AutoCAD 知识进行工程项目管理？

答：AutoCAD 工具软件在项目工程施工管理中通常用来绘制建筑平面图、立面图、剖面图、节点图。绘图基本步骤包括：图形界限、图层、文字样式、标注式样等基本设置；联机操作；图形绘制；图形修改；图形文字、尺寸标注；保存打印出图。可以随时调整各项设置及修改图形，以满足施工的实际需要。

第三章 岗位知识

第一节 工程定额计价的相关知识和内容

1. 什么是施工定额？它的作用是什么？

答：（1）施工定额

施工定额是以同一性质的施工过程或工序为测定对象，确定建筑安装工人在正常施工条件下，为完成单位合格产品所需的劳动、机械、材料消耗的数量标准，建筑安装企业定额一般称为施工定额。

（2）施工定额的作用

施工定额是施工企业直接用于建筑工程施工管理的一种定额，是由劳动定额、材料消耗定额和机械台班定额组成，是最基本的定额。

2. 什么是劳动定额？它的作用是什么？它有哪些形式？

答：（1）劳动定额的概念

劳动定额又称人工定额，是建筑安装工人在正常的施工（生产）条件下、在一定的生产技术和生产组织条件下、在平均先进水平的基础上制定的。它表明每个建筑安装工人生产单位合格产品所必须消耗的劳动时间，或在单位时间所生产的合格产品的数量。

（2）劳动定额的作用

劳动定额的作用主要表现在组织生产和按劳分配两个方面。在一般情况下，两者是相辅相成的，即生产决定分配，分配促进生产。当前对企业基层推行的各种形式的经济责任制的分配形式，无一不是以劳动定额作为核算基础的。具体来说，劳动定额的作用主要表现在以下几个方面：①劳动定额是编制施工作业计划的依据。②劳动定额是贯彻按劳分配原则的重要依据。

（3）劳动定额的形式

劳动定额按照用途不同，可以分为时间定额和产量定额两种形式。

① 时间定额就是某种专业（工种）、某种技术等级的工人小组或个人，在合理的劳动组合、合理的使用材料、合理的施工机械配合条件下，生产某一单位合格产品所必需的工作时间，包括准备与结束时间、基本生产时间、辅助生产时间、不可避免的中断时间以及工人必要的休息时间。

时间定额以工日为单位，每一工日按8h计算。其计算公式为：

单位产品时间定额(工日)＝1/每工产量

或　单位产品时间定额＝小组成员工日数综合/台班产量

② 产量定额就是在合理的劳动组合、合理的使用材料、合理的机械配合条件下，某种专业（工种）、某种技术等级的工人小组或个人，在单位工日中所完成的合格产品的数量。

产量定额根据时间定额计算，其计算公式为：

每工产量＝1/单位产品时间定额(工日)

或　台班产量＝小组成员工日数综合/单位产品时间定额(工日)

3. 机械台班定额的概念是什么？机械台班使用定额的表现形式有哪几种？

答：（1）机械台班使用定额

在建筑安装工程中，有些工程产品或工作是由工人来完成的，有些是由机械来完成的，有些则是由人工和机械配合共同完成的。由机械或人机配合来完成的产品或工作中，就包含一个机械工作时间。

机械台班使用定额或称机械台班消耗定额，是指在正常施工条件下，合理的劳动组合和使用机械，完成单位合格产品或某项工作所必需的机械工作时间，包括准备与结束时间、基本工作时间、辅助工作时间、不可避免的中断时间以及使用机械的工人生理需要与休息时间。

（2）机械台班使用定额的表现形式

机械台班使用定额的形式按其表现形式不同，可分为时间定额和产量定额。①机械时间定额是指在合理劳动组织与合理使用机械条件下，完成单位合格产品所必需的工作时间，包括有效工作时间（正常负荷下的工作时间和低负荷下的工作时间）、不可避免的中断时间、不可避免的无负荷工作时间。机械时间定额以"台班"表示，即一台机械工作一个作业班时间。一个作业班时间为8h。

单位产品机械时间定额(台班) = 1/台班产量

由于机械必须由工人小组配合，所以完成单位合格产品的时间定额，同时列出人工时间定额。即

单位产品人工时间定额(工日) = 小组成员总数/台班产量

② 机械产量定额是指在合理劳动组织与合理使用机械条件下，机械在每个台班时间内应完成合格产品的数量。

机械台班产量定额 = 1/机械时间定额(台班)

机械时间定额和机械产量定额互为倒数关系。

4. 材料消耗定额的概念是什么？它的组成包括哪些内容？

答：（1）材料消耗定额的概念

材料消耗定额是指在正常的施工（生产）条件下，在节约和合理使用材料的情况下，生产单位合格产品所必须消耗的一定品种、规格的材料、半成品、配件等的数量标准。

（2）施工中材料消耗的组成

施工中消耗的材料，可分为必须消耗的材料和损失的材料两类性质。必须消耗的材料是指在合理用料的条件下，生产合格产品所需消耗的材料。它包括：直接用于建筑和安装工程的材料、不可避免的施工废料、不可避免的材料损耗。

必须消耗的材料属于施工正常消耗，是确定材料消耗定额的基本数据。其中，直接用于建筑和安装工程的材料，用以编制材料净用量定额；不可避免的施工废料和材料损耗，用以编制材料损耗定额。

材料各种类型的损耗量之和称为材料损耗量，除去损耗量之后净用于工程实体上的数量称为材料净用量，材料净用量与材料损耗量之和称为材料总消耗量，损耗量与总消耗量之比称为材料损耗率，它们的关系用下列公式表示：

$$损耗率 =（损耗量 / 总消耗量）\times 100\%$$

$$损耗量 = 总消耗量 - 净用量$$

$$净用量 = 总消耗量 - 损耗量$$

或

$$总消耗量 = 净用量 + 损耗量$$

为了简便，通常将损耗量与净用量之比，作为损耗率。即

$$损耗率 =（损耗量 / 净用量）\times 100\%$$

5. 人工单价由哪几部分构成？怎样进行计算？影响人工单价的因素有哪些？

答：(1) 人工工资的构成与计算

人工单价是指一个建筑工人一个工作日在预算中应计入的全部人工费用。当前，生产工人的工日单价组成如下：

1) 生产工人的基本工资。根据有关规定，生产工人基本工资应执行岗位工资和技能工资制度。根据有关部门制定的《全民所有制大中型建筑安装企业的岗位技能工资试行方案》，生产工人基本工资按照岗位工资、技能工资和年工资（按职工工作年限确定的工资）计算。

岗位工资是根据劳动岗位的劳动责任轻重、劳动强度大小和劳动条件好差、兼顾劳动技能要求的高低确定的。工人岗位工资标准设 8 个岗次。技能工资是根据不同岗位、职位、职务对劳动技能的要求，同时兼顾职工所具备的劳动技能水平确定的工资。技术工人技能工资分初级工、中级工、高级工、技师和高级技师

五类工资标准共 26 档。

基本工资(G_1) = 生产工人平均月工资 / 年平均每月法定工作日

其中，年平均每月法定工作日 = (全年日历日 - 法定假日)/12，法定假日指双休日和法定节日。

2）生产工人的工资性补贴。是指为了补偿工人额外或特殊的劳动消耗及为了保证工人的工资水平不受特殊条件影响，而以补贴形式支付给工人的劳动报酬，它包括按规定标准发放的物价补贴，煤、燃气补贴，交通费补贴，住房补贴，流动施工津贴及地区津贴等。

工资性补贴(G_2) =(Σ年发放标准 / 全年法定工作日)
+(Σ月发放标准 / 年平均每月法定工作日)
+每工作日发放标准

3）生产工人的辅助工资。是指生产工人年有效施工天数以外非作业天数的工资，包括职工学习、培训期间的工资，调动工作、探亲、休假期间的工资，因气候影响的停工工资，女工哺乳时间的工资，病假在六个月以内的工资及产、婚、丧假期的工资。

生产工人辅助工资(G_3) =全年无效工作日
×(G_1 + G_2)/(全年日历天数 - 法定假日)

4）职工福利费。是指按规定标准计提的职工福利费。

生产工人的劳动保护费。是指按规定标准发放的劳动保护用品的购置费及修理费，徒工服装补贴，防暑降温费，在有碍身体健康环境中施工的保健费用等。

职工福利费(G_4) = (G_1 + G_2 + G_3) × 福利费计提比例(%)

5）生产工人的劳动保护费。是指按规定标准发放的劳动保护用品的购置费及修理费，徒工服装补贴、防暑降温费，在有碍身体健康环境中施工的保健费用等。

生产工人劳动保护费 =生产工人年平均支出劳动保护费 /
(全年日历日 - 风挡假日)

(2) 影响建筑安装工人人工单价的因素

影响建筑安装工人人工单价的因素很多，归纳起来有以下方面：

1）社会平均工资水平。生活消费指数。

2）人工单价的组成内容。

3）劳动力市场供需变化。

4）政府推行的社会保障和福利政策也会影响人工单价的变动。

6. 材料预算价格由哪几部分构成？怎样进行计算？

答：材料预算价格的组成及确定方法包括如下几个方面：

按现行规定，材料预算价格由材料原价、供销部分手续费、包装费、运杂费、采购及保管费组成。

（1）材料原价。材料原价是指材料的出厂价格，或者是销售部门（如材料金属公司等）的批发价和市场采购价（或信息价）。预算价格中的材料原价按出厂价、批发价、市场价综合考虑。

在确定原价时，凡同一种材料因来源地、交货地、供货单位、生产厂家不同，而有几种价格（原价）时，根据不同来源地供货数量比例，采取加权平均的方法确定其综合原价。计算公式为：

$$\text{加权平均原价} = (K_1C_1 + K_2C_2 + \cdots + K_nC_n)/(K_1 + K_2 + \cdots + K_n)$$

式中 $K_1, K_2, \cdots, K_n$——各不同供应地点的供应量或各不同使用地点的需求量；

$C_1, C_2 + \cdots + C_n$——各不同供应地点的原价。

（2）供销部门手续费。供销部门手续费是指根据国家现行的物资供应体制，不能直接向生产厂采购、订货，需通过物资部门供应而发生的经营管理费用。不经物资供应部门的材料，不计供销部门手续费。

供销部门手续费按费率计算，其费率由地区物资管理部门规定，一般为1%～3%。计算公式为：

$$\text{供销部门手续费} = \text{材料原价} \times \text{供销部门手续费率} \times \text{供销部门供应比重}$$

或 供销部门手续费 = 材料净重 × 供销部门单位质量手续费
× 供应比重材料供应价
= 材料原价十供销部门手续费

（3）包装费。包装费是指为了便于材料运输或为保护材料而进行包装所需要的费用。包括水运、陆运中的支撑、篷布等。凡由生产厂家负责包装，其包装费已计入材料原价者，不再另行计算，但包装品有回收价值者，应扣回包装回收值。简易包装应按下式计算：

包装费 = 包装材料原价 − 包装材料回收价值

包装材料回收价值 = 包装原价 × 回收量比例 × 回收价值比例

容器包装应按下式计算：

包装材料回收价值 =（包装材料原价 × 回收量比例
× 回收价值比例）/ 包装容器标准容量

包装费 =［包装材料原价 ×（1 − 回收量比例 × 回收价值比例）
＋ 使用期间维修费］/（使用周转次数
＋ 包装容器标准容量）

（4）运杂费。运杂费按以下原则计算：

1）材料运杂费的项目及各种费用标准，均按当地运输管理部门公布的现行价格和方法计算。

2）运杂费的运距应根据运输管理部门规定的运输里程计算办法计算，凡同一种材料有不同供货地点时，应根据建设区域内的工程分布（按造价或建筑面积）比重，确定一个或几个中心点，计算到达中心点的平均里程或采用统一运输系统计算。

材料运杂费通常按照外埠运杂费和市内运费两段计算。

外埠运杂费是指材料由来源地（交货地）运至本市仓库的全部费用，包括调车费、装卸费、车船运费、保险费等。一般是通过公路、铁路或水路运输，有时是水路、铁路混合运输。计算长途运输的平均运输费，主要考虑的因素有：①由于供应者不同而引起的同一材料的运距和运输方式不同；②每个供应者供应的材料数量不同；③公路、水路运输按交通部门规定的运价计算；

④铁路运输按铁道部门规定的运价计算。

市内运费是由本市仓库至工地仓库的运费。由于各个城市运输方式和运输工具不一样，因此运杂费的计算也不统一。运输的计算按当地运输公司的运输里程来确定，然后再按货物所属等级，从运价表上查出运价，两者相乘，再加上装卸费即为运杂费。

3）计算材料运杂费时，运输管理部门规定运输容重（比重）的材料，按其规定计算运输质量，机械装卸或人工装卸应按材料特征和性能，各地根据实际情况确定。

综上所述，材料预算价格的计算公式为：

材料预算价格 =（材料原价 + 供销部门手续费 + 包装费 + 运杂费 + 运输损耗费）×（1 + 采购及保管的费率）− 包装材料回收价值

7. 影响材料预算价格的因素有哪些？怎样进行材料预算价格调整？

答：（1）影响材料预算价格的因素主要有以下几个：

1）市场供需变化。材料原价是材料预算价格中最基本的组成。市场供大于求价格就会下降；反之，价格就会上升。从而也就会影响材料预算价格的涨落。

2）材料生产成本的变动直接涉及材料预算价格的波动。

3）流通环节的多少和材料供应体制也会影响材料预算价格。

4）运输距离和运输方法的改变会影响材料运输费用的增减，从而也会影响材料预算价格。

5）国际市场行情会对进口材料价格产生影响。

（2）材料预算价格调整的主要方法如下：

1）系数调差。系数调差是指根据工程造价管理部门制定的统一调价综合系数调差，以控制工程造价。因材料预算价格是以中心城市或重点建设区域为适用范围编制的，周围邻近地区执行该价格或者由于编制时间间隔过长，市场价格变动较大，以及由于政策性原因需要调整时，工程造价管理部门根据本地区工程情况和材料的差价定期测算综合系数，公布实行。为了方便计算，该系数可按占直接费（也可按占预算定额造价）的百分比确定，供编制预算时进行一次性调整。

材料差价调整综合系数计算公式为：

差价调整系数 =Σ[调价单项材料定额耗用量×(现场预算价格－现行预算价格)]/ 直接费(总造价)×100%

材料差价调整额计算公式为：

需调整材料差价额 = 直接费(或总造价)×差价调整系数单项调差。

2）单项调差。单项调差，也叫直接调整法，在市场经济中，有些材料受市场供求关系变化影响大，价格变化频繁，幅度大，控制调整不能及时反映材料价格的变动情况。采用单项调差，在价格发生变动时，直接进行单项材料的差价调整，为及时反映市场材料价格变化，工程造价管理部门定期公布材料价格信息，供材料调整参考。

单项调差的计算公式为：

单项材料差价 =(现场预算价格－现行预算价格)×定额材料耗用量

上述两种材料调差，很少单独使用，一般只适用材料品种较少，价格变化大的专业工程或分部分项工程，如构筑物、装饰工程等。

3）单项调差与综合系数调差相结合。工程报价及结算时材料价格的调整，采用单项调差与综合系数调差相结合的办法计算。即对主要材料及用量大，对造价影响较大的材料采用实际单项调差的方法，其余小型材料采用系数调差。

8. 机械台班单价由哪几部分构成？

答：机械台班单价由折旧费、大修理费、经常修理费、安拆费及场外运输费、燃料动力费、人工费、养路费及车船使用税等，它们的组成分别如下：

（1）折旧费

折旧费是指机械在规定的寿命期（使用年限或耐用总台班）内，陆续收回其原值的费用及支付贷款利息的费用。

（2）大修理费

大修理费指机械设备按规定的大修间隔台班进行必要的大修理，以恢复机械正常功能所需的全部费用。台班大修理费则是机械寿命期内全部的修理费之和在台班使用中的分摊额。

（3）经常修理费

经常修理费是指机械设备除大修理外必须进行的各级保养（包括一、二、三级保养）以及临时故障排除和机械停置期间的维护保养等所需的费用为保障机械正常运转所需替换设备、随机工具附件的摊销及维护费用；机械运转及日常保养所需润滑、擦拭材料费。

（4）安拆费及场外运输费

安拆费是指施工机械在施工现场机械安装、拆卸所需的人工、材料、机械费及试运转费，以及安拆所需的辅助设施的费用；场外运输费是指机械整体或分件自停放场地运至施工现场所发生的费用，包括机械的装卸、运输、辅助材料费和机械在现场使用期间需回基地大修理的运费。

（5）燃料动力费

燃料动力费指机械设备在运转施工作业中所耗用的固体燃料（煤炭、木材）、液体燃料（汽油、柴油）、电力、水和风力等费用。

（6）人工费

施工机械台班费中的人工费指机上司机、司炉和其他操作人员的工作日工资以及上述人员在机械规定的年工作台班以外的工资和工资性质的津贴。

（7）养路费及车船使用税

养路费及车船使用税是指按照国家有关规定应交纳的运输机

械养路费和车船使用税，按各省、自治区、直辖市规定的标准计算后列入定额。

9. 确定人工定额消耗量的基本方法是什么？

答：（1）分析基础资料，拟定编制方案。

1）影响工时消耗因素的确定。根据施工过程影响因素的产生特点，施工过程的影响因素可以分为技术因素和组织因素两类：

① 技术因素。

② 组织因素。根据施工过程影响因素对工时消耗数值的影响程度和性质，可分为系统性因素和偶然性因素两类。

2）计时观察资料的整理。整理观察资料的方法大多采用平均修正法。

3）日常积累资料的整理和分析。

4）拟定定额的编制方案。

（2）确定正常的施工条件。拟定施工的正常条件包括：

1）拟定工作地点的组织。

2）拟定工作组成。

3）拟定施工人员编制。

（3）确定人工定额消耗量的方法。时间定额和产量定额是人工定额的两种表现形式。拟定出时间定额，也就可以计算出产量定额。时间定额是在拟定基本工作时间、辅助工作时间、不可避免中断时间、准备与结束的工作时间，以及休息时间的基础上制定的。

1）拟定基本工作时间；

2）拟定辅助工作时间和准备与结束的工作时间；

3）拟定不可避免中断时间；

4）拟定休息时间；

5）拟定定额时间。基本工作时间消耗一般应根据计时观察资料来确定。辅助工作和准备与结束工作时间的确定方法与基本工作时间相同。利用工时规范计算时间定额用下列公式：

作业时间＝基本工作时间＋辅助工作时间

规范时间＝准备与结束工作时间＋不可避免的中断时间＋休息时间

工序作业时间＝基本工作时间×辅助工作时间

＝基本工作时间×（1－辅助时间％）

10. 机械台班定额消耗量怎样确定?

答：（1）机械台班使用定额的概念

在建筑安装工程中，有些工程产品或工作是由工人来完成的，有些是由机械来完成的，有些则是由人工和机械配合共同完成的。由机械或人机配合来完成的产品或工作中，就包含一个机械工作时间。

机械台班使用定额或称机械台班消耗定额，是指在正常施工条件下，合理的劳动组合和使用机械，完成单位合格产品或某项工作所必需的机械工作时间，包括准备与结束时间、基本工作时间、辅助工作时间、不可避免的中断时间以及使用机械的工人生理需要与休息时间。

（2）机械台班消耗量指标的确定

预算定额中的机械台班消耗量指标，一般按《全国建筑安装工程统一劳动定额》中的机械台班量，并考虑一定的机械幅度差进行计算，即

分项定额机械台班消耗量＝施工定额中机械台班用量＋机械幅度差

机械幅度差是指施工定额内没有包括，但实际中必须增加的机械台班费。主要是考虑在合理的施工组织条件下机械的停歇时间，包括以下几项：

1）施工中机械转移工作面及配套机械相互影响损失的时间。

2）在正常施工条件下机械施工中不可避免的工作间歇时间。

3）检查工程质量影响机械操作时间。

4）工程收尾工作不饱满所损失的时间。

5）临时水电线路移动所发生的不可避免的机械操作间歇

时间。

6）冬、雨期施工发动机械的时间。

7）不同厂牌机械的工效差。

8）配合机械施工的工人劳动定额与预算定额的幅度差。

（3）施工机械台班单价的组成

施工机械台班单价按有关规定由七项费用组成，这些费用按其性质分为第一类费用和第二类费用。

1）第一类费用。第一类费用亦称不变费用，是指属于分摊性质的费用。包括：折旧费、大修理费、经常修理费和机械安拆费。

2）第二类费用。第二类费用亦称可变费用，是指属于支出性质的费用包括：燃料动力费、人工费、其他费用（养路费及车船使用税、保险费及年检费）等。

（4）机械台班单价的确定方法

施工机械使用费 = ∑(施工机械台班消耗量 × 机械台班单价)

机械台班单价由以下七项费用组成。

1）折旧费的确定。机械台班折旧费计算公式为：

台班折旧费 =机械预算价格 ×（1 − 残值率）× 时间价值系数
÷ 耐用总台班国产机械预算价格 = 机械原价
+ 车辆购置税 + 供销部门手续费和一次运杂费
进口机械预算价格 = 到岸价格 + 关税 + 增值税
+ 消费税 + 外贸部门手续费和国内一次运杂费
+ 财务费 + 车辆购置税

2）大修理费的确定。其计算公式为：

台班大修理费 =（一次大修理费 × 寿命周期内大修理次数）
÷ 耐用总台班

（5）影响机械台班单价的因素

影响机械台班单价的因素主要有：

1）施工机械的价格。施工机械价格影响折旧费，从而也是影响机械台班单价的重要因素。

2）机械使用年限。它不仅影响折旧费，也影响机械的大修理费和经常修理费。

3）机械的使用效率、管理和维护水平。

4）国家及地方政府征收税费的规定等。

11. 确定材料定额消耗量的基本方法有哪些?

答：（1）材料消耗定额的概念

材料消耗定额是指在正常的施工（生产）条件下，在节约和合理使用材料的情况下，生产单位合格产品所必须消耗的一定品种、规格的材料、半成品、配件等的数量标准。

（2）材料消耗性质

合理确定材料消耗定额，必须研究和区分材料在施工过程中消耗的性质。

施工中材料的消耗，可分为必须的材料消耗和损失的材料两类性质。

必须消耗的材料，是指在合理用料的条件下，生产合格产品所需消耗的材料。它包括：直接用于建筑和安装工程的材料，不可避免的施工废料，不可避免的材料损耗。

必须消耗的材料属于施工正常消耗，是确定材料消耗定额的基本数据。其中：直接用于建筑和安装工程的材料，编制材料净用量定额；不可避免的施工废料和材料损耗，编制材料损耗定额。

（3）确定材料消耗量的基本方法

确定材料净用量定额和材料损耗定额的计算数据，是通过现场技术测定、实验室试验、现场统计和理论计算等方法获得的。

1）利用现场技术测定法，主要是编制材料损耗定额，也可以提供编制材料净用量定额的参考数据。其优点是能通过现场观察、测定，取得产品产量和材料消耗的情况，为编制材料定额提供技术根据。

2）利用实验室试验法，主要是编制材料净用量定额。通过试验，能够对材料的结构、化学成分和物理性能以及按强度等级控制的混凝土、砂浆配比给出科学的结论，给编制材料消耗定额提供出有技术根据的、比较精确的计算数据。

3）采用现场统计法，是通过对现场进料、用料的大量统计资料进行分析计算，获得材料消耗的数据。

4）理论计算法，是运用一定的数学公式计算材料消耗定额。

（4）施工周转材料的计算。

影响周转次数的主要因素有以下几方面：

1）材质及功能对周转次数的影响，如金属制的周转材料比木制的周转次数多10倍，甚至百倍；

2）使用条件的好坏，对周转材料使用次数有影响；

3）施工速度的快慢，对周转材料使用次数有影响；

4）对周转材料的保管、保养和维修的好坏，也对周转材料使用次数有影响等。

确定出最佳的周转次数是十分不容易的。

材料消耗量中应计算材料摊销量，为此，应根据施工过程中各工序计算出一次使用量和摊销量。其计算公式为：

一次使用量 = 材料净用量 ×（1 − 材料损耗量）

材料摊销量 = 一次使用量 × 摊销系数

12. 企业定额编制的范围、作用、特点和意义各有哪些？

答：（1）范围

企业定额是由企业自行编制，只限于本企业内部使用的定额，例如施工企业附属的加工厂、车间为了内部核算便利而编制的定额。至于对外实行独立核算的单位如预制混凝土和金属构件厂、大型机械化施工公司、机械租赁站等，虽然它们的定额标准并不纳入建筑安装工程定额系列之内，但它们的生产服务活动与建设工程密切相关，因此，其定额标准、出厂价格、机械台班租赁价格等，都要按规定的编制程序和方法经有关部门的批准才能在规定的范围内执行。

（2）作用

实行工程量清单报价，其目的很明显打破了过去由政府的造价部门统一单价的做法，让施工企业能最大限度发挥自己的价格和技术优势，不断提高自己企业的管理水平，推动竞争，从而在竞争中形成市场，进一步推进整个建设领域的纵深发展；这也是招标投标制度和造价管理与国际惯例接轨过程中要经过的必然阶段。施工企业要生存壮大，就现有的建设市场形势，有一套切合企业本身实际情况的企业定额是十分重要的；运用自己的企业定额资料去制定工程量清单中的报价，尽管工程量清单中的工程量计算规则和报价包括的内容仍然沿用了地方定额或行业定额的规定，但是，在材料消耗、用工消耗、机械种类，机械配置和使用方案、管理费用的构成等各项指标上，基本上是按本企业的具体情况制定的；与地方定额或行业定额相比，体现了自己企业施工管理上的个性特点，提高了竞争力。如在电力工程建设中，其特点是建设规模大，投资大，建设工期较长，施工工艺要求高等，为此，在电力工程项目招标投标中，科学合理先进的企业定额显得更为重要；同一个项目，可能由于每个企业自身的情况而制定的企业定额的水平差距较大，相应的投标报价也会相差较大；这是因为每个电力施工企业除了材料消耗、用工消耗、管理费用的构成等各项指标的不同，更为重要的原因之一是机械种类、机械配置和使用方案的不同，因为机械费用在电力建设费用中占有较大比重；如在某电厂2×600MW机组工程招标投标中某一标段的投标报价，最高报价为3.44亿元，最低报价为3.07亿元，相差3700万元；这就充分说明了企业定额在工程量清单报价中的重要性。

（3）特点

作为企业定额，必须体现以下特点：

1）企业定额各单项的平均造价要比社会平均价低，体现企业定额的先进合理性，至少要基本持平，否则，就失去企业定额的实际意义。

2）企业定额要体现本企业在某方面的技术优势，以及本企业的局部管理或全面管理方面的优势。

3）企业定额的所有单价都实行动态管理；定期调查市场，定期总结本企业各方面业绩与资料，不断完善，及时调整，与建设市场紧密联系，不断提高竞争力。

4）企业定额要紧密联系施工方案、施工工艺并与其能全面接轨。

（4）意义

企业定额不是简单的把传统定额或行业定额的编制手段用于编制施工企业的内部定额，它的形成和发展同样要经历从实践到理论、由不成熟到成熟的多次反复检验、滚动、积累，在这个过程中，企业的技术水平在不断发展，管理水平和管理手段、管理体制也在不断更新提高。可以这样说，企业定额产生的过程，就是一个快速互动的内部自我完善的进程。

13. 建筑产品价格定额计价的基本方法和程序各有哪些？

答：（1）直接工程费

直接工程费 = 人工费 + 材料费 + 施工机械使用费

其中： 人工费 = Σ(人工工日数量 × 人工日工资标准)

材料费 = Σ(材料用量 × 材料预算价格)

机械使用费 = Σ(机械台班用量 × 台班单价)

（2）直接费

直接费 = Σ(工程量 × 直接工程费单价) + 措施费

其中： 措施费 = 施工技术措施费 + 施工组织措施费

（3）单位工程造价

单位工程造价 = 直接费 + 间接费 + 利润 + 税金

其中： 间接费 = 规费 + 企业管理费

（4）单位工程概算造价

单位工程概算造价 = Σ单位工程造价 + 设备工器具购置费

(5) 建设项目全部工程概算造价

$$建设项目全部工程概算造价 = \sum 单项工程的概算造价 + 有关的其他费用 + 预备费$$

14. 建筑工程定额的概念、性质、作用和分类各有哪些内容?

答:(1) 建筑工程定额的概念

是在正常施工条件下,完成单位合格产品所必须消耗的劳动力、材料、机械台班的数量标准。这种量的规定,反映出完成建设工程中的某项合格产品与各种生产消耗之间特定的数量关系。建筑工程定额是根据国家一定时期的管理体系和管理制度,根据定额的不同用途和适用范围,由国家指定的机构按照一定程序编制的,并按照规定的程序审批和颁发执行。在建筑工程中实行定额管理的目的,是为了在施工中力求最少的人力、物力和资金消耗量,生产出更多、更好的建筑产品,取得最好的经济效益。

(2) 建筑工程定额的性质

1) 科学性。定额的科学性,表现为定额的编制是在认真研究客观规律的基础上,自觉遵循客观规律的要求,用科学方法确定各项消耗量标准。所确定的定额水平,是大多数企业和职工经过努力能够达到的平均先进水平。

2) 法令性。定额的法令性,是指定额一经国家、地方主管部门或授权单位颁发,各地区及有关施工企业单位,都必须严格遵守和执行,不得随意变更定额的内容和水平。定额的法令性保证了建筑工程统一的造价与核算尺度。

3) 群众性。定额的拟定和执行,都要有广泛的群众基础。定额的拟定,通常采取工人、技术人员和专职定额人员三结合方式。使拟定定额时能够从实际出发,反映建筑安装工人的实际水平,并保持一定的先进性,使定额容易为广大职工所掌握。

4) 稳定性和时效性。建筑工程定额中的任何一种定额,在一段时期内都表现出稳定的状态。根据具体情况不同,稳定的时间有长有短，一般在5～10年之间。但是，任何一种建筑工程定额，都只能反映一定时期的生产力水平，当生产力向前发展了，定额就会变得陈旧。所以，建筑工程定额在具有稳定性特点的同时，也具有显著的时效性。当定额不能起到它应有作用的时候，建筑工程定额就要重新修订了。

建筑工程定额反映一定社会生产水平条件下的建筑产品（工程）生产和生产耗费之间的数量关系，同时也反映着建筑产品生产和生产耗费之间的质量关系，一定时期的定额，反映一定时期的建筑产品（工程）生产机械化程度和施工工艺、材料、质量等建筑技术的发展水平和质量验收标准水平。随着我国建筑业的不断发展和科学发展观的深入贯彻，各种资料的消耗量，必然会有所降低，产品质量及劳动生产率会有所提高。因此，定额并不是一成不变的，但在一定时期内，又必须相对稳定。

（3）建筑工程定额的作用

建筑工程定额具有以下几方面作用：

1）定额是编制工程计划、组织和管理施工的重要依据。为了更好地组织和管理施工生产，必须编制施工进度计划和施工作业计划。在编制计划和组织管理施工生产中，直接或间接地要以各种定额来作为计算人力、物力和资金需用量的依据。

2）定额是确定建筑工程造价的依据。在有了设计文件规定的工程规模、工程数量及施工方法之后，即可依据相应定额所规定的人工、材料、机械台班的消耗量，以及单位预算价值和各种费用标准来确定建筑工程造价。

3）定额是建筑企业实行经济责任制的重要环节。当前，全国建筑企业正在全面推行经济改革，而改革的关键是推行投资包干制和以招标、投标、承包为核心的经济责任制。其中签订投资包干协议、计算招标标底和投标报价、签订总包和分包合同协议等，通常都以建筑工程定额为主要依据。

4）定额是总结先进生产方法的手段。定额是在平均先进合理的条件下，通过对施工生产过程的观察、分析综合制定的。它比较科学地反映出生产技术和劳动组织的先进合理程度。因此，我们可以以定额的标定方法为手段，对同一建筑产品在同一施工操作条件下的不同生产方式进行观察、分析和总结，从而得出一套比较完整的先进生产方法，在施工生产中推广应用，使劳动生产率得到普遍提高。

（4）建筑工程定额的分类

建筑工程定额是一个综合概念，是建筑工程中生产消耗性定额的总称。它包括的定额种类很多。为了对建筑工程定额从概念上有一个全面的了解，按其内容、形式、用途和使用要求，可大致分为以下几类：

1）按生产要素分类。建筑工程定额按其生产要素分类，可分为劳动消耗定额、材料消耗定额和机械台班消耗定额。

2）按用途分类。建筑工程定额按其用途分类，可分为施工定额、预算定额、概算定额、工期定额及概算指标等。

3）按费用性质分类。建筑工程按其费用性质分类，可分为直接费定额、间接费定额等。

4）按主编单位和执行范围分类。建筑工程定额按其主编单位和执行范围分类，可分为全国统一定额、主管部门定额、地区统一定额及企业定额等。

5）按专业分类。按专业分类可分为建筑工程定额和设备及安装工程定额。建筑工程通常包括一般土建工程、构筑物工程、电气照明工程、卫生技术（水暖通风）工程及工业管道工程等。

15. 什么是单位估价表？与定额的关系各有哪些？

答：（1）单位估价表的概念

工程单位估价表也称为工程定额单位估价表，它是以货币形式表示预算定额中各分项工程或结构件的预算价值的计算表，又称单价表。它是一个地区或一个城市范围内，根据全国（或地区）统一的预算定额或综合定额、地区建筑安装工人日工资标准，材料预算价格和施工机械台班预算价，即用货币形式金额数

（元）表达一个子目的单价，是预算定额在该地区的具体表现形式，是用货币形式将预算定额的单位产品价格表现出来，即预算单价。用公式表达为：

每一定额项目单价 = ∑（该项目工、料、机消耗指标 × 相应预算价格）= 定额项目人工费 + 定额项目材料费 + 定额项目机械费

其中：人工费 = ∑（定额工日数 × 平均等级的日工资标准）

材料费 = ∑（定额材料数量 × 相应的材料预算价格）

施工机械费 = ∑（定额台班使用量 × 相应机械台班费）

由此可见，编制单位估价表的主要依据为相应预算定额，地区的人工日工资标准，材料预算价格和施工机械台班费。

（2）单位估价表与预算定额的关系

预算定额是编制单位估价表的主要依据。单位估价表主要来源于预算定额的人工、材料消耗量和施工机械台班使用量。有了上述“三个量”和工资单价、材料预算单价及施工机械台班单价，就能编出预算定额单价、即分项工程预算价格。确切地说，预算定额只列人工、材料消耗量和施工机械台班使用数量，没有单价金额，不列预算价格，预算定额套上单价才能出现预算价格。

全国或地区统一的预算定额，如果套用某一地区的建筑安装工人日工资单价、材料和施工机械台班单价，就形成了某地区的单位估价表。换句话说，如果预算定额已经套上当地的人工、材料和机械台班单价，名叫定额，实际上已经成为这个地区的单位估价表。

16. 建筑工程竣工结算与工程竣工决算的区别有哪些?

答：工程结算是指一个单项或者单位工程竣工后的工程造价的计算，而竣工决算则是指整个建设项目竣工验收后的工程及财务等所有费用的计算。

结算是发生在施工、建设以及计量监理单位之间，而决算在

发生在项目的法人和他的所有上级主管部门和国家之间。

最后的决算资料是要上报给上级部门和国家主管部门的。而结算只会上报给上级主管部门，不必要上报给国家相关主管部门。

工程结算：是指在工程施工阶段，根据合同约定、工程进度、工程变更与索赔等情况，通过编制工程结算书对已完施工价格进行计算的过程，计算出来的价格称为工程结算价。结算价是该结算工程部分的实际价格，是支付工程款项的凭据。

竣工决算：是指整个建设工程全部完工并经验收以后，通过编制竣工决算书计算整个项目从立项到竣工验收、交付使用全过程中实际支付的全部建设费用、核定新增资产和考核投资效果的过程，计算出的价格称为竣工决算价，是整个建设工程最终实际价格。

（1）二者包含的范围不同

工程竣工结算是指按工程进度、施工合同、施工监理情况办理的工程价款结算，以及根据工程实施过程中发生的超出施工合同范围的工程变更情况，调整施工图预算价格，确定工程项目最终结算价格。它分为单位工程竣工结算、单项工程竣工结算和建设项目竣工总结算。竣工结算工程价款等于合同价款加上施工过程中合同价款调整数额减去预付及已结算的工程价款再减去保修金。

竣工决算包括从筹集到竣工投产全过程的全部实际费用，即包括建筑工程费、安装工程费、设备工器具购置费用及预备费和投资方向调解税等费用。按照财政部、国家发改委及住房城乡建设部的有关文件规定，竣工决算是由竣工财务决算说明书、竣工财务决算报表、工程竣工图和工程竣工造价对比分析四部分组成。前两部分又称建设项目竣工财务决算，是竣工决算的核心内容。

（2）编制人和审查人不同

单位工程竣工结算由承包人编制，发包人审查；实行总承包的工程，由具体承包人编制，在总承包人审查的基础上，发包人审查。单项工程竣工结算或建设项目竣工总结算由总（承）包人编制，发包人可直接审查，也可以委托具有相应资质的工程造价咨询机构进行审查。

建设工程竣工决算的文件，由建设单位负责组织人员编写，上报主管部门审查，同时抄送有关设计单位。大中型建设项目的竣工决算还应抄送财政部、建设银行总行和省、市、自治区的财政局和建设银行分行各一份。

（3）二者的目标不同

结算是在施工完成已经竣工后编制的，反映的是基本建设工程的实际造价。

决算是竣工验收报告的重要组成部分，是正确核算新增固定资产价值，考核分析投资效果，建立健全经济责任的依据，是反应建设项目实际造价和投资效果的文件。竣工决算要正确核定新增固定资产价值，考核投资效果。

第二节　工程量清单计价的相关知识和内容

1. 什么是工程量清单？它包括哪些内容？工程量清单计价方法的特点有哪些？

答：（1）工程量清单

工程量清单是表现拟建工程的分部分项工程项目、措施项目、其他项目名称和相应数量的明细清单。是按招标要求和施工设计图纸要求规定将拟建招标工程的全部项目和内容，依据统一的工程量计算规则，统一的工程量清单项目编制规则要求，计算拟建招标工程的分部分项工程数量的表格。工程量清单是招标文件的组成部分，是由招标人发出的一套注有拟建工程各实物工程名称、性质、特征、单位、数量及开办项目、税费等相关表格的组成文件。

（2）工程量清单的组成

1）工程量清单说明

工程量清单说明主要是招标人解释拟招标工程量清单的编制

依据以及重要作用，明确清单制度，工程量是招标人估算得出的，仅仅作为投标报价的基础，结算时的工程量以招标人或其他委托授权的监理工程师核准的实际完成量为依据，提示投标申请人重视清单，以及如何使用清单。

2）工程量清单表

工程量清单表作为清单项目和工程数量的载体，是工程量清单的重要组成部分。

（3）工程量清单计价方法的特点

概括起来说，工程量计价清单的特点包括如下几点：

1）满足竞争的需要；

2）提供了一个平等的竞争机会；

3）有利于工程款的拨付和工程造价的最终确定；

4）有利于实现风险的合理分担；

5）有利于业主对投资的控制。

2. 什么是计价规范？它的内容有哪些？

答：（1）计价规范

规范是一种标准。所谓“计价规范”，就是应用于规范建设工程计价行为的国家标准。具体地讲，就是工程造价计价工作者，对确定建筑产品价格的分部分项工程名称、工程特征、工作内容、项目编码、工程量计算规则、计量单位、费用项目组成与划分、费用项目计算方法与程序等作出的全国统一规定标准。2013 年颁布的《建设工程工程量清单计价规范》GB 50500（以下简称“2013 计价规范”）及 9 本工程量计算规范（以下简称“2013 计算规范”）是我国国家标准，其中有些条款为强制性条文，必须严格执行。国家标准是一个国家的标准中的最高层次，以国家标准的形式发布关于工程造价方面的统一规定，在我国尚属首次，也是我国在“借鉴国外文明成果”方面的一个“创举”。可以说，“计价规范”的发布与实施，是我国工程造价计价工作向逐步实现“政府宏观调控、企业自主报价、市场形成价格”的目标迈出了坚实的一步，同时，也是我国工程造价管理领域的一个重要的里程碑。

（2）计价规范的内容

“2013计价规范”及配套实施的9本工程计量规范均由正文和附录两部分组成。“2013计价规范”主要对有关计价的内容进行介绍，而“2013计算规范”则主要对工程计量活动进行了规定。“2013计价规范”的内容如下：

1）正文部分。“2013计价规范”的正文部分共有16章、54节、329条，包括总则、术语、一般规定、工程量清单编制、招标控制价、投标报价、合同价款约定、工程计量、合同价款调整、合同价款期中支付、竣工结算与支付、合同解除的价款结算与支付、合同价款争议的解决、工程造价鉴定、工程计价资料与档案、工程计价表格等内容。相比2008版工程量清单计价规范而言，分别增加了11章、37节、192条。

2）《房屋建筑与装饰工程工程量计算规范》GB 50854—2013中，将房屋建筑与装饰工程清单项目及工程量计算规则划分为土石方工程，地基处理与边坡防护工程，桩基工程，砌筑工程，混凝土及钢筋混凝土工程，金属结构工程，木结构工程，门窗工程，屋面及防水工程，保温、隔热、防腐工程，楼地面装饰工程，墙、柱面装饰与隔断、幕墙工程，天棚工程，油漆、涂料、裱糊工程，其他装饰工程，拆除工程，措施项目。

3）工程量，是指以物理计量单位或自然计量单位（台、组、套、个、项）表示的各个具体分项工程或构配件的数量。计算工程量是编制工程项目清单的重要环节。工程量计算的正确与否，直接影响工程项目清单的编制质量和造价质量。造价人员应在熟悉施工图纸、“计价规范”和工程量计算规则的基础上，根据施工图纸规定的内容和各个分部分项工程的尺寸、数量，按照一定的顺序准确地计算出各个分部分项工程的实物数量。一般土建工程工程量的计算顺序是先底层，后上层；先结构，后建筑。对某一张图纸来说，一般是按顺时针方向从左到右，先横后竖，由上而下的计算。计算公式应简明扼要，计算式前要注明轴线或部位，以便进行校核和审核。

3. 计价规范的特点有哪些?

答：计价规范的特点如下：

（1）强制性

1）建设主管部门按照强制性国家标准的要求批准颁布，规定使用国有资金投资的建设工程发承包，必须采用工程量清单计价，非国有资金投资的建设工程，宜采用工程量清单计价。

2）明确招标工程量清单是招标文件的组成部分，并规定了招标人在编制工程量清单必须遵守的规则，做到四个统一，即统一项目编码、统一项目名称、统一计量单位、统一工程量计算规则。

（2）实用性

工程量清单项目及计价规则的项目名称表现的是工程实体项目，项目名称明确清晰，工程量计算规则简洁明了；特别还列有项目特征和工作内容，易于编制工程量清单时确定项目名称和投标报价。

（3）竞争性

1）使用工程量清单计价时，“2013 计算规范”规定的措施项目中，投标人具体采用书面措施，由投标人根据企业的施工组织设计等确定。因为这些项目在各企业间各不相同，是企业的竞争项目，是留给企业竞争的空间，从中可以体现各企业的竞争力。

2）人工、材料和施工机械没有具体消耗量，投标企业可以根据企业的定额和市场价格信息进行报价，“2013 年计价规范”将这一空间也交给了企业，从而也可体现各企业在价格上的竞争力。

（4）通用性

采用工程量清单计价将与国际惯例接轨，符合工程量计算方法标准化，工程量计算规则统一化，工程造价确定市场化的要求。

4. 计价规范的适用范围是什么？

答：(1)“2013 计价规范”适用于建设工程发承包及实施阶段的计价活动。它主要适用于建设工程发承包及实施阶段的招标投标工程量清单、招标控制价、投标报价的编制，工程合同价款的约定，竣工结算办理以及施工过程中的工程量计量、合同价款支付、施工索赔与现场签证、合同价款调整和合同争议解决等活动。

(2) 使用国有资金投资的建设工程承发包，必须采用工程量清单计价，国有资金投资是指国家融资资金、国有资金为主的投资资金。

1) 国有资金投资的项目

① 使用各级财政预算资金的项目；

② 使用纳入财政管理的各种政府性专项建设资金的项目；

③ 使用国有企事业单位自有资金，并且国有资产投资者实际拥有控制权的项目；

2) 国家融资资产投资的工程建设项目

① 使用国家发行债券所筹集资金的项目；

② 使用国家对外借款或者担保所筹集的资金的项目；

③ 使用国家政策性贷款的项目；

④ 国家授权投资主体融资的项目；

⑤ 国家特许的融资项目。

国有资金为主导项目是指国有资金占投资总额 50%以上，或虽不足 50%但有投资者实质上拥有控股权的工程建设项目。

5. 工程计价规范的作用是什么？

答：“2013 计价规范”的发布实施在我国工程造价领域具有如下作用：

(1) 有利于生产机制决定工程造价的实现。

(2) 有利于业主获得合理工程造价。

（3）有利于促进施工企业改善经营管理，提高竞争能力。

（4）有利于提高造价工程师业务素质，使其成为懂技术、懂经济、懂管理的全面发展的复合型人才。

（5）有利于参与国际市场的竞争。

6. 招标工程量清单编制程序和要求是什么？

答：（1）招标工程量清单编制程序

熟悉施工图纸→计算分部分项工程量→校核工程量→编写招标工程量清单→审核招标工程量清单→发送投标人计价（或招标人自行编制招标控制价）

（2）招标工程量清单的编制规定

招标工程量清单是招标投标活动的依据，专业性强，内容复杂，业主能否编制出完整、严谨的招标工程量清单，直接影响招标质量，也是招标成败的关键。因此，招标工程量清单应由具有编制招标文件能力的招标人或具有相应资质的工程咨询人进行编制。

招标工程量清单体现了招标人要求投标人完成工程项目及相应工程数量，是招标文件的重要组成部分。招标工程量清单由分部分项工程量清单、措施费清单和其他项目清单组成。

（3）招标工程量清单编制要求

招标工程量清单必须满足如下要求：

1）要满足规范管理、方便管理的要求；

2）要满足计价的要求。

为了满足上述要求，“2013 计价规范”提出了分部分项工程量清单四个统一，招标人必须按照规定执行，不得因情况变动而变动。

7. 工程量清单由哪些内容组成？

答：工程量清单由以下内容组成：

（1）封面。

（2）扉页。

（3）总说明。

（4）分部分项工程和单位措施项目清单与计价表。

（5）总价措施项目确定与计价表。

（6）其他项目清单与计价汇总表。

（7）暂列金额明细表。

（8）材料（工程设备）暂估单价及调整表。

（9）专业工程暂估价及结算价表。

（10）计日工表。

（11）总承包服务费计价表。

（12）规费、税金项目计价表。

（13）发包人提供材料和工程设备一览表。

（14）承包人提供材料和工程设备一览表（适用于造价信息差额调整法）或承包人员提供主要材料和工程设备一览表（适用于价格指数差额调整法）。

8. 工程量清单编制依据、原则各是什么？

答：（1）工程量清单编制依据

1）"2013 计价规范"和相关工程的国家计量规范。

2）国家或省级、行业建设主管部门颁发的计价定额和办法。

3）建设工程设计文件及相关资料。

4）与建设工程有关的标准、规范、技术资料。

5）拟定的招标文件。

6）施工现场情况、地勘水文资料、工程特点及常规施工方案。

7）其他相关资料。

（2）工程量清单编制原则

1）必须满足工程建设项目招标和投标计价的需要。

2）必须遵循"2013 计价规范"及"2013 计算规范"中各项规定（包括项目编码、项目名称、计量单位、计量规则、工作内容等）。

3）必须满足控制实物工程量，市场竞争形成价格的价格运行机制和对工程造价合理确定与有效控制的要求。

4）必须有利于规范建筑市场计价行为，能够促进企业的经营管理，技术进步，增加企业的综合能力，社会信誉和在国内、国际建筑市场的竞争能力。

5）必须适度考虑我国目前工程造价管理的现状。我国虽然已经推行工程量清单计价模式，各地实际情况的差异，工程造价计价方式不可避免地会出现双轨并行的局面（工程量清单计价与定额计价同时存在、交叉执行）。

9. 工程量清单计价的目的和意义是什么？

答：工程量清单计价的目的和意义主要有如下几点：

（1）是工程造价深化改革的产物。

（2）是规范建设市场秩序和适应具有中国特色社会主义市场经济发展的需要。

（3）是促进中国特色建设市场有序竞争和企业健康发展的需要。

（4）可以促进我国工程造价管理政府职能的转变。

（5）是适应我国加入“WTO”、融入世界大市场的需要。

10. 工程量清单计价的特点是什么？

答：（1）“统一计价规则”。通过制定统一的建设工程工程量清单计价方法、统一的工程量计量规则、统一的工程量清单项目设置规则，达到规范计价行为的目的。这些规则和办法是强制性的，建设各方面都应该遵守，这是工程造价管理部门首次在文件中明确政府应管什么，不应管什么。

（2）“有效控制消耗量”。通过由政府发布统一的社会平均消耗量指导标准。为企业提供一个社会平均尺度，避免企业盲目或随意大幅度减少或扩大消耗量，从而达到保证工程质量的目的。

（3）“彻底放开价格”。将工程消耗量定额中的人工、材料、机械价格和利润、管理费全面放开，由市场的供求关系自行确定价格。

（4）“企业自主报价”。投标企业根据自身的技术专长、材料采购渠道和管理水平等，制定企业自己的报价定额，自主报价。企业尚无报价定额的，可参考使用造价管理部门颁布的《建设工程消耗量定额》。

（5）“市场有序竞争形成价格”。通过建立与国际惯例接轨的工程量清单计价模式，引入充分竞争形成价格的机制，制定衡量投标报价合理性的基础标准，在投标过程中，有效引入竞争机制，淡化标底的作用。在保证质量、工期的前提下，按国家《招标投标法》及有关条款规定，最终以“不低于成本”的合理低价者中标。

11. 工程量清单计价的组成包括哪些内容？影响因素有哪些？

答：（1）分部分项工程费

分部分项工程费是指完成在工程量清单列出的各分部分项清单工程量所需的费用，包括人工费、材料费（消耗的材料费总和）、机械使用费、管理费、利润以及风险费。

（2）措施项目费

措施项目费是由“措施项目一览表”确定的工程措施项目金额的总和，包括临时设施费、短期工程措施费、脚手架搭拆费等。

（3）其他项目费

其他项目费是指预留金、材料购置费（仅指由招标人购置的材料费）、总承包服务费、零星工作项目费的估算金额等的总和。

（4）规费

规费是指政府和有关部门规定必须缴纳的费用的总和。

（5）税金

税金是指国家税法规定的应计入建筑安装工程造价内的营业税、城市维护建设税及教育附加费用等的总和。

12. 工程量清单计价的影响因素有哪些？

答：（1）对用工批量的有效管理

人工费支出约占建筑产品成本的17%，且随市场价格波动不断变化。对人工单价在整个施工期间作出切合实际的预测，是控制人工费用支出的前提条件。

首先根据施工进度，月初依据工序合理做出用工数量，结合市场人工单价计算出本月控制指标。

其次在施工过程中，依据工程分部分项，对每天用工数量连续记录，在完成一个分项后，就同工程量清单报价中的用工数量对比，进行评估找出存在问题，办理相应手续以便对控制指标加以修正。每月完成几个工程分项后各自同工程量清单报价中的用工数量对比，考核控制指标完成情况。通过这种控制节约用工数量，就意味着降低人工费支出，即增加了相应的效益。这种对用工数量控制的方法，最大优势在于不受任何工程结构形式的影响，分阶段加以控制，有很强的实用性。人工费用控制指标，主要是从量上加以控制。重点通过对在建工程过程控制，积累各类结构形式下实际用工数量的原始资料，以便形成企业定额体系。

（2）材料费用的管理

材料费用开支约占建筑产品成本的63%，是成本要素控制的重点。材料费用因工程量清单报价形式不同，材料供应方式不同而有所不同。例如，经业主限价的材料价格如何管理，其主要问题可从施工企业采购过程降低材料单价来把握。首先，对本月施工分项所需材料用量下发采购部门，在保证材料质量前提下货比三家。采购过程以工程清单报价中材料价格为控制指标，确保采购过程产生收益。对业主供材供料，确保足斤足两，严把验收入库环节。其次，在施工过程中，严格执行质量方面的程序文件，做到材料堆放合理布局，减少二次搬运。具体操作依据工程进度实行限额领料，完成一个分项后，考核控制效果。最后是杜绝没有收入的支出，把返工损失降到最低限度。

(3) 机械费用的管理

机械费的开支约占建筑产品成本的7%，其控制指标，主要是根据工程量清单计算出使用的机械控制台班数。在施工过程中，每天做详细台班记录，是否存在维修、待班的台班。如存在现场停电超过合同规定时间，应在当天同业主做好待班现场签证记录，月末将实际使用台班同控制台班的绝对数进行对比，分析量差发生的原因。对机械费价格一般采取租赁协议，合同一般在结算期内不变动，所以，控制实际用量是关键。依据现场情况做到设备合理布局，充分利用，特别是要合理安排大型设备进出场时间，以降低费用。

(4) 施工过程中水电费的管理

水电费的管理，在以往工程施工中往往被忽视。水作为人类赖以生存的宝贵资源，越来越短缺。这对加强施工过程中水电费管理的重要性不言而喻。为便于施工过程支出的控制管理，应把控制用量计算到施工子项以便于水电费用控制。月末依据完成子项所需水电用量同实际用量对比，找出差距的出处，以便制定改正措施。总之，施工过程中对水电用量控制不仅仅是一个经济效益的问题，更重要的是一个合理利用宝贵资源的问题。

(5) 对设计变更和工程签证的管理

在施工过程中，时常会遇到一些原设计未预料的实际情况或业主单位提出要求改变某些施工做法、材料代用等，引发设计变更；同样对施工图以外的内容及停水、停电，或因材料供应不及时造成停工、窝工等都需要办理工程签证。以上两部分工作，首先应由负责现场施工的技术人员做好工程量的确认，若存在工程量清单不包括的施工内容，应及时通知技术人员，将需要办理工程签证的内容落实清楚；其次工程造价人员审核变更或签证签字内容是否清楚完整、手续是否齐全，如果手续不齐全，应在当天督促施工人员补办手续，变更或签证的资料应连续编号；最后工程造价人员还应特别注意在施工方案中涉及的工程造价问题。在投标时工程量清单是依据以往的经验计价，建立在既定的施工方案基础上的。施工方案的改变便是对工程量清单造价的修正。变更或签证是工程量清单工程造价中所不包括的内容，但在施工过程中费用已经发生，工程造价人员应及时地编制变更及签证后的变动价值。加强设计变更和工程签证工作是施工企业经济活动中的一个重要组成部分，它可防止应得效益的流失，反映工程真实造价构成，对施工企业各级管理者来说更重要。

（6）对其他成本要素的管理

成本要素除工料单价法包含的以外，还有管理费用、利润、临设费、税金、保险费等。这部分收入已分散在工程量清单的子项之中，中标后已成既定的数，因而，在施工过程中应注意以下几点：

1）节约管理费用是重点，制定切实的预算指标，对每笔开支严格依据预算执行审批手续；提高管理人员的综合素质做到高效精干，提倡一专多能。对办公费用的管理，从节约一张纸、减少每次通话时间着手，精打细算，控制费用支出。

2）利润作为工程量清单子项收入的一部分，在成本不亏损的情况下，就是企业既定利润。

3）临时设施费管理的重点是依据施工的工期及现场情况合理布局临时设施。尽可能做到就地取材，工程接近竣工时及时减少临时设施的占用。对购买的彩板房每次安拆要高抬轻放，延长使用次数，日常使用及时维护易损部位，延长使用寿命。

4）对税金、保险费的管理重点应依据施工进度及时拨付工程款，确保按国家规定的税金及时上缴。

13. 工程量清单计价的基本原理和过程各是什么？

答：（1）工程量清单计价的基本原理

工程量清单计价的基本原理就是以招标人提供的工程量清单为平台，投标人根据自身的技术、财务、管理能力进行投标报价，招标人根据具体的评标细则进行优选，这种计价方式是市场定价体系的具体表现形式。

(2) 工程量清单计价的过程

工程量清单计价的过程如图 3-1 所示。

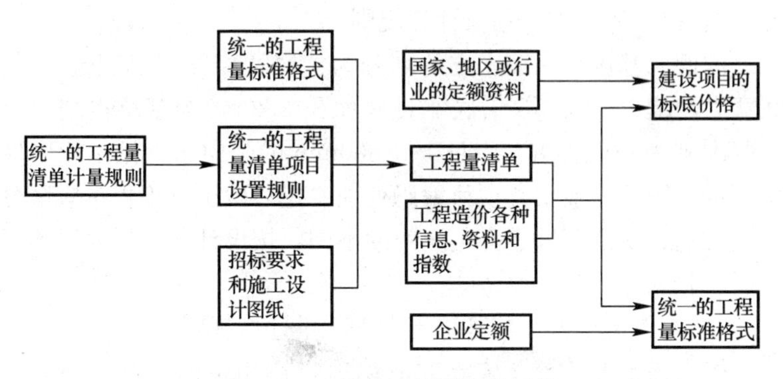

图 3-1　工程量清单计价的过程

第三节　基础工程清单计价的基本规定

1. 土方工程量和石方工程量的计算规则各有哪些内容?

答：(1) 土方工程（编码：010101）

土方工程主要包括平整场地、挖一般土方、挖沟槽土方、挖基坑土方、挖管沟土方，至于冻土开挖和挖淤泥、流砂项目，在一个建设项目中可能有也可能没有，它仅是个别现象和局部现象。

1) 平整场地工程量计算规则

平整场地是指建筑物场地厚度在±300mm 以内的挖土、填土、运土及找平，其工程量按设计图示尺寸以建筑物首层建筑面积“m^2”计算。

平整场地工程量计算应注意下列两点：

① 当实际计算中出现±300mm 以内的全部是挖方或全部是填方时，需外运土方或购土回填时，在工程量清单项目中应描述弃土运距（或弃土地点）或取土运距（或取土地点），这部分的运输量应包括在“平整场地”工程量项目的报价内。

② 如果施工组织设计规定的平整场地面积超过了按计算规

则计算的面积时，超出部分的工、料、机消耗量应包括在平整场地清单项目的报价内。

2）挖一般土方工程量计算规则

沟槽、基坑、一般土方的划分为：底宽≤7m且底长＞3倍底宽为沟槽；底长≤3倍底宽且底面积≤20m^{2}为基坑；超出上述范围则为一般土方。厚度＞±300mm的竖向布置挖土或山坡切土也应按挖一般土方项目编码列项。挖一般土方工程量应区分土壤类别、挖土深度、弃土运距的不同，按设计图示尺寸以体积"m^3"计算。

3）挖沟槽土方、挖基坑土方工程量计算规则

挖沟槽土方、挖基坑土方清单项目适用带形基础、独立基础、设备基础、满堂基础（包括地下室基础）及人工挖孔桩等的土方开挖和指定范围内的土方运输。挖沟槽土方、挖基坑土方工程量应区分土壤类别、挖土深度、弃土运距的不同，按设计图示尺寸以基础垫层底面积乘以挖土深度计算，计量单位为"m^3"。

4）管沟土方工程量计算规则

"管沟土方"是指管道沟（槽）土方的简称。该项目适用于管沟土方开挖、回填。其工程量应区分土壤类别、管外径、挖沟深度、回填要求的不同分别计算。若以"m"计量，管沟土方工程量按设计图示以管道中心线长度计算；若以"m^3"计量，则按设计图示管底垫层面积乘以挖土深度计算，无管底垫层按管外径的水平投影面积乘以挖土深度计算，不扣除各类井的长度，井的土方并入。

5）冻土开挖和挖淤泥、流砂工程量计算规则

冻土、淤泥、流砂开挖工程量仅是少数和个别现象，其计算方法与上述挖一般土方、挖沟槽土方、挖基坑土方和管沟土方开挖基本相同，这里不再详述。

（2）石方工程（编码：010102）

1）挖一般石方工程量计算规则

沟槽、基坑、一般石方的划分为：底宽≤7m且底长＞3倍

底宽为沟槽；底长≤3倍底宽且底面积≤150mm^{2}为基坑；超出上述范围则为一般石方。厚度>±300mm的竖向布置挖石或山坡凿石应按挖一般石方项目编码列项。挖一般石方工程量应区分岩石类别、开凿深度、弃碴运距的不同，按设计图示尺寸以体积“m^3”计算。

2）挖沟槽石方、挖基坑石方工程量计算规则

挖沟槽石方工程量应区分岩石类别、开凿深度、弃碴运距的不同，按设计图示尺寸沟槽底面积乘以挖石深度，以体积“m^3”计算；挖基坑石方工程量应区分岩石类别、开凿深度、弃渣运距的不同，按设计图示尺寸基坑底面积乘以挖石深度，以体积“m^3”计算。

3）挖管沟石方工程量计算规则

管沟石方是指为敷设管道而开凿沟槽的石方，其工程量应区分岩石类别、管外径、挖沟深度等的不同分别计算。分别按设计图示管道中心线长度以“延长米（m）”为单位计算。若以“m”计量，挖管沟石方工程量按设计图示以管道中心线长度计算；若以“m^3”计量，则按设计图示截面积乘以长度计算。

2. 土石方工程量计算及报价应注意哪些事项?

答：(1) 土方工程量计算及报价应注意事项

1）挖土方平均厚度应按自然地面测量标高至设计地坪标高间的平均厚度确定。基础土方开挖深度应按基础垫层底表面标高至交付施工场地标高确定。无交付施工场地标高时，应按自然地面标高确定。

2）挖土方如需截桩头时，应按桩基工程相关项目列项。

3）桩间挖土不扣除桩的体积，并在项目特征中加以描述。

4）弃、取土运距可以不描述，但应注明由投标人根据施工现场实际情况自行考虑，决定报价。

5）土壤的分类应按规范规定确定，如土壤类别不能准确划分时，招标人可注明为综合，由投标人根据地勘报告决定报价。

6）土方体积应按挖掘前的天然实体积计算。非天然密实土方应按规范规定进行折算。

7）挖沟槽、基坑、一般土方因工作面和放坡增加的工程量（管沟工作面增加的工程量）是否并入各土方工程量中，应按各省市、自治区、直辖市或行业建设主管部门的规定实施。如并入土方工程量中，办理工程结算时，按经发包人认可的施工组织设计规定计算，编制工程量清单时，可按规范规定进行。

8）挖方出现流砂、淤泥时，如设计未明确，在编制工程量清单时，其工程数量可为暂估量，结算时应根据实际情况由发包人与承包人双方现场签证确认工程量。

需要注意的事项：

① 流砂。指在坑内抽水时，坑底的土会成流动状态，随地下水涌出，这种土无承载力，边挖边冒，无法挖深，强挖会掏空邻近地基。

② 淤泥。指一种稀软状，不易成形的灰黑色、有臭味、含有半腐朽的植物遗体（占60%以上）、置于水中有动植物残体渣滓浮于水面，并常有气泡由水中冒出的泥土。

9）管沟土方项目适用于管道（给水排水、工业、电力、通信）、光（电）缆沟（包括：人孔桩、接口坑）及连接井（检查井）等。

（2）石方工程量计算及报价应注意事项

1）挖石应按自然地面测量标高至设计地坪标高的平均厚度确定。基础石方开挖深度应按基础垫层底表面标高至交付施工现场地标高确定，无交付施工场地标高时，应按自然地面标高确定。

2）弃渣运距可以不描述，但应注明由投标人根据施工现场实际情况自行考虑，决定报价。岩石的分类应按规范规定确定。

3）石方体积应按挖掘前的天然密实体积计算。非天然密实石方应按规范规定折算。

4）管沟石方项目适用于管道（给水排水、工业、电力、通信）、光（电）缆沟（包括：人孔桩、接口坑）及连接井（检查井）等。

3. 地基处理中各工序工程量计算规则有哪些内容？

答：地基处理中各工序工程量计算规则包括：

（1）换填垫层工程量计算规则

换填垫层是指挖除基础底面下一定范围内的软弱土层或不均匀土层，回填其他性能稳定、无侵蚀性、强度较高的材料，并夯压密实形成的垫层。换填垫层适用于浅层软弱土层或不均匀土层的处理，应根据建筑体型、结构特点、荷载性质、场地土质条件、施工机械设备及填料性质和来源等综合分析后，进行换填垫层设计，并选择施工方法。换填垫层工程量应根据材料种类及配比、压实系数、掺加剂品种等的不同按设计图示以体积“m^3”计算。

（2）铺设土工合成材料工程量计算规则

土工合成材料是指以聚合物为原料的材料名词的总称。土工合成材料的主要功能是反滤、排水、加筋、隔离等作用。土工合成材料可分为土工织物、土工膜、特种土工合成材料和复合型土工合成材料四大类。铺设土工合成材料工程量应按部位、品种、规格的不同分别按设计图示尺寸以面积“m^2”计算。

（3）预压地基、强夯地基、振冲密实（不填料）工程量计算规则

预压地基常用的预压方法有堆载预压法、真空预压法与真空和堆载联合预压法。堆载预压法就是对地基进行堆载，使土体中的水通过砂井或塑料排水带排出，土体孔隙比减小，使地基土固结的地基处理方法。根据排水系统的不同，堆载预压法又可以分为砂井堆载预压法、袋装砂井堆载预压法、塑料排水带堆载预压法。真空预压法是在饱和软土地基中设置竖向排水通道（砂井或塑料排水带等）和砂垫层，在其上覆盖不透气塑料薄膜或橡胶布。通过埋设于砂垫层的渗水管道与真空泵连通进行抽气，使砂

垫层和砂井中产生负压，而使软土排水固结的方法。

强夯地基就是反复将夯锤提到高处使其自由落下，给地基以冲击和振动能量，将地基土夯实的地基处理方法，属于夯实地基。强大的夯击能给地基一个冲击力，并在地基中产生冲击波，在冲击力作用下，夯锤对上部土体进行冲切，土体结构破坏，形成夯坑，并对周围土进行动力挤压。

振冲密实是利用振动和压力水使砂层液化，砂颗粒相互挤密，重新排列，孔隙减少，从而提高砂层的承载力和抗液化能力，它又称为振冲挤密砂桩法，这种桩根据砂土性质的不同，又有加填料和不加填料两种。不加填料的振冲挤密仅适用于处理黏粒含量小于10%的中、粗砂地基。

预压地基、强夯地基、振冲密实（不填料）工程量按设计图示处理范围以面积计算，即根据每个点位所代表的范围乘以点数计算。

（4）振冲桩（填料）工程量计算规则

振冲桩（填料）工程量应根据地层情况、空桩长度与桩长、桩径、填充材料种类等的不同分别计算。若以“m”计量，振冲桩（填料）工程量按设计图示尺寸以桩长计算；若以“m^3”计量，则按设计桩截面乘以桩长以体积计算。

（5）砂石桩工程量计算规则

砂石桩是指使用振动或冲击荷载在地基中成孔，再将砂石挤入土中而形成的密实砂（石）质桩体，其加固的基本原理是对原性质较差的土进行挤密和置换，达到提高地基承载力、减小沉降的目的。砂石桩工程量应根据地层情况、空桩长度及桩长、桩径、成孔方法、材料种类与级配等的不同分别计算。若以“m”计量，砂石桩工程量按设计图示尺寸以桩长（包括桩尖）计算；若以“m^3”计量，则按设计桩截面乘以桩长（包括桩尖）以体积计算。

（6）水泥粉煤灰碎石桩工程量计算规则

水泥粉煤灰碎石桩（简称CFG桩）是由水泥、粉煤灰、碎石、石屑或砂加水拌和形成的高粘度强度桩，与桩间土、褥垫层一起形成复合地基，共同承担上部结构荷载。水泥粉煤灰碎石桩适用于处理黏性土、粉土、砂土和已自重固结的素填土等地基。水泥粉煤灰碎石桩工程量应根据地层情况、空桩长度及桩长、桩径、成孔方法、混合料强度等级等不同，分别按设计图示尺寸以桩长"m"（包括桩尖）计算。

（7）深层搅拌桩工程量计算规则

深层搅拌桩复合地基是指利用水泥（或水泥系材料）为固化剂，通过特制的搅拌机械，在地基深处对原状土和水泥强制搅拌，形成水泥土圆柱体，与原地基土构成的地基。根据固化剂掺入状态的不同，分为湿法（浆液搅拌）和干法（粉体喷射搅拌）。深层搅拌桩适用于处理正常固结的淤泥与淤泥质土、粉土、饱和黄土、素填土、黏性土以及无流动地下水的饱和松散砂土等地基。当地基土的天然含水量小于30%（黄土含水量小于25%）、大于70%或地下水的pH值小于4时不宜采用干法。深层搅拌桩工程量应根据地层情况、空桩长度及桩长、桩截面尺寸、水泥强度等级与掺量等的不同分别按设计图示尺寸以桩长"m"计算。

（8）粉喷桩工程量计算规则

粉喷桩工程量应根据地层情况、空桩长度及桩长、桩径、粉体种类及掺量、水泥强度等级与石灰粉要求等的不同分别按设计图示尺寸以桩长"m"计算。

（9）夯实水泥土桩工程量计算规则

夯实水泥土桩是指利用机械成孔（挤土、不挤土）或人工成孔，然后将土与不同比例的水泥拌和，将他们夯入土中而形成的桩。夯实水泥土桩工程量应根据土层情况、空桩长度及桩长、桩径及成孔方法、水泥强度等级、配合比等的不同分别按图示尺寸以桩长"m"（包括桩尖长度）计算。

（10）高压喷射注浆桩工程量计算规则

高压喷射注浆桩是利用钻机成孔，再把带有喷嘴的注浆管伸进至土体预定深度后，用高压设备以 20～40MPa 高压把混合浆液或水从喷嘴中以很高的速度喷射出来，土颗粒在喷射流的作用下（冲击力、离心力、重力），与浆液搅拌混合，待浆液凝固后，便在土中形成一个固结体，与原地基土构成新的地基。高压喷射注浆桩工程量应根据地层情况、空桩长度及桩长、桩截面、注浆类型与方法、水泥强度等级等的不同分别按设计图示尺寸以桩长“m”计算。

（11）石灰桩工程量计算规则

石灰桩的主要作用机理是通过生石灰的吸水膨胀挤密桩周土，继而通过离子交换和胶凝反应使桩间土强度提高，同时桩身生石灰与活性掺合料经过水化、胶凝反应，使桩身具有 0.3～1.0MPa 的抗压强度。由于生石灰的吸水膨胀作用，特别适用于新填土和淤泥的加固，生石灰吸水后还可使淤泥产生自重固结，形成强度后的密集的石灰桩身与经加固的桩间土结合为一体，使桩间土欠固结状态消失。石灰桩法适用于处理饱和黏性土、淤泥、淤泥质土、素填土和杂填土等地基；用于地下水位以上的土层时，宜增加掺合料的含水量并减少生石灰用量，或采取土层浸水等措施。石灰桩工程量应根据地层情况、空桩长度及桩长、桩径、成孔方法、掺合料种类与配合比等的不同分别按设计图示尺寸以桩长“m”（包括桩尖）计算。

（12）灰土（土）挤密桩工程量计算规则

灰土（土）挤密桩是通过成孔过程的横向挤压作用，桩孔内的土被挤向周围，使桩周土得以密实，然后将准备好的灰土或素土（黏土）分层填入桩孔内，并分层捣实至设计标高。用灰土分层夯实的桩体，称为灰土挤密桩；用素土夯实的桩体称为土挤密桩。灰土（土）挤密桩复合地基适用于处理地下水位以上的湿陷性黄土、素填土和杂填土等地基，可处理地基的深度为 5～15m。当以消除地基土的湿陷性为主要目的时，宜选用土挤密桩法。当以提高地基土的承载力或增强其水稳性为主要目的时，宜选用灰土挤密桩法。灰土（土）挤密桩工程量应根据地层情况、空桩长度及桩长、桩径、成孔方法、灰土级配等的不同分别按设计图示尺寸以桩长“m”（包括桩尖）计算。

（13）柱锤冲扩桩工程量计算规则

柱锤冲扩桩地基是利用直径300～500mm、长2～6m圆柱形重锤冲击成孔，再向孔内添加填料（碎砖三合土、级配砂石、矿渣、灰土、水泥混合土等）并夯实制成桩体，与原地基土构成的地基。柱锤冲扩桩复合地基适用于处理地下水位以上的杂填土、粉土、黏性土、素填土和黄土等地基，对地下水位以下饱和松软土层，应通过现场试验确定其适用性。地基处理深度不宜超过10m，复合地基承载力特征值不宜超过160kPa。柱锤冲扩桩工程量应根据地层情况、空桩长度及桩长、桩径、成孔方法、桩体材料种类与配合比等的不同分别按设计图示尺寸以桩长“m”计算。

（14）注浆地基工程量计算规则

注浆地基是将水泥浆或其他化学浆液注入地基土层中，增强土颗粒间的联结，使土体强度提高、变形减少、渗透性降低的地基处理方法。注浆地基适用于建筑地基的局部加固处理，适用于砂土、粉土、黏性土和人工填土等地基加固。注浆地基工程量应根据地层情况、空钻深度及注浆深度、注浆间距、浆液种类及配比、注浆方法、水泥强度等级等的不同分别计算。若以“m”计量，注浆地基工程量按设计图示尺寸以钻孔深度计算；若以“m^3”计量，则按设计图示尺寸以加固体积计算。

（15）褥垫层工程量计算规则

褥垫层工程量应根据褥垫层厚度、材料品种及比例的不同分别计算。若以“m^2”计量，褥垫层工程量按设计图示尺寸以铺设面积计算；若以“m^3”计量，则按设计图示尺寸以体积计算。

4. 基坑与边坡支护工程量计算规则有哪些内容？

答：（1）地下连续墙工程量计算规则

地下连续墙是指在所定位置利用专用的挖槽机械和泥浆（又

叫稳定液、触变泥浆等）护壁，开挖出一定长度（一般为4～6m，叫单元槽段）的深槽后，插入钢筋笼，并在充满泥浆的深槽中用导管法浇筑混凝土（混凝土浇筑从槽底开始，逐渐向上，泥浆也就被它置换出来），最后把这些槽段用特制的接头相互连接起来形成一道连续的现浇地下墙。地下连续墙项目适用于各种导墙施工的复合型地下连续墙工程。地下连续墙工程量应根据地层情况、导墙类型与截面、墙体厚度、成槽深度、混凝土种类与强度等级、接头形式等的不同分别按设计图示墙的中心线长度乘以厚度乘以槽深，以体积“m^3”为单位计算。

（2）基坑支护桩工程量计算规则

当拟开挖深基坑临边净距离内有建筑物、构筑物、管、线、缆或其他荷载，无法放坡的情况，且坑底下有可靠结实的土层作为桩尖端嵌固点时，可使用基坑支护桩支护。基坑支护桩具有保证临边的建筑物、构筑物、管、线、缆的安全；在基坑开挖过程中及基坑的使用期间，维持临空的土体稳定，以保证施工安全的作用。基坑支护桩主要有咬合灌注桩、圆木桩、预制钢筋混凝土板桩、型钢桩、钢板桩等。

咬合灌注桩是采用机械钻孔施工，桩与桩之间相互咬合排列的一种基坑围护结构。咬合灌注桩工程量应根据地层情况、桩长、桩径、混凝土种类及强度等级、部位等的不同分别计算。若以“m”计量，咬合灌注桩工程量按设计图示尺寸以桩长计算；若以根计量，则按设计图示数量计算。

圆木桩工程量应根据地层情况、桩长、材质、尾径、桩倾斜度等的不同分别计算。若以“m”计量，圆木桩工程量按设计图示尺寸以桩长（包括桩尖）计算；若以“根”计量，则按设计图示数量计算。

预制钢筋混凝土板桩工程量应根据地层情况、送桩深度及桩长、桩截面、沉桩方法、连接方式、混凝土强度等级等的不同分别计算。预制钢筋混凝土板桩工程量按设计图示尺寸以桩长（包括桩尖）计算；若以“根”计量，则按设计图示数量计算。

型钢桩是利用三轴搅拌桩钻机在原地层中切削土体，同时，钻机前端低压注入水泥浆液，与切碎土体充分搅拌形成隔水性较高的水泥土柱列式挡墙，在水泥土浆液尚未硬化前插入型钢的一种地下工程施工技术。型钢桩工程量应根据地层情况或部位、送桩深度及桩长、规格型号、桩倾斜度、防护材料种类、是否拔出等的不同分别计算。若以“t”计量，型钢桩工程量按设计图示尺寸以质量计算；若以“根”计量，则按设计图示数量计算。

钢板桩是带锁口或钳口的热轧型钢，钢板桩靠锁口或钳口连接咬合，形成连续的钢板桩墙，用来挡土或挡水。钢板桩断面形式很多，常用的钢板桩有U形或Z形。钢板桩工程量应根据地层情况、桩长、板桩厚度等的不同分别计算。若以“t”计量，钢板桩工程量按设计图示尺寸以质量计算；若以“m^2”计量，则按设计图示墙中心线长乘以桩长以面积计算。

（3）锚（锚索）工程量计算规则

锚杆支护是在边坡、岩土深基坑等地表工程及隧道、采场等地下硐室施工中采用的一种加固支护方式。用金属件、木件、聚合物件或其他材料制成杆柱，打入地表岩体或硐室周围岩体预先钻好的孔中，利用其头部、杆体的特殊构造和尾部托板（亦可不用），或依赖于粘结作用将围岩与稳定岩体结合在一起而产生悬吊效果、组合梁效果、补强效果，以达到支护的目的。锚杆支护具有成本低、支护效果好、操作简便、使用灵活、占用施工净空少等优点。锚杆支护项目适用于岩石高削坡混凝土支护挡墙和风化岩石混凝土、砂浆护坡等。锚杆支护工程量应根据地层情况、锚杆（索）类型与部位、钻孔深度、钻孔直径、杆体材料品种规格与数量、预应力、浆液种类与强度等级等的不同分别计算。若以“m”计量，锚杆（锚索）工程量按设计图示尺寸以钻孔深度计算；若以“根”计量，则按设计图示数量计算。

计算锚杆（锚索）工程量时，应注意下列两点：

1）钻孔、布筋、锚杆安装、灌浆、张拉等搭设的脚手架，应列入措施项目费用内。

2）锚杆土钉应按“混凝土及钢筋混凝土工程”相关项目编码列项。

（4）土钉工程量计算规则

土钉支护是指在开挖边坡表面铺钢筋网喷射细石混凝土，并每隔一定距离埋设土钉，使与边坡土体形成复合体，共同工作，从而有效提高边坡稳定的能力，增强土体破坏的岩性，变土体荷载为支护结构的一部分，对土体起到嵌固作用，对土坡进行加固，增加边坡支护锚固力，使基坑开挖后保持稳定。土钉支护项目适用于土层的锚固，其工程量应按照地层情况、钻孔深度、钻孔直径、置入方法、杆体材料品种规格与数量、浆液种类与强度等级等的不同分别计算。若以“m”计量，土钉支护工程量按设计图示尺寸以钻孔深度计算；若以“根”计量，则按设计图示数量计算。

土钉支护项目工程量计算的注意事项与“锚杆支护”项目相同，此处不再重述。

（5）喷射混凝土、水泥砂浆工程量计算规则

喷射混凝土、水泥砂浆工程量应根据部位、厚度、材料种类、混凝土（砂浆）类别与强度等级等的不同分别按设计图示尺寸以面积“m^2”计算。

（6）基坑支撑工程量计算规则

基坑支撑系统是增大围护结构刚度，改善围护结构受力条件，确保基坑安全和稳定性的构件。目前，支撑体系主要有钢支撑和混凝土支撑。支撑系统主要由围檩、支撑和立柱组成。根据基坑的平面形状、开挖面积及开挖深度等，内支撑可分为有围檩和无围檩两种。对于圆形围护结构的基坑，可采用内衬墙和围檩两种方式而不设置内支撑。

钢筋混凝土支撑工程量应根据部位、混凝土种类、混凝土强度等级等的不同分别按设计图示尺寸以体积“m^3”计算。

钢支撑工程量应根据部位、钢材品种与规格、探伤要求等的不同分别按设计图示尺寸以质量计算。不扣除孔眼质量，焊条、铆钉、螺栓等不另增加质量。

5. 地基处理工程量计算及报价应注意的事项有哪些？

答：(1) 地层情况按规范规定确定，并根据岩土工程勘察报告按单位工程各地层所占比例（包括范围值）进行描述。对无法准确描述的地层情况，可注明由投标人根据岩土工程勘察报告自行决定报价。为避免描述内容与实际地质情况有差异而造成重复组价，可采用以下方法处理：

1）描述各类土石的比例及范围值。

2）分不同土石类别分别列项。

3）直接描述“详勘察报告”。

(2) 项目特征中的桩长应包括桩尖，空桩长度＝孔深－桩长，孔深为自然地面至设计桩底的深度。

(3) 为避免“空桩长度、桩长”的描述引起重新组价，可采用以下方法处理：

1）描述“空桩长度、桩长”的范围值，或描述空桩长度、桩长所占比例及范围值。

2）空桩部分单独列项。

(4) 高压喷射注浆类型包括旋喷、摆喷、定喷，高压喷射注浆方法包括单管法、双重管法、三重管法。

(5) 如采用泥浆护壁成孔，工作内容包括：土方、废泥浆外运；如采用沉管灌注成孔，工作内容包括桩尖制作、安装。

6. 基坑与边坡支护工程量计算及报价应注意的事项有哪些？

答：(1) 地层情况按规范规定确定，并根据岩土工程勘察报告按单位工程各地层所占比例（包括范围值）进行描述。对无法准确描述的地层情况，可注明由投标人根据岩土工程勘察报告自行决定报价。为避免描述内容与实际地质情况有差异而造成重复组价，可采用以下方法处理：

1）描述各类土石的比例及范围值。

2）分不同土石类别分别列项。

3）直接描述“详勘察报告”。

（2）土钉置入方法包括钻孔置入、打入或射入等。

（3）混凝土种类：指清水混凝土、彩色混凝土等，如在同一地区既使用预拌（商品）混凝土，又允许现场搅拌混凝土时，应注明。

地下连续墙和喷射混凝土（砂浆）的钢筋网、咬合灌注桩的钢筋笼及钢筋混凝土支撑的钢筋制作、安装，按《房屋建筑与装饰工程工程量计算规范》GB 50854—2013 附录 E 中相关项目列项。水泥土墙、坑内加固按地基处理相关项目列项。砖、石挡土墙、护坡按《房屋建筑与装饰工程工程量计算规范》GB 50854—2013 附录 D 中相关项目列项。混凝土挡土墙按《房屋建筑与装饰工程工程量计算规范》GB 50854—2013 附录 E 中相关项目列项。

7. 打桩工程量的计算规则有哪些?

答：（1）预制钢筋混凝土桩工程量计算规则

预制钢筋混凝土桩包括预制钢筋混凝土方桩、管桩等。其工程量应根据预制钢筋混凝土桩类别的不同，分别按下列规则进行计算：

1）以“m”计量，按设计图示尺寸以桩长（包括桩尖）计算。

2）以“m^3”计量，按设计图示截面面积乘以桩长（包括桩尖）以实体积计算。

3）以“根”计量，按设计图示数量计算。

计算打（压）桩基础工程量时应注意以下几点：

1）当设计规定打（压）试桩时，试桩应按“预制钢筋混凝土方桩”或“预制钢筋混凝土管桩”项目编码单独列项。

2）试桩与打（压）桩之间间歇时间，机械现场的停滞，应包括在打（压）试桩报价内。

3）预制桩刷防护材料应包括在报价内。

所谓“送桩”是指在打（压）预制钢筋混凝土桩工程中，有时设计要将桩顶端打（压）到低于桩机架操作平台以下，或由于某种原因，需要将桩顶端打（压）入自然地坪以下，这时桩锤就不能触击到桩顶头，因此，需要另用一根如同铁路枕木断面大小的“冲桩”接到该桩顶面以传递桩锤的锤击力，将桩的顶端打（压）到设计要求的深度，然后去掉冲桩的过程。

（2）钢管桩工程量计算规则

钢管桩一般用普通碳素钢，抗拉强度为402MPa，屈服强度为235.2MPa，或按设计选用。按加工工艺区分，钢管桩有螺旋缝钢管和直缝钢管两种。钢管桩工程量应根据地层情况、送桩深度与桩长、材质、管径与壁厚、桩倾斜度、沉桩方法、填充材料种类、防护材料种类等的不同按下列规则分别计算：

1）以“t”计量，按设计图示尺寸以质量计。

2）以“根”计量，按设计图示数量计算。

（3）截（凿）桩头工程量计算规则

截（凿）桩头工程量应根据桩类型、桩头截面及高度、混凝土强度等级、有无钢筋等的不同按下列规则分别计算：

1）以“m^3”计量，按设计桩截面乘以桩头长度以体积计算。

2）以“根”计量，按设计图示数量计算。

8. 灌注桩工程量的计算规则有哪些？

答：（1）泥浆护壁成孔灌注桩工程量计算规则

泥浆护壁成孔灌注桩工程量应根据地层情况、空桩长度及桩长、桩径、成孔方法、护筒类型与长度、混凝土种类与强度等级等的不同按下列规则分别计算：

1）以“m”计量，按设计图示尺寸以桩长（包括桩尖）计算。

2）以“m^3”计量，按不同截面在桩上范围内以体积计算。

3）以“根”计量，按设计图示数量计算。

(2) 沉管灌注桩工程量计算规则

沉管灌注桩又称套管成孔灌注桩，是国内广泛采用的一种灌注桩。按其成孔方法可分为锤击沉管灌注桩、振动沉管灌注桩和振动冲击沉管灌注桩。沉管灌注桩宜用于黏性土、粉土和砂土。沉管灌注桩工程量应根据地层情况、空桩长度及桩长、复打长度、桩径、沉管方法、桩尖类型、混凝土种类与强度等级等的不同分别计算。其工程量计算规则同上述“泥浆护壁成孔灌注桩”。

(3) 干作业成孔灌注桩工程量计算规则

干作业成孔灌注桩工程量应根据地层情况、空桩长度及桩长、桩径、扩孔直径与高度、成孔方法、混凝土种类与强度等级等的不同分别计算。其工程量计算规则同上述“泥浆护壁成孔灌注桩”。

(4) 挖孔桩土（石）方工程量计算规则

挖孔桩土（石）方工程量应根据地层情况、挖孔深度、弃土（石）运距等的不同分别按设计图示尺寸（含护壁）截面积乘以挖孔深度，以“m^3”计算。

(5) 人工挖孔灌注桩工程量计算规则

人工挖孔灌注桩是指在桩位采用人工挖掘方法成孔（或端部扩大），然后安放钢筋笼、灌注混凝土而成的桩。人工挖孔灌注桩宜用于地下水位以上的黏性土、粉土、填土、中等密实以上的砂土、风化岩层，也可在黄土、膨胀土和冻土中使用，适应性较强。人工挖孔灌注桩工程量应根据桩芯长度、桩芯直径、扩底直径、扩底高度、护壁厚度与高度、护壁混凝土种类与强度等级、桩芯混凝土种类与强度等级等的不同按下列规则分别计算：

1) 以“m^3”计量，按桩芯混凝土计算。

2) 以“根”计量，按设计图示数量计算。

为了保证安全、防止人工挖孔土壁坍塌，在施工过程中所采用的砖砌护壁、预制混凝土护壁、现浇钢筋混凝土护壁、钢模周转护壁、竹笼护壁等，其制作、安装工程量不包括在人工挖孔工程量内，对于这部分的工、料价值应包括在人工挖孔灌注桩项目的报价内。

（6）钻孔压浆桩工程量计算规则

钻孔压浆桩工程量应根据地层情况、空钻长度及桩长、钻孔直径、水泥强度等级等的不同按下列规则分别计算：

1）以“m”计量，按设计图示尺寸以桩长计算。

2）以“根”计量，按设计图示数量计算。

（7）灌注桩后压浆工程量计算规则

灌注桩后压浆工法可用于各类钻、挖、冲孔灌注桩及地下连续墙的沉渣（虚土）、泥皮和桩底、桩侧一定范围土体的加固。灌注桩后压浆工程量应根据注浆导管材料与规格、注浆导管长度、单孔注浆量、水泥强度等级等的不同分别按设计图示以注浆孔数计算。

（8）混凝土灌注桩钢筋笼骨工程量计算规则

混凝土灌注桩钢筋笼骨制作、安装，按《房屋建筑与装饰工程工程量计算规范》GB 50854—2013 附录 E15“钢筋工程”中相关项目编码列项。其工程量按设计图示钢筋长度乘以理论质量计算。

9. 桩基工程量计算及报价应注意哪些事项？

答：（1）打桩工程量计算及报价应注意事项

1）地层情况按规范的规定确定，并根据岩土工程勘察报告按单位工程各地层所占比例（包括范围值）进行描述。对无法准确描述的地层情况，可注明由投标人根据岩土工程勘察报告自行决定报价。为避免描述内容与实际地质情况有差异而造成重复组价，可采用以下方法处理：

① 描述各类土石的比例及范围值。

② 按不同土石类别分别列项。

③ 直接描述“详勘察报告”。

2）项目特征中的桩截面、混凝土强度等级、桩类型等可直接用标准图代号或设计桩型进行描述。

3）预制钢筋混凝土方桩、预制钢筋混凝土管桩项目以成品桩编制，应包括成品桩购置费，如果用现场预制，应包括现场预制桩的所有费用。

4）打试验桩和打斜桩应按相应项目单独列项，并应在项目特征中注明试验桩或斜桩（斜率）。

5）截（凿）桩头项目适用于为规范中所列桩的桩头截（凿）。

6）预制钢筋混凝土管桩桩顶与承台的连接构造按《房屋建筑与装饰工程工程量计算规范》GB 50854—2013 附录 C 相关项目列项。

（2）灌注桩工程量计算及报价应注意事项

1）地层情况按规范的规定，并根据岩土工程勘察报告按单位工程各地层所占比例（包括范围值）进行描述。对无法准确描述的地层情况，可注明由投标人根据岩土工程勘察报告自行决定报价。为避免描述内容与实际地质情况有差异而造成重复组价，可采用以下方法处理：

① 描述各类土石的比例及范围值。

② 分不同土石类别分别列项。

③ 直接描述“详勘察报告”。

2）项目特征中的桩长应包括桩尖，空桩长度=孔深－桩长，孔深为自然地面至设计桩底的深度。

3）为避免“空桩长度、桩长”的描述引起重新组价，可采用以下方法处理：

① 描述“空桩长度、桩长”的范围值，或描述空桩长度、桩长所占比例及范围值。

② 空桩部分单独列项。

4）项目特征中的桩截面（桩径、混凝土强度等级、桩类型等可直接用标准图代号或设计桩型进行描述。

5）泥浆护壁成孔灌注桩是指在泥浆护壁条件下成孔，采用水下灌注混凝土的桩。其成孔方法包括冲击钻成孔、冲抓锥成孔、回旋钻成孔、潜水钻成孔、泥浆护壁的旋挖成孔等。

6）沉管灌注桩的沉管方法包括锤击沉管法、振动沉管法、振动冲击沉管法、内夯沉管法等。

7）干作业成孔灌注桩是指不用泥浆护壁和套管护壁的情况下，用钻机成孔后，下钢筋笼，灌注混凝土的桩，适用于地下水位以上的土层使用。其成孔方法包括螺旋钻成孔、螺旋钻成孔扩底，干作业的旋挖成孔等。

8）混凝土种类：彩色混凝土、水下混凝土等，如在同一地区既使用预拌混凝土（商品混凝土），又允许现场搅拌混凝土时，应注明。

10. 砖基础工程量计算规则有哪些？

答：砖基础工程量计算规则如下：

砖基础项目适用于各种类型的砖基础，即：柱基础、墙基础、烟囱基础、水塔基础、管道基础等。砖基础与砖墙（身）划分应以设计室内地面为界（有地下室的按地下室室内设计地坪为界），以下为基础，以上为墙（柱）身。基础与墙身使用不同材料，位于设计室内地面高度≤300mm 时以不同材料为界，高度＞3000mm时，以设计室内地面为界。砖围墙应以设计室外地坪为界，以下为基础，以上为墙身。

砖基础工程量应根据砖品种规格及强度等级、基础类型、砂浆强度等级、防潮层材料种类等的不同按设计图示尺寸以体积"m^3"计算。其中基础长度外墙按中心线，内墙按净长线计算。应扣除地梁（圈梁）、构造柱所占体积；扣除基础大放脚丁形接头处的重叠部分及嵌入基础内的钢筋、铁件、管道、基础砂浆防潮层和单个面积≤0.3m^2 的孔洞所占体积，靠墙暖气沟的挑檐不增加，附墙垛基础宽出部分体积应并入基础工程量内。带形砖基础工程量的计算方法可用计算式表示如下：

带形砖基础体积（m^3）＝基础断面面积×基础长度

其中　基础断面面积（m^2）＝基础高度（设计图示高度＋大放脚折加高度）×基础宽度

基础长度：外墙基础中心线长度（m）＝外墙基础外边线－

外墙基础厚度×4

内墙基础净长线长度（m）＝内墙基础中心线－外墙基础厚度

第四节　主体结构工程量清单计价的基本规定

1. 砖墙的工程量计算规则有哪些?

答：(1) 基本规定。

砖墙的工程量按设计图示尺寸以体积“m^3”计算。应扣除门窗、洞口、嵌入墙内的钢筋混凝土柱、梁、圈梁、挑梁、过梁及凹进墙内的壁龛、管槽、暖气槽、消防栓箱所占的体积。不扣除梁头、板头、檩头、垫木、木楞头、沿椽木、木砖、门窗走头、砖墙内加固钢筋、木筋、铁件、钢管及单个面积≤0.3m^2的孔洞所占的体积。凸出墙面的腰线、挑檐、压顶、窗台线、虎头砖、门窗套的体积亦不增加。凸出墙面的砖垛并入墙体体积内计算。

(2) 砖墙长度、高度的计算。

1) 墙长度。外墙按中心线，内墙按净长线计算。

2) 外墙高度。斜（坡）屋面无檐口天棚者算至屋面板板底；有屋架，且室内外均有天棚者算至屋架下弦底另加 200mm；无天棚者算至屋架下弦底加 300mm，出槽宽度超过 600mm 时应按实砌高度计算；平屋面算至钢筋混凝土板底。

(3) 内墙高度。位于屋架下弦者，算至屋架下弦底；无屋架者算至天棚底另加 100mm；有钢筋混凝土楼板隔层者算至楼板顶；有屋架梁时算至梁底。

(4) 女儿墙高度。从屋面板上表面算至女儿墙顶面（如有混凝土压顶时算至压顶下表面）。

(5) 内、外山墙高度。按其平均高度计算。

(6) 框架间墙。不分内外墙按墙体净尺寸以体积计算。

(7) 围墙高度。算至压顶上表面（如有混凝土压顶时算至压顶下表面)，为墙柱并入围墙体积内。

(8) 砖墙的工程量计算及编制清单时的注意事项。

1) 墙体的类型、砌筑砂浆的强度等级及配合比，不同的砖的品种规格及强度等级等，应在工程量清单项目中一一描述。

2) 不论三皮砖以下还是三皮砖以上的腰线、挑檐凸出墙面部分均不计算其体积。

3) 女儿墙的砖压顶、围墙的砖压顶凸出墙面部分不计算其体积。

4) 墙内砖平碹、砖拱碹、砖过梁的体积不扣除，应包括在报价内。

2. 砌块墙的工程量计算规则有哪些?

答：(1) 砌块墙工程量计算规则

砌块墙项目适用于各种规格的砌块砌筑的各种类型的墙体。砌块墙工程量计算规则与实心砖墙计算规则完全一样，即工程量按设计图示尺寸以体积计算。应扣除门窗、洞口、嵌入墙内的钢筋混凝土柱、梁、圈梁、挑梁、过梁及凹进墙内的壁龛、管槽、暖气槽、消火栓箱所占体积，不扣除梁头、板头、檩头、垫木、木楞头、沿椽木，木砖、门窗走头、砖墙内加固钢筋、木筋、铁件、钢管及单个面积≤0.3m^2 的孔洞所占体积。凸出墙面的腰线、挑檐、压顶、窗台线、虎头砖、门窗套的体积亦不增加。凸出墙面的砖垛并入墙体体积内计算。砖墙工程量的计量单位为"m^3"。其中砖墙的长度、高度应按以下规定计算：

1) 墙长度：外墙按中心线，内墙按净长计算。

2) 墙高度：

① 外墙：斜(坡)屋面无檐口天棚者算至屋面板底；有屋架且室内外均有天棚者算至屋架下弦底另加 200mm；无天棚者算至屋架下弦底加 300mm；出檐宽度超过 600mm 时应按实砌高度计算；与钢筋混凝土楼板隔层者算至板顶；平屋面算至钢筋混凝土板底。

② 内墙：位于屋架下弦者，算至屋架下弦底；无屋架者算至天棚底另加 100mm；有钢筋混凝土楼板隔层者算至楼板顶；有框架梁时算至梁底。

③ 女儿墙：从屋面板上表面算至女儿墙顶面（如有混凝土压顶时算至压顶下表面）。

④ 内、外山墙：按其平均高度计算。

3）框架间墙：不分内外墙按墙体净尺寸以体积计算。

4）围墙高度：算至压顶上表面（如有混凝土压顶时算至压顶下表面），围墙柱并入围墙体积内。

（2）砌块柱工程量计算规则

砌块柱项目适用于矩形柱、方柱、异形柱、圆柱、包柱等各种类型柱。砌块柱工程量计算规则与实心砖柱工程量计算规则完全一样，即按设计图示尺寸以体积计算，扣除混凝土及钢筋混凝土梁垫、梁头、板头所占体积，以“m^3”为计量单位。

3. 砌筑工程量计算及报价应注意哪些事项?

答：（1）砖砌体工程量计算及报价应注意事项

1）框架外表面的镶贴砖部分，按零星项目编码列项。

2）附墙烟囱、通风道、垃圾道应按设计图示尺寸以体积（扣除孔洞所占体积）计算并入所依附的墙体体积内。当设计规定孔洞内需抹灰时，应按《房屋建筑与装饰工程工程量计算规范》GB 50854—2013 附录 M 中相关项目编码列项。

3）砖砌体内钢筋加固，应按《房屋建筑与装饰工程工程量计算规范》GB 50854—2013 附录 E 中相关项目编码列项。

4）砖砌体勾缝按《房屋建筑与装饰工程工程量计算规范》GB 50854—2013 附录 M 中相关项目编码列项。

5）如施工图设计标注做法见标准图集时，应在项目特征描述中注明标注图集的编码、页号及节点大样。

（2）砌块砌体工程量计算及报价应注意事项

1）砌体内加筋、墙体拉结的制作、安装，应按《房屋建筑与装饰工程工程量计算规范》GB 50854—2013附录E中相关项目编码列项。

2）砌块排列应上、下错缝搭砌，如果搭错缝长度满足不了规定的压搭要求，应采取压砌钢筋网片的措施，具体构造要求按设计规定。若设计无规定时，应注明由投标人根据工程实际情况自行考虑；钢筋网片按《房屋建筑与装饰工程工程量计算规范》GB 50854—2013附录F中相应编码列项。

3）砌体垂直灰缝宽>30mm时，采用C20细石混凝土灌实。灌注的混凝土应按《房屋建筑与装饰工程工程量计算规范》GB 50854—2013附录E中相关项目编码列项。

（3）石砌体工程量计算及报价应注意事项

1）石基础、石勒脚、石墙的划分：基础与勒脚应以设计室外地坪为界。勒脚与墙身应以设计室内地面为界。石围墙内外地坪标高不同时，应以较低地坪标高为界，以下为基础；内外标高之差为挡土墙时，挡土墙以上为墙身。

2）如施工图设计标注做法见标准图集时，应在项目特征描述中注明标注图集的编码、页号及节点大样。

4. 现浇混凝土基础、柱、梁、墙、板、楼梯工程量的计算规则各是什么？

答：（1）现浇混凝土基础

现浇混凝土基础工程分为垫层、带型基础、独立基础、满堂基础、桩承台基础、设备基础等六个项目。其中，垫层项目适用于基础现浇混凝土垫层；带型基础项目适用于各种带型基础，墙下的板式基础、无筋倒圆台基础、壳体基础、电梯井基础；满堂基础适用于地下室的箱型基础、筏板式基础等；承台基础项目适用于建筑在组桩上的承台；设备基础项目适用于设备的块体基础、框架基础等。现浇混凝土基础工程量区分不同特征按设计尺寸以体积“m^3”计算，不扣除伸入承台基础的桩头所占体积。

(2) 现浇混凝土柱

现浇混凝土柱的工程量按设计图示尺寸以体积“m^3”计算。其中柱的高度按以下规定计算：

1）有梁板柱高，应自基上表面（或楼板上表面）至上一层楼板上表面之间的高度计算。

2）无梁板的柱高，应自柱基上表面（或楼板上表面）至柱帽下表面之间的高度计算。

3）框架柱的柱高，应自柱基上表面至柱顶高度计算。

4）构造柱按全高计算，嵌接墙部分（马牙槎）并入柱身体积。

5）依附柱上的牛腿和升板的柱帽，并入柱身体积计算。

(3) 现浇混凝土梁

现浇混凝土梁的混凝土工程量计算均按设计图示尺寸以体积“m^3”计算，伸入墙内的梁头、梁垫并入梁体积内。其中梁长按以下规定计算：

1）梁与柱连接时，梁长算至柱侧面。

2）主梁与次梁连接时，次梁长算至主梁侧面。

设计工作中现浇混凝土梁的工程量计算只要对梁的长度与根数确定后，通过体积计算公式就可计算完成。

(4) 现浇混凝土墙

现浇混凝土墙包括直形墙、弧形墙、短肢剪力墙、挡土墙四个项目。直形墙和弧形墙项目同时也适用于电梯井。短肢剪力墙是指截面厚度大于300mm、各肢截面高度与厚度之比的最大值大于4但不大于8的剪力墙，各肢墙截面高度与厚度之比的最大值不大于4的剪力墙按柱项目列项。现浇混凝土工程量计算按设计图示尺寸以“m^3”计算，扣除门窗洞口及面积>0.3m^2孔洞所占的体积，墙垛及突出前面部分并入墙体体积内计算。工程量计算中，当薄壁柱与墙相连时，应按墙项目编码列项。

(5) 现浇混凝土板

现浇混凝土板中的有梁板、无梁板、平板、拱板、薄壳板、栏板工程量按设计图示尺寸以体积“m^3”计算，不扣除单个面积≤0.3m^2的柱、垛以及孔洞所占面积，压型钢板混凝土楼板扣除构件内压型钢板所占体积。有梁板（包括主、次梁与板）按梁、板体积之和计算，薄壳板的肋、基梁并入薄壳体积内计算。雨篷、悬挑板及阳台板工程量按设计图示尺寸以墙外部分体积“m^3”计算，包括伸出墙外的牛腿和雨篷反挑檐的体积。天沟板（檐沟）及挑檐板、其他板工程量按设计图示尺寸以体积“m^3”计算。空心板工程量计算图示尺寸以体积“m^3”计算，空心板应扣除空心部分体积。

（6）现浇楼梯

现浇楼梯工程量可按下列规则进行计算：

1）以“m^2”计量，按设计图示尺寸以水平投影面积计算。不扣除宽度≤500mm的楼梯井，伸入墙内部分不计算。

2）以“m^3”计量，按设计图示尺寸以体积计算。

工程量计算中，单跑楼梯的工程量计算与直形楼梯、弧形楼梯的工程量计算相同，单跑楼梯如无中间休息平台，在工程量清单中应进行描述。

（7）现浇混凝土其他构件

现浇混凝土其他构件包括散水及坡道、室外地坪、电缆沟及地沟、台阶、扶手及压顶、化粪池及检查井、其他构件七个项目。其中散水及坡道、室外地坪工程量按设计图示尺寸以水平投影面积“m^2”计算。台阶工程量若以“m^2”计量，则按设计图示尺寸水平投影面积计算；若以“m^3”计量，则按设计图示尺寸以体积计算。扶手及压顶工程量若以“m”计量，则按设计图示的中心线以延长米计算；若以“m^3”计量，则按设计图示尺寸以体积计算。化粪池及检查井、其他构件工程量按设计图示尺寸以体积“m^3”计算；若以座计量，则按设计图示数量计算。

当电缆沟、地沟、散水、坡道需抹灰时，应包括在报价内。

（8）后浇带

后浇带适用于梁、墙、板的后浇带。其工程量按图示尺寸以体积“m^3”计算。

5. 预制混凝土工程量的计算规则包括哪些内容？

答：(1) 预制混凝土柱

预制混凝土柱工程量可按以下两种方式计算：

1) 以“m^3”计量，按设计图示尺寸以体积计算。

2) 以根计量，按设计尺寸以数量计算。

(2) 预制混凝土梁

工程量以“m^3”计量，则按设计图示尺寸以体积计算；若以根计量，则按设计图示尺寸以数量计算。

(3) 预制混凝土屋架

若工程量以“m^3”计量，按设计图示尺寸以体积计算；若以榀计算，则按设计图示尺寸以数量计算。

(4) 预制混凝土板

预制混凝土平板、空心板、槽形板、网架板、折线板、带肋板、大型板工程量若以“m^3”计量，则按设计图示尺寸以数量计算，不扣除单个面积小于 300mm×300mm 的孔洞所占体积，扣除空心板孔洞体积；若以块计量，则按设计图示尺寸以数量计算；预制混凝土沟盖板、井盖板、井圈工程量若以“m^3”计量，则按设计图示尺寸以体积计算；若以块计量，则按设计图示尺寸以数量计算。

(5) 预制混凝土楼梯

预制混凝土楼梯工程量若以“m^3”计量，则按设计图示尺寸以体积计算，扣除空心踏步板空洞体积，若以段计量，则按设计图示尺寸以数量计算。

(6) 其他预制构件

垃圾道、通风道、烟道、其他预制构件工程量若以“m^3”计量，则按设计图示尺寸以体积计算，不扣除单个面积小于 300mm×300mm 的孔洞所占体积，扣除垃圾道、通风道、烟道孔洞所占体积；若以“m^2”计量，则按图示尺寸以面积计算，不扣除单个面积小于300mm×300mm的孔洞所占体积，若以根计量，则按设计图示尺寸以数量计算。

6. 钢筋工程量计算规则包括哪些内容？

答：（1）现浇构件、预制构件、钢筋网片、钢筋笼。它们的工程量按设计图示钢筋（网）长度（面积）乘单位理论重量计算。

（2）先张法预应力钢筋。按图示钢筋长度乘以理论质量计算。

（3）后张法预应力钢筋。按图示钢筋（钢丝束、钢绞线）长度乘单位理论质量计算。

1）低合金钢筋两端均采用螺杆锚具时，钢筋长度按孔道长度减0.35m计算，螺杆另行计算。

2）低合金钢筋一端采用墩头插片，另一端采用螺杆锚具时，钢筋长度按孔道长度计算，螺杆另行计算。

3）低合金钢筋一端采用墩头插片，另一端采用帮条锚具时，钢筋增加0.15m计算；两端均采用帮条锚具时，钢筋长度按孔道长度增加0.3m计算。

4）低合金钢筋采用后张混凝土自锚时，钢筋长度按孔道长度增加0.35m计算。

5）低合金钢筋（钢绞线）采用JM、XM、QM型锚具，孔道长度≤20m时，钢筋长度增加1.8m计算。

6）碳素钢丝采用锥形锚具，孔道长度≤20m时，钢筋束长度按孔道长度增加1.8m计算。

7）碳素钢丝采用墩头锚具时，钢丝束长度按孔道长度增加0.35m。

7. 螺栓、铁件工程量计算规则包括哪些内容？

答：《房屋建筑与装饰工程工程量计算规范》GB 50854—2013中螺栓、铁件工程包括：螺栓、预埋铁件、机械连接三个项目。其中螺栓、预埋铁件工程量按设计图示尺寸以质量“t”计算，机械连接工程量按数量“个”计算。

钢筋混凝土标准件上的预埋铁件可直接由所选用的通用图册中查得，不需另行计算；而现浇非标准构件中的预埋铁件，必须一个一个地进行计算，求出每一个预埋件的质量，再用每个预埋件的质量乘以这种预埋件的个数，求得这种预埋件的总质量。将各种预埋件的总质量加起来的和数，就是这一单位工程预埋铁件的预算工程量。

8. 混凝土及钢筋混凝土工程量计算及报价应注意哪些事项?

答：(1) 有肋带形基础、无肋带形基础应按现浇混凝土基础（编码：010501）中相关项目列项，并注明肋高。

(2) 箱式满堂基础中柱、梁、墙、板按现浇混凝土柱（编码：010502)、现浇混凝土梁（编码：010503)、现浇混凝土墙（编码：010504)、现浇混凝土板（编码：010505）中相关项目分别编码列项；箱式满堂基础底板按现浇混凝土基础（编码：010501）中满堂基础项目列项。

(3) 框架式设备基础中柱、梁、墙、板分别按现浇混凝土柱（编码：010502)、现浇混凝土梁（编码：010503)、现浇混凝土墙（编码：010504)、现浇混凝土板（编码：010505）中相关项目编码列项；基础部分按现浇混凝土基础（编码：010501）中相关项目编码列项。

(4) 如为毛石混凝土基础，项目特征应描述毛石所占比例。

(5) 描述现浇混凝土柱项目特征时，混凝土种类是指清水混凝土、彩色混凝土等，如在同一地区既使用预拌（商品）混凝土，又允许现场搅拌混凝土时，也应注明。

(6) 现浇挑檐、天沟板、雨篷、阳台与板（包括屋面板、楼板）连接时，以外墙外边线为分界线；与圈梁（包括其他梁）连接时，以梁外边线为分界线。外边线以外为挑檐、天沟、雨篷或阳台。

（7）现浇混凝土整体楼梯（包括直形楼梯、弧形楼梯）水平投影面积包括休息平台、平台梁、斜梁和楼梯的连接梁。当整体楼梯与现浇楼板无梯梁连接时，以楼梯的最后一个踏步边缘加300mm为界。

（8）现浇混凝土小型池槽、垫块、门框等，应按现浇混凝土其他构件（编码：010507）中其他构件项目编码列项。

（9）架空式混凝土台阶，按现浇楼梯计算。

（10）预制混凝土柱、梁以根计量，必须描述单件体积。

（11）预制混凝土屋架以榀计量，必须描述单件体积。

（12）三角形屋架按预制混凝土屋架（编码：010511）中折线型屋架项目编码列项。

（13）预制混凝土板以块、套计量，必须描述单件体积。

（14）不带肋的预制遮阳板、雨篷板、挑檐板、拦板等，应按预制混凝土板（编码：010512）中平板项目编码列项。

（15）预制F形板、双T形板、单肋板和带反挑檐的雨篷板、挑檐板、遮阳板等应按预制混凝土板（编码：010512）中带肋板项目编码列项。

（16）预制大型墙板、大型楼板、大型屋面板等，按预制混凝土板（编码：010512）中大型板项目编码列项。

（17）预制混凝土楼梯以块计量，必须描述单件体积。

（18）其他预制构件以块、根计量，必须描述单件体积。

（19）预制钢筋混凝土小型池槽、压顶、扶手、垫块、隔热板、花格等，按其他预制构件（编码：010514）中其他构件项目编码列项。

（20）现浇构件中伸出构件的锚固钢筋应并入钢筋工程量内。除设计（包括规范规定）标明的搭接外，其他施工搭接不计算工程量，在综合单价中综合考虑。

（21）现浇构件中固定位置的支撑钢筋、双层钢筋用的“铁马”以及螺栓、预埋铁件、机械连接的工程数量，在编制工程量清单时，如果设计未明确，其工程数量可为暂估量，结算时按现场签证数量计算。

（22）现浇混凝土工程项目“工作内容”中已包括模板及支架的内容，如招标人在措施项目清单中未编列现浇混凝土模板项目清单，即表示现浇混凝土模板项目不单列，现浇混凝土工程项目的综合单价中应包括模板及支架的工程费用。

（23）预制混凝土及预制钢筋混凝土构件，均按现场制作编制项目，“工作内容”中包括模板制作、安装、拆除，不再单列，钢筋应按钢筋工程（编码：010515）中预制构件钢筋项目编码列项。若采用成品预制混凝土构件，钢筋和模板工程均不再单列，综合单价中应包括钢筋和模板的费用。

（24）预制混凝土构件或预制钢筋混凝土构件，如施工图设计标注做法见标准图集时，项目特征注明标准图集的编码、页号及节点大样即可。

（25）现浇或预制混凝土和钢筋混凝土构件，不扣除构件内钢筋、螺栓、预埋铁件、张拉孔道所占体积，但应扣除劲性骨架和型钢所占的体积。

9. 钢屋架、钢柱、钢梁的工程量计算工作各有哪些?

答：（1）钢屋架工程量计算规则

钢屋架项目适用于一般钢屋架和轻钢屋架、冷弯薄壁型钢屋架。钢托架是指在工业厂房中，由于工业或者交通需要而在大开间位置设置的承托屋架的钢构件。钢托架一般采用平行弦桁架，其腹杆采用带竖杆的人字形体系。

采用圆钢筋、小角钢（小于∟45×4等肢角钢、小于∟56×36×4不等肢角钢）和薄钢板（其厚度一般不大于4mm）等材料组成的屋架称为轻钢屋架。

薄壁型钢屋架是指厚度在2～6mm的钢板或带形钢经冷弯或冷拔等方式弯曲而成的型钢组成的屋架。

钢屋架工程量若以榀计量，则按设计图示数量计算；若以“t”计量，按设计图示尺寸以质量计算，不扣除孔眼的质量，焊条、铆钉、螺栓等不另增加质量。编制钢屋架项目清单时，需要描述的项目特征包括：钢材品种、规格、单榀质量、屋架跨度、安装高度，螺栓种类，探伤要求，防火要求等。当施工图纸标注采用通用图集中某种钢屋架时，其单位质量可从所采用的图集中查得。

钢托架、钢桁架、钢架桥工程量按设计图示尺寸以质量“t”计算，不扣除孔眼的质量，焊条、铆钉、螺栓等不另增加质量。编制钢托架、钢桁架项目清单时，需描述的项目特征包括：钢材品种、规格，单榀质量，安装高度，螺栓种类，探伤要求，防火要求等；编制钢架桥项目清单时，需描述的项目特征包括：桥类型，钢材品种、规格，单榀质量，安装高度，螺栓种类，探伤要求等。

（2）钢柱工程量计算规则

《房屋建筑与装饰工程工程量计算规范》GB 50854—2013 中“钢柱”包括实腹钢柱、空腹钢柱、钢管柱三个项目。钢柱工程量计算规则如表 3-1 所示。

钢柱工程量计算规则　　表 3-1

<table>
<tr><th>项目编号</th><th>项目名称</th><th>项目特征</th><th>计量单位</th><th>工程量计算规则</th><th>工程内容</th></tr>
<tr><td>010603001</td><td>实腹柱</td><td rowspan="2">1. 柱类型
2. 钢材品种、规格
3. 单根柱质
4. 螺栓种类
5. 探伤要求
6. 防火要求</td><td rowspan="3">t</td><td rowspan="2">1. 柱类型
2. 钢材品种、规格
3. 单根柱质
4. 螺栓种类
5. 探伤要求
6. 防火要求</td><td rowspan="3">1. 拼装
2. 安装
3. 探伤
4. 补刷油漆</td></tr>
<tr><td>010603002</td><td>空腹柱</td></tr>
<tr><td>010603003</td><td>钢管柱</td><td>1. 柱类型
2. 钢材品种、规格
3. 单根柱质
4. 螺栓种类
5. 探伤要求
6. 防火要求</td><td>按设计图示尺寸以质量计算。不扣除孔眼的质量，焊条、铆钉、螺栓等不另增加质量，钢管柱上的节点板、加强环、内衬管、牛腿等并入钢管柱工程量内</td></tr>
</table>

（3）钢梁工程量计算规则

《房屋建筑与装饰工程工程量计算规范》GB 50854—2013 中“钢梁”包括钢梁、钢吊车梁两个项目。钢梁项目适用于钢梁和实腹式型钢混凝土梁、空腹式型钢混凝土梁（指由混凝土包裹型钢而组成的梁）。

钢梁项目工程量应按设计图示尺寸以质量计算。不扣除孔眼的质量，焊条、铆钉、螺栓等不另增加质量，制动梁（指吊车梁旁边承受吊车横向水平荷载的梁）、制动板、制动桁架、车挡并入钢吊车梁工程量内。

10. 金属结构工程量计算及报价应注意哪些事项?

答：（1）钢屋架以榀计量时，按标准图设计的应注明标准图代号，按非标准图设计的项目特征必须描述单榀屋架的质量。

（2）编制实腹钢柱、空腹钢柱项目工程量清单，描述其项目特征时，实腹钢柱类型是指十字形、T 形、L形、H 形等，空腹钢柱类型是指箱形、格构式等。

（3）型钢混凝土柱、梁，钢板楼板、墙板浇筑钢筋混凝土，其混凝土和钢筋按《房屋建筑与装饰工程工程量计算规范》附录 E 混凝土及钢筋混凝土工程中相关项目编码列项。

（4）钢梁项目工程量清单，描述其项目特征时，钢梁的类型是指 H 形、L形、T 形、箱形、格构式等。

（5）压型钢楼板按钢板楼板、墙板（编码：010605）中钢板楼板项目编码列项。

（6）钢墙架项目包括墙架柱、墙架梁和连接杆件。

（7）编制钢构件项目工程量清单，描述其项目特征时，钢支撑、钢拉条构件类型是指单式、复式，钢檩条构件类型是指型钢式、格构式，钢漏斗形式是指方形、圆形，钢板天沟形式是指矩形沟或半圆形沟。

（8）加工铁件等小型构件，按钢构件（编码：010606）中零星钢构件项目编码列项。

(9) 抹灰钢丝网加固按金属制品（编码：010607）中砌块墙钢丝网加固项目编码列项。

(10) 金属构件的切边，不规则及多边形钢板发生的损耗在综合单价中考虑。

(11) 项目特征描述时的“防火要求”是指耐火极限。

(12) 金属结构工程中部分钢构件按工厂成品化生产编列项目，购置成品价格或现场制作的所有费用应计入综合单价。钢构件刷油漆可按两种方式处理：一是若购置成品价不含油漆，则单独按《房屋建筑与装饰工程工程量计算规范》GB 50854—2013附录P油漆、涂料、裱糊工程相关项目编码列项；二是若购置成品价包含油漆，钢构件相关项目内容中含“补刷油漆”。

11. 怎样计算木结构工程量?

答：木屋架工程量计算规则应按表3-2确定。

木屋架工程量计算规则　　表3-2

项目编号	项目名称	项目特征	计量单位	工程量计算规则	工程内容
010701001	木屋架	1. 跨度 2. 材料品种、规格 3. 刨光要求 4. 拉杆及夹板种类 5. 防护材料种类	1. 榀 2. m^3	1. 以榀计量，按设计图示数量计算 2. 以立方米计量，按设计图示的规格尺寸以体积计算	1. 制作 2. 运输 3. 安装 4. 刷防护材料
010701002	钢木屋架	1. 跨度 2. 材料品种、规格 3. 刨光要求 4. 钢材品种、规格 5. 防护材料种类	榀	以榀计量，按设计图示数量计算	

12. 木结构工程量计算及报价应注意哪些事项?

答：(1) 设计规定使用干燥木材时，干燥损耗及干燥费应包括在造价内；木材的出材率及木结构有防虫要求时，防虫药剂应包括在报价内。

（2）屋架的宽度应以上、下弦中心线两交点之间的距离计算。

（3）与屋架相连接的挑檐木、钢夹板、连接螺栓应包括在报价内。

（4）钢木屋架的钢拉杆、受拉腹杆、钢夹板、连接螺栓应包括在报价内。

（5）带气楼的屋架和马尾、折角以及正交部分的半屋架，应按相关屋架项目编码列项。

（6）木屋架以榀计量时，按标准图设计的应注明标准图代号，按非标准图设计的项目特征必须按规范要求予以描述。

（7）木楼梯的栏杆（栏板）、扶手，应按《房屋建筑与装饰工程工程量计算规范》GB 50854—2013 附录 Q 中的相关项目编码列项。

（8）木构件以米计量时，项目特征必须描述构件规格尺寸。

第五节　土建工程装饰分项工程项目工程量清单计价的基本规定

1. 木门、金属门、金属卷帘门、厂库房和特种门工程量计算规则各是什么？

答：（1）木门工程量计算规则

木门报价中，应包括木门五金的价格，木门五金主要有：折页、插销、门碰珠、弓背拉手、搭机、木螺丝、弹簧折页（自动门）、管子拉手（自由门、地弹门）、地弹簧（地弹门）、角铁、门轧头（地弹门、自由门）等。

木门框工程量若以“樘”计量，则按设计图示数量计算；若以“m”计量，则按设计图示框的中心线以延长米计算。木门框的工作内容包括：木门框制作安装、运输、刷防护材料，清单编制时应描述的项目特征包括门代号及洞口尺寸、框截面尺寸、防护材料种类。

门锁安装工程按设计图示数量以“个（套）”为计量单位计算。

（2）金属门工程量计算规则

《房屋建筑与装饰工程工程量计算规范》GB 50854—2013 中“金属门”包括金属（塑钢）门、彩板门、钢质防火门、防盗门四个项目。金属门工程量若以“樘”计量，则按设计图示数量计算；若以“m^2”计量，则按设计图示洞口尺寸以面积计算。

金属门报价中，应包括金属门五金的价格。其中铝合金门五金包括：地弹簧、门锁、拉手、门插、门铰、螺丝等，金属门五金包括：L型执手插锁（双舌）、执手锁（单舌）、门轨头、地锁、防盗门机、门眼（猫眼）、门碰珠、电子锁（磁卡锁）、闭门器、装饰拉手等。

（3）金属卷帘（闸）门工程量计算规则

《房屋建筑与装饰工程工程量计算规范》GB 50854—2013 中“金属卷帘（闸）门”包括金属卷帘（闸）门、防火卷帘（闸）门两个项目。金属卷帘（闸）门工程量若以樘计量，则按设计图示数量计算；若以“m^2”计量，则按设计图示洞口尺寸以面积计算。

（4）厂库房大门、特种门工程量计算规则

《房屋建筑与装饰工程工程量计算规范》GB 50854—2013 中“厂库房大门、特种门”包括：木板大门、钢木大门、全钢板大门、防护铁丝门、金属格栅门、钢制花饰大门、特种门。其中木板大门项目适用于厂库房的平开、推拉、带观察窗、不带观察窗等各类型木板大门；钢木大门项目适用于厂库房的平开、推拉、单面铺木板、双面铺木板、防风型、保暖型等各类型钢木大门；全钢板门项目适用于厂库房的平开、推拉、折叠、单面铺钢板、双面铺钢板等各类型全钢板门；特种门项目适用于各种冷藏门、冷冻间门、保温门、变电室门、隔音门、防射线门、人防门、金库门等特殊使用功能门；围墙铁丝门项目适用于钢管骨架铁丝门、角钢骨架铁丝门、木骨架铁丝门等。

木板大门、钢木大门、全钢板大门、金属格栅门、特种门工程量若以“樘”计量，则按设计图示数量计算；若以“m^2”计量，则按设计图示洞口尺寸以面积计算。防护铁丝门、钢制花饰大门工程量若以“樘”计量，则按设计图示数量计算；若以“m^2”计量，则按设计图示门框或扇以面积计算。

(5) 其他门工程量计算规则

《房屋建筑与装饰工程工程量计算规范》GB 50854—2013 中“其他门”包括：电子感应门、旋转门、电子对讲门、电动伸缩门、全玻自由门、镜面不锈钢饰面门、复合材料门七个项目。

其他门工程量若以“樘”计量，则按设计图示数量计算；若以“m^2”计量，则按设计图示洞口尺寸以面积计算。

2. 木窗、金属窗、门窗套、门窗台、窗帘和窗帘盒工程量计算各应注意什么？

答：(1) 木窗工程量计算规则

木质窗工程若以“樘”计量，则按设计图示数量计算；若以“m^2”计量，则按设计图示洞口尺寸以面积计算。

(2) 金属窗工程量计算规则

1) 金属（塑钢、断桥）窗、金属防火窗、金属百叶窗、金属格栅窗工程量若以“樘”计量，则按实际图示数量计算；若以“m^2”计量，则按设计图示洞口尺寸以面积计算。

2) 金属纱窗工程量若以“樘”计量，则按设计图示数量计算；若以“m^2”计量，则按框的外围尺寸以面积计算。

3) 金属（塑钢、断桥）橱窗，金属（塑钢、断桥）飘（凸）窗工程量若以“樘”计量，则按设计图示数量计算图示洞口尺寸；若以“m^2”计量，则按图示尺寸以框外围展开面积计算。

4) 彩板窗、复合材料窗工程量若以樘计量，则按设计图示数量计算；若以“m^2”计量，则按设计图示洞口尺寸或框外围以面积计算。

5) 金属窗报价中，应包括金属窗五金的价格，金属窗五金主要包括：折页、螺丝、执手、卡锁、铰拉、风撑、滑轮、滑轨、拉把、拉手、角码、牛角制等。

（3）门窗套工程量计算规则

门窗套是在门窗洞口内外侧及侧边所做的装饰面层。它是由门窗贴脸（平行门窗扇方向）和筒子板（贴在门窗扇端头）的合称。

木门窗套、木筒子板、贴面夹板筒子板、金属门窗套、成品木门窗套工程量若以“樘”计量，则按设计图示数量计算；若以“m^2”计量，则按设计图示尺寸以展开面积计算；若以“m”计量，则按设计图示尺寸以延长米计算。

门窗木贴脸工程量若以“樘”计量，则按设计图示计量；若以“m”计量，则按设计图示尺寸以延长米计算。

（4）窗台板工程量计算规则

在窗子下槛内侧面设置凸出墙面一定宽度的板，就称作窗台板。窗台板按照材质的不同，有木窗台板、水磨石窗台板及石材窗台板等。

《房屋建筑与装饰工程工程量计算规范》GB 50854—2013 中“窗台板”包括木窗台板、铝塑窗台板、金属窗台板、石材窗台板四个项目。窗台板工程量按设计图示尺寸以展开面积计算。

（5）窗帘、窗帘盒、轨工程量计算规则

用来挂窗帘的一种矩形盒子称窗帘盒，用来穿挂窗帘环的一种木质或金属棍称作窗帘轨。窗帘盒、窗帘轨除发挥各自的功能外，还起着室内装饰的作用。

《房屋建筑与装饰工程工程量计算规范》GB 50854—2013 中“窗帘、窗帘盒、轨”包括窗帘，木窗帘盒，饰面夹板、塑料窗帘盒，铝合金窗帘盒，窗帘轨五个项目。

窗帘工程量若以“m”计量，则按设计图示尺寸以成活后长度计算；若以“m^2”计量，则按图示尺寸以成活后展开面积计算。

木窗帘盒，饰面夹板、塑料窗帘盒，铝合金窗帘盒，窗帘轨工程量按设计图示尺寸以长度计算。

3. 门窗工程量计算及报价应注意哪些事项?

答:(1)门窗(除个别门窗外)工程均按成品编制项目,若成品中已包含油漆,则不再单独计算油漆,若不含油漆则应按《房屋建筑与装饰工程工程量计算规范》GB 50854—2013 附录 P 油漆、涂料、裱糊工程相应项目编码列项。

(2)木质门应区分镶板木门、企口木板门、实木装饰门、胶合板门、夹板装饰门、木纱门、全玻门(带木质扇框)、木质半玻门(带木质扇框)等项目,分别编码列项。

(3)木质门带套计量按洞口尺寸以面积计算,不包括门套的面积,但门套应计算在综合单价中。

(4)木门以"樘"计量,项目特征必须描述洞口尺寸;以"m^2"计量,项目特征可不描述洞口尺寸。

(5)单独制作安装木门框按木门框项目编码列项。

(6)金属门应区分金属平开门、金属推拉门、金属地弹门、全玻门(带金属扇框)、金属半玻门(带扇框)等项目,分别编码列项。

(7)金属门、厂库房大门、特种门、其他门以樘计量,项目特征必须描述洞口尺寸,没有洞口尺寸必须描述门框或扇外围尺寸,以"m^2"计量,项目特征可不描述洞口尺寸及框、扇的外围尺寸;以"m^2"计量,无设计图示洞口尺寸,按门框、扇外围以面积计算。

(8)金属卷帘(闸)门以樘计量,项目特征必须描述洞口尺寸;以"m^2"计量,项目特征可不描述洞口尺寸。

(9)木质窗应区分木百叶窗、木组合窗、木天窗、木固定窗、木装饰空花窗等项目,分别编码列项。

(10)木窗以"樘"计量,项目特征必须描述洞口尺寸,没有洞口尺寸必须描述窗框外围尺寸;以"m^2"计量,项目特征可不描述洞口尺寸及框的外围尺寸;以"m^2"计量,无设计图示洞口尺寸，按窗框外围以面积计算。木橱窗、木飘（凸）窗以樘计量，项目特征必须描述框截面及外围展开面积。

（11）金属窗应区分金属组合窗、防盗窗等项目，分别编码列项。金属窗以樘计量，项目特征必须描述洞口尺寸，没有洞口尺寸必须描述窗框外围尺寸；以“m^2”计量，项目特征可不描述洞口尺寸及框的外围尺寸；以“m^2”计量，无设计图示洞口尺寸，按窗框外围以面积计算。

（12）金属橱窗、飘（凸）窗以“樘”计量，项目特征必须描述框外围展开面积。

（13）门窗套以“樘”计量，项目特征必须描述洞口尺寸、门窗套展开宽度；以“m^2”计量，项目特征可不描述洞口尺寸、门窗套展开宽度；以“m”计量，项目特征必须描述门窗套展开宽度、筒子板及贴脸宽度。

（14）木门窗套适用于单独门窗套的制作、安装。

（15）窗帘若是双层，项目特征必须描述每层材质。窗帘以“m”计量，项目特征必须描述窗帘高度和宽。

4. 屋面防水及其他相关子项工程量的计算规则有哪些？

答：屋面防水及其他相关子项工程量计算规则如下

（1）屋面卷材防水、屋面涂膜防水工程量按设计图示尺寸以面积“m^2”计算。斜屋顶（不包括平屋顶找坡）按斜面积计算，即：屋面长度×屋面宽度×屋面坡度系数，平屋顶按水平投影面积计算，即：屋面长度×屋面宽度；不扣除房上烟囱、风帽底座、风道、屋面小气窗和斜沟所占面积；屋面的女儿墙、伸缩缝和天窗等处的弯起部分，并入屋面工程量内。

（2）屋面刚性层工程量按设计图示尺寸以面积“m^2”计算，不扣除房上烟囱、风帽底座、风道等所占面积。

（3）屋面排水管工程量按设计图示尺寸以长度“m”计算。如设计未标注尺寸，以檐口至设计室外散水上表面垂直距离计算。

（4）屋面排（透）气管工程量按设计图示尺寸以长度“m”

计算。

(5) 屋面（廊、阳台）泄（吐）水管工程量按设计图示数量以“根（个）”为计量单位计算。

(6) 屋面天沟、檐沟工程量按设计图示尺寸以展开面积“m^2”计算。

(7) 屋面变形缝工程量按设计图示以长度“m”计算。

5. 屋面防水工程量计算注意事项有哪些？

答：屋面防水工程量计算注意事项如下：

(1) 屋面卷材防水项目适用于利用胶结材料粘贴卷材进行防水的屋面。屋面涂膜防水项目适用于厚质涂料、薄质涂料和有加强材料或无加强材料的涂膜防水屋面。屋面卷材防水及屋面涂膜防水项目中，屋面基层处理（清理修补、刷基层处理剂）；檐沟、天沟、水落口、泛水收头、变形缝等处的卷材附加层；浅色、反射涂料保护层、绿豆砂保护层、细砂、云母、蛭石保护层应包括在报价内。水泥砂浆、细石混凝土保护层可包括在报价内，也可按相关项目编码列项。

(2) 屋面刚性防水项目适用于细石混凝土、补偿收缩混凝土、块体混凝土、预应力混凝土和钢纤维混凝土刚性防水屋面。在计算工程量时，刚性防水屋面的分格缝、泛水、变形缝部位的防水卷材、密封材料、脊衬材料、沥青麻丝等应包括在报价内。

(3) 屋面排水管项目适用于各种排水管材（PVC管、玻璃钢管、铸铁管等）。屋面的排水管、雨水口、篦子板、水斗、埋设管卡箍、裁管、接嵌缝等应包括在报价内。

(4) 屋面天沟、檐沟项目适用于水泥砂浆天沟、细石混凝土天沟、预制混凝土天沟板、卷材天沟、玻璃钢天沟、镀锌铁皮天沟等；塑料沿沟、镀锌铁皮沿沟、玻璃钢沿沟等。在投标报价时，天沟、檐沟的固定卡件、支撑件、接缝及嵌缝材料均应包括在报价内，而不得另行列项计算。

(5) 变形缝亦可称伸缩缝、沉降缝等。屋面变形缝项目适用于屋面的抗震缝、温度缝（伸缩缝）、沉降缝等。变形缝的止水带安装、盖板制作、安装应包括在报价内，不得另行列项计算。

6. 楼（地）面、墙面的防水、防潮工程量的计算规则有哪些？

答：(1) 楼（地）面防水、防潮工程量的计算规则如下：

《房屋建筑与装饰工程工程量计算规范》GB 50854—2013 中"楼（地）面防水、防潮"包括：楼（地）面卷材防水、楼（地）面涂膜防水、楼（地）面砂浆防水（防潮）、楼（地）面变形缝四个项目。其工程量计算方法分述如下。

1）楼（地）面卷材防水、楼（地）面涂膜防水、楼（地）面砂浆防水（防潮）工程量按设计图示尺寸以面积"m^2"计算。工程量计算时应注意的事项包括：楼（地）面防水按主墙间净空面积计算，扣除凸出地面的构筑物、设备基础等所占面积，不扣除间壁墙及单个面积≤$0.3m^2$ 柱、垛、烟囱和孔洞所占面积；楼（地）面防水反边高度≤300mm 算作地面防水，反边高度＞300mm 按墙面防水计算。

2）楼（地）面变形缝工程量按设计图示以长度"m"计算。

(2) 墙面防水、防潮工程量的计算规则如下：

1）墙面卷材防水、墙面涂膜防水、墙面砂浆防水（防潮）工程量按设计图示尺寸以面积"m^2"计算。墙面卷材防水、墙面涂膜防水项目适用于墙面部位的防水。墙面砂浆防水（防潮）项目适用于墙面部位的防水防潮。卷材防水、涂膜防水项目中的刷基础处理剂、刷胶粘剂、胶粘防水卷材以及特殊处理部位（如"管道的通道部位"）的嵌缝材料、附加卷材衬垫和砂浆防水（潮）层的外加剂应包括在报价内。

2）墙面变形缝工程量按设计图示以长度"m"计算。

7. 屋面及防水工程量计算及报价应注意哪些事项？

答：屋面及防水工程量计算及报价应注意以下事项：

（1）瓦屋面若是在木基层上铺瓦，项目特征不必描述粘结层砂浆的配合比，瓦屋面铺防水层，按屋面防水及其他（编码：010902）中相关项目编码列项。

（2）型材屋面、阳光板屋面、玻璃钢屋面的柱、梁、屋架，按《房屋建筑与装饰工程工程量计算规范》GB 50854—2013 附录F“金属结构工程”、附录G“木结构工程”中相关项目编码列项。

（3）屋面刚性层无钢筋，其钢筋项目特征不必描述。

（4）屋面、墙、楼（地面）防水项目，不包括垫层、找平层、保温层。垫层按《房屋建筑与装饰工程工程量计算规范》GB 50854—2013 附录D.4“垫层”以及附录E.1“现浇混凝土基础”相关项目编码列项；找平层按附录L“楼地面装饰工程”以及附录M“墙、柱面装饰与隔断、幕墙工程”相关项目编码列项；保温层按附录K“保温、隔热、防腐工程”相关项目编码列项。

（5）屋面防水、墙面防水、楼（地）面防水搭接及附加层用量不另行计算，在综合单价中考虑。

（6）墙面变形缝，若做双面，工程量乘系数2。

8. 保温、隔热工程量计算规则各是什么？

答：保温、隔热工程量计算规则如下：

《房屋建筑与装饰工程工程量计算规范》GB 50854—2013 中“隔热、保温”工程包括保温隔热屋面（编码：011001001）、保温隔热天棚（编码：011001002）、保温隔热墙面（编码：011001003）、保温柱、梁（编码：011001004）保温隔热楼地面（编码：011001005）、其他保温隔热（编码：011001006）六个分项工程，其工程量计算规则分述如下。

（1）保温隔热屋面工程量按设计图示尺寸以面积“m^2”计算。扣除面积＞0.3m孔洞及占位面积。保温隔热屋面项目适用于各种材料的屋面隔热。但屋面保温隔热层上的防水层应按屋面的防水项目单独列项。预制隔热板屋面的隔热板与砖墩分别按

“混凝土及钢筋混凝土工程”和“砌筑工程”相关项目编码列项。屋面保温隔热的找坡、找平层应包括在报价内，如果屋面防水层项目包括找坡和找平层时，屋面保温隔热层项目中则不另行列项计算找坡、找平层，以免重复计算。

（2）保温隔热天棚工程量计算按设计图示尺寸以面积“m^2”计算。扣除面积>0.3m^2上柱、垛、孔洞所占面积，与天棚相连的梁按展开面积计算并入天棚工程量内。保温隔热天棚项目适用于各种材料的下贴式或吊顶上搁置式的保温隔热的天棚工程。但保温隔热材料需加药物防虫剂时，应在工程量清单中加以明确描述。下贴式保温隔热天棚如需底层抹灰时，应包括在报价内。

（3）保温隔热墙面工程量按设计图示尺寸以面积“m^2”计算。扣除门窗洞口以及面积>0.3m^2的梁、孔洞所占的面积；门窗洞口侧壁以及与梁相连的柱，并入保温墙体工程量内。

（4）保温柱、梁工程按设计图示尺寸以面积“m^2”计算。其中按设计图示柱断面保温层中心线展开长度乘保温层高度以面积“m^2”计算。扣除门窗洞口以及面积>0.3m^2的梁所占的面积；梁按设计图示梁断面保温中心线展开长度乘保温层长度以面积“m^2”计算。

（5）保温隔热楼地面工程量按设计图示尺寸以面积计算。扣除面积>0.3m^2柱、垛、孔洞所占面积。门洞、空圈、暖气包槽、壁龛的开口部分不增加面积。

（6）其他保温隔热工程量按设计图示尺寸以展开面积计算。扣除面积>0.3m^2孔洞所占面积。

9. 防腐工程量计算规则是什么？

答：（1）防腐面层工程量计算规则

1）防腐混凝土面层、防腐砂浆面层、防腐胶泥面层、玻璃钢防腐面层、聚氯乙烯板面层、块料防腐面层均按设计图示尺寸以面积“m^2”计算。计算防腐工程量时，扣除凸出地面的构筑物，设备基础以及面积>0.3m^2孔洞、柱、垛所占面积，门洞、空圈、暖气包槽、壁龛的开口部分不增加面积；计算立面防腐工程时，扣除门、窗、洞口以及面积＞0.3m^2 孔洞、梁所占面积，洞口侧壁、垛突出部分按展开面积并入墙面积内。

聚氯乙烯板面层的焊接工料消耗应包括在综合单价内，而不得另行列项计算，防腐块料面层的块料粘贴部位、规格、品种应在清单项目中描述清楚。

2）池、槽块料防腐面层工程量按设计图示尺寸以展开面积计算。

（2）其他防腐工程量计算规则（表 3-3）

其他防腐工程量计算规则 **表 3-3**

项目编码	项目名称	工程量计算规则	适用范围
011003001	隔离层	按设计图示尺寸以面积计算 1）平面防腐：扣除凸出地面的构筑物、设备基础以及面积＞0.3m^2 孔洞、柱、垛所占面积，门洞、空圈、暖气包槽、壁龛的开口部分不增加面积。 2）立面防腐：扣除门、窗、洞口以及面积＞0.3m^2 孔洞、梁所占面积，门、窗、洞口侧壁、垛突出部分按展开面积并入墙面积内	适用于楼地面的沥青类、树脂类、玻璃钢类防腐工程隔离层
011003002	砌筑沥青浸渍砖	按设计图示尺寸以体积计算	适用于浸渍标准砖。立砌按厚度 115mm，平砌按 53mm 计算
011003003	防腐涂料	按设计图示尺寸以面积计算 1）平面防腐：扣除凸出地面的构筑物、设备基础以及面积＞0.3m^2 孔洞、柱、垛所占面积，门洞、空圈、暖气包槽、壁龛的开口部分不增加面积。 2）立面防腐：扣除门、窗、洞口以及面积＞0.3m^2 孔洞、梁所占面积，门、窗、洞口侧壁、垛突出部分按展开面积并入墙面积内	适用于建（构）筑物以及钢结构防腐

防腐涂料项目在编制工程量清单时，应对涂刷基层（混凝土、抹灰面）及涂料底漆层、中间漆层、面漆涂刷（或刮）遍数进行描述，需要刮腻子时应包括在综合单价内，不得另行列项计算。

防腐涂料项目用于钢结构的防腐时，可按钢结构构件的质量以“$58m^2/t$”展开面积计算。

（3）涂料类防腐工程施工规定

1）涂料施工环境温度宜为10～30℃，相对湿度不宜大于85%；在大风、雨、雾、雪天及强烈阳光照射下，不宜进行室外施工；当施工环境通风较差时，必须采取强制通风。

2）钢结构涂装时，钢材表面温度必须高于露点温度3℃方可施工。

3）防腐蚀涂料和稀释剂在运输、贮存、施工及养护过程中，不得与酸、碱等化学介质接触。严禁明火，并应防尘、防曝晒。

4）涂装结束，涂层应自然养护后方可使用。其中化学反应类涂料形成的涂层，养护时间不应少于7d。

5）施工中宜采用耐腐蚀树脂配制胶泥修补凹凸不平处；不得自行将涂料掺加粉料，配制胶泥，也不得在现场用树脂等自配涂料。

6）当涂料中挥发性有机化合物含量大于40%时，不得用作建筑防腐蚀涂料；涂料的施工，可采用刷涂、滚涂、喷涂或高压无气喷涂。但涂层厚度必须均匀，不得漏涂或误涂，同时，施工工具应保持干燥、清洁。

10. 保温、隔热、防腐工程量计算及报价应注意哪些事项？

答：保温、隔热、防腐工程量计算及报价应注意的事项：

（1）保温隔热楼地面的垫层按《房屋建筑与装饰工程工程量计算规范》GB 50854—2013附录“D.4 垫层”以及附录“E.1 现浇混凝土基础”相关项目编码列项；其找平层按《房屋建筑与装饰工程工程量计算规范》GB 50854—2013附录L中“平面砂浆找平层”项目编码列项。墙面保温找平层按《房屋建筑与装饰工程工程量计算规范》GB 50854—2013附录M中“立面砂浆找平层”项目编码列项。保温隔热装饰面层按《房屋建筑与装饰工程工程量计算规范》GB 50854—2013 附录 L“楼地面装饰工程”，附录 M“墙、柱面装饰与隔断、幕墙工程”，附录 N“天棚工程”，附录 P“油漆、涂料、裱糊工程”，附录 Q“其他装饰工程”相关项目编码列项。

（2）保温柱、梁项目只适用于不与墙、天棚相连的独立柱、梁，若与墙、天棚相连的柱、梁应分别并入墙、天棚项目中。

（3）柱帽保温隔热应并入天棚保温隔热工程量内。

（4）池槽保温隔热应按其他保温隔热项目编码列项。

（5）编制工程量清单时，保温隔热方式是指内保温、外保温、夹芯保温，浸渍砖砌法是指平砌、立砌。

（6）防腐踢脚线应按《房屋建筑与装饰工程工程量计算规范》GB 50854—2013 附录 L“楼地面装饰工程”中的“踢脚线”项目编码列项。

第六节　施工措施项目工程量清单计价基本知识

1. 脚手架工程量计算规则有哪些？

答：脚手架工程量计算规则如表 3-4 所列。

混凝土模板及支架（撑）工程量计算规则　　表 3-4

项目编号	项目名称	项目特征	计量单位	工程计算规则	工程内容
011701001	综合脚手架	1. 建筑结构形式 2. 檐口高度	m^2	按建筑面积计算	1. 场内、场外材料搬运 2. 搭、拆脚手架、斜道、上料平台 3. 安全网的铺设 4. 选择附墙点与主体连接 5. 测试电动装置、安全锁等 6. 拆除脚手架后材料的堆放

续表

项目编号	项目名称	项目特征	计量单位	工程计算规则	工程内容
011701002	外脚手架	1. 搭设方式 2. 搭设高度 3. 脚手架材质		按所服务对象的垂直投影面积计算	1. 场内、场外材料搬运 2. 搭、拆脚手架、斜道、上料平台 3. 安全网的铺设 4. 拆除脚手架后材料的堆放
011701003	里脚手架			按搭设的水平投影面积计算	
011701004	悬空脚手架	1. 搭设方式 2. 悬挑宽度 3. 脚手架材质			
011701005	挑脚手架		m	按搭设长度乘以搭设层数以延长米计算	
011701006	满堂脚手架	1. 搭设方式 2. 搭设高度 3. 脚手架材质	m^2	按搭设的水平投影面积计算	
011701007	整体提升架	1. 搭设方式及启动装置 2. 搭设高度		按所服务对象的垂直投影面积计算	1. 场内、场外材料搬运 2. 搭、拆脚手架、斜道、上料平台 3. 安全网的铺设 4. 选择附墙点与主体连接 5. 测试电动装置、安全锁等 6. 拆除脚手架后材料的堆放
011701008	外装饰吊篮	1. 升降方式及启动装置 2. 搭设高度及吊篮型号			1. 场内、场外材料搬运 2. 吊篮的安装 3. 测试电动装置、安全锁、平衡控制器等 4. 吊篮的拆除

2. 脚手架工程量计算及报价应注意哪些事项?

答：(1) 使用综合脚手架时，不再使用外脚手架、里脚手架等单项脚手架；综合脚手架适合于能够按“建筑面积计算规则”计算建筑面积的建筑工程脚手架，不适用于房屋加层、构筑物及附属工程脚手架。

(2) 同一建筑物有不同檐高时，按建筑物竖向切面分别按不同檐高编列清单项目。

(3) 整体提升架已包括2m高的防护架体设施。

(4) 脚手架材质可以不描述，但应注明投标人根据工程实际情况按照国家现行标准《建筑施工扣件式钢管脚手架安全技术规范》JGJ 130、《建筑附着升降脚手架管理暂行规定》(建［2000］230号）等规范自行确定。

3. 混凝土模板及支架（撑）工程量计算规则有哪些?

混凝土模板及支架（撑）工程量计算规则　　表3-5

项目编号	项目名称	项目特征	计量单位	工程计算规则	工程内容
011702001	基础	基础类型	m^2	按模板与现浇混凝土构件接触面积计算 1. 现浇钢筋混凝土墙、板单孔面积≤0.3m^2的孔洞不予扣除，洞侧壁模板面积并入墙、板工程量内计算。 2. 现浇框架分别按梁、板、柱有关规定计算；附墙柱、暗梁、暗柱并入墙内工程量内计算。	1. 模板制作 2. 模板安装、拆除、整理、堆放及场内外运输 3. 清理模板粘结物及模板内杂物、刷隔离剂等
011702002	矩形柱				
011702003	构造柱				
011702004	异形柱	柱截面形状			
011702005	基础梁	梁截面形状			
011702006	矩形梁	支撑高度			
011702007	异形梁	1. 梁截面形状 2. 支撑高度			
011702008	圈梁	1. 梁截面形状			

续表

项目编号	项目名称	项目特征	计量单位	工程计算规则	工程内容
011702009	过梁	2. 支撑高度	m²	3. 柱、梁、墙、板相互重叠部分，均不计算模板面积。 4. 构造柱按图示外露部分计算模板面积	1. 模板制作 2. 模板安装、拆除、整理、堆放及场内外运输 3. 清理模板粘结物及模板内杂物、刷隔离剂等
0117020010	弧形、拱形梁				
0117020011	直形墙				
0117020012	弧形墙				
0117020013	短肢剪力墙、电梯井壁				
0117020014	有梁板	支撑高度			
0117020015	无梁板				
0117020016	平板				
0117020017	拱板				
0117020018	薄壳板				
0117020019	空心板				
0117020020	其他板				
0117020021	栏板				
0117020022	天沟、檐沟	构件类型		按模板和现浇混凝土构件的接触面积计算	
0117020023	雨篷、悬挑板、阳台板	1. 构件类型 2. 板厚度		按图示外挑部分尺寸的水平投影面积计算，挑出墙外的悬臂梁及板边不另计算	
0117020024	楼梯	类型		按楼梯（包括休息平台、平台梁、斜梁和楼层板的连接梁）的水平投影面积计算，不扣除宽度≤500mm的楼梯井所占面积，楼	

续表

项目编号	项目名称	项目特征	计量单位	工程计算规则	工程内容
0117020024	楼梯	类型	m^2	梯踏步、踏步板、平台梁等侧面模板不另计算，伸入墙内部分亦不增加	1. 模板制作 2. 模板安装、拆除、整理、堆放及场内外运输 3. 清理模板粘结物及模板内杂物、刷隔离剂等
0117020025	其他现浇构件	构件类型		按模板与现浇混凝土构件的接触面积计算	
0117020026	电缆沟、地沟	1. 沟类型 2. 沟截面		按模板与电缆沟、地沟接触面积计算	
0117020027	台阶	台阶踏步宽		按图示台阶水平投影面积计算，台阶端头两侧不另计算模板面积。架空式混凝土台阶，按现浇楼梯计算	
0117020028	扶手	扶手截面尺寸		按模板与扶手的接触面积计算	
0117020029	散水			按模板与散水的接触面积计算	
0117020030	后浇带	后浇带部位		按模板与后浇带的接触面积计算	
0117020031	化粪池	1. 化粪池部位 2. 化粪池规格		按模板与混凝土的接触面积计算	
0117020032	检查井	1. 检查井部位 2. 检查井规格			

4. 垂直运输工程量计算规则有哪些？

答：垂直运输工程量计算规则如表 3-4 所列。

垂直运输工程量计算规则 表 3-6

项目编码	项目名称	项目特征	计量单位	工程量计算规则	工程内容
011703001	垂直运输	1. 建筑物建筑类型及结构形式 2. 地下室建筑面积 3. 建筑物檐口高度、层数	1. m^2 2. 天	1. 按建筑面积计算 2. 按施工工期日历天数计算	1. 垂直运输机械的固定装置、基础制作、安装 2. 行走式垂直运输机械轨道的铺设、拆除、摊销

5. 垂直运输工程量计算及报价应注意哪些事项?

答：(1) 建筑物的檐口高度是指设计室外地坪至檐口滴水的高度（平屋顶是指屋面板底高度)、突出主体建筑物屋顶的电梯机房、楼梯出口间、水箱间、瞭望塔、排烟机房等不计入檐口的高度。

(2) 垂直运输指施工工程在合理工期内所需垂直运输机械。

(3) 同一建筑物有不同檐高时，按建筑物的不同檐高做纵向分割，分别计算建筑面积，以不同的檐高分别编码列项。

6. 超高施工增加工程量计算规则有哪些?

答：超高施工增加工程量计算规则如表 3-7 所列。

超高施工增加工程量计算规则 表 3-7

项目编码	项目名称	项目特征	计量单位	工程量计算规则	工程内容
011704001	超高施工增加	1. 建筑物建筑类型及结构形式 2. 建筑物檐口高度、层数	m^2	建筑物超高施工的建筑面积计算	1. 建筑物超高引起的人工工效降低以及由于人工工效降低引起的机械降效

续表

项目编码	项目名称	项目特征	计量单位	工程量计算规则	工程内容
011704001	超高施工增加	3. 单层建筑物檐口高度超过 20m，多层建筑物超过 6 层部分的建筑面积	m^2	建筑物超高施工的建筑面积计算	2. 高层建筑施工用水加压水泵的安装、拆除及工作台班 3. 通信联络设备的使用及摊销

7. 超高施工增加工程量计算及报价应注意哪些事项?

答：(1) 多层建筑无檐口高度超过 20m，多层建筑物超过 6 层时，可按超高部分的建筑面积计算超高施工增加。计算层数时地下室不计入层数。

(2) 同一建筑物有不同檐高时，可按不同高度的建筑面积分别计算建筑面积，以不同的檐高分别编码列项。

8. 施工排水、降水工程量计算规则有哪些?

答：施工排水、降水工程量计算规则如表 3-8 所列。

施工排水、降水工程量计算规则　　表 3-8

项目编码	项目名称	项目特征	计量单位	工程量计算规则	工程内容
011706001	成井	1. 成井方式 2. 地层情况 3. 成井直径 4. 井（滤）管类型、直径	m	按设计图示尺寸以钻孔深度计算	1. 准备钻孔机械、埋设护筒、钻机就位；泥浆制作、固壁；成孔、出渣、清空等。 2. 对接上下井管（滤管），焊接、安装、下滤料，洗井，连续试抽等
011706002	排水、降水	1. 机械规格型号 2. 降排水管规格	昼夜	按排、降水日历天数计算	1. 管道安装、拆除、场内搬运 2. 抽水、值班、降水设备维修等

9. 施工排水、降水工程量计算及报价应注意哪些事项？

答：（1）相应专项设计不具备时，可按暂估量计算。

（2）临时排水沟、排水设施安砌、维修、拆除，已包含在安全文明施工中，不包括在施工排水、降水措施项目中。

10. 安全文明施工包含哪些内容？

答：安全文明施工包含内容如下：

（1）环境保护

施工现场机械设备降低噪声、防扰民措施；水泥和其他易飞扬细粒建筑材料密闭存放或采取覆盖措施等；工程防扬尘洒水；土石方、建渣外运车辆防护措施等；现场污染源的控制、生成垃圾清理外运、场地排水、排污措施；其他环境保护措施。

（2）文明施工

“五牌一图”；现场围挡的墙面美化（包括内、外粉刷、刷白、标语等）、压顶装饰；现场厕所便槽刷白、贴面砖、水泥砂浆地面或地砖，建筑物内临时便溺设施，其他施工现场临时设施的装饰装修、美化措施；现场生活卫生设施；符合卫生要求的饮水设备、淋浴、消毒等设施；生活用洁净燃料；防煤气中毒、防蚊虫叮咬等措施；施工现场操作场地的硬化；现场绿化、治安综合治理、现场配备医药保健器材、物品和急救人员培训；现场工人的防暑降温、电风扇、空调等设备及用电；其他文明施工措施。

（3）安全施工

安全资料、特殊作业专项方案的编制、安全施工标志的购置及安全宣传；“三宝”（安全帽、安全带、安全网）、“四口”（楼梯口、电梯井口、通道口、预留洞口）、“五临边”（阳台围边、楼板围边、屋面围边、坑槽围边、卸料平台两侧），水平防护架、垂直防护架、外架封闭等防护；施工安全用电、包括配电箱三级配电、两级保护装置要求、外电防护措施；起重机、塔吊等起重设备（含井架、门架）及外用电梯的安全防护措施（含警示标志）和卸料平台的临边防护、层间安全门、防护栏等设施等设施；建筑工地起重机械的检验检测；施工机械防护棚及其围栏的安全防护措施；施工安全防护通道；工人的安全防护用品、用具配置；消防设施及消防器材的配置；电气保护、安全照明的设施；其他安全防护设施。

（4）临时设施

施工现场采用彩色、定型钢板，砖、混凝土砌块等围挡的安砌、维修、拆除；施工现场临时建筑物、构筑物的搭设、维修、拆除，如临时宿舍、办公室、食堂、厨房、厕所、诊疗所、临时文化福利用房、临时仓库、加工厂、搅拌台、临时简易水塔、水池等；施工现场临时设施的搭设、维修、拆除；如临时供水管道、临时供电管线、小型临时设施等；施工现场规定范围内临时简易道路铺设、临时排水沟、排水设施安砌、维修、拆除；其他临时设施搭设、维修、拆除。

11. 夜间施工、非夜间施工照明、二次搬运、冬雨期施工、地下和地上设施、建筑物的临时保护设施、已完工程及设备保护等措施项目各自的内容是什么？

答：（1）夜间施工

1）夜间固定照明灯具和临时可移动照明灯具的设置、拆除。

2）夜间施工时，施工现场交通标志、安全标牌、警示灯等的设置、移动、拆除。

3）包括夜间照明设备和照明用电、施工人员夜班补助、夜间劳动效率降低等。

（2）非夜间施工照明

为了保证施工正常进行，在地下室等特殊施工部位施工时所采用的照明设备的安拆、维护及照明用电。

（3）二次搬运

由于施工现场条件限制而发生的材料、成品、半成品等一次运输不能到达堆放地点，必须进行的二次或多次搬运。

（4）冬雨期施工

1）冬雨（风）期施工时增加的临时设施（防寒保暖、防雨、防风设施）的搭设、拆除。

2）冬雨（风）期施工时，对砌体、混凝土等采用特殊加温、保温和养护措施。

3）冬雨（风）期施工时，施工现场的防滑处理，对影响施工的雨雪清除。

4）冬雨（风）期施工时增加的临时设施，施工人员的劳动保护用品、冬雨（风）期施工劳动效率降低等。

（5）地下和地上设施、建筑物的临时保护设施

在工程施工过程中，对已建成的地上、地下设施和建筑物进行遮盖、封闭、隔离等必要的防护措施。

（6）已完工程及设备保护

对已完成的工程及设备采取的覆盖、包裹、封闭、隔离等必要的保护措施。

第四章　专 业 技 能

第一节　工程施工图的识读基本技能

1. 怎样识读砌体结构房屋建筑施工图、结构施工图？

答：（1）建筑平面图的阅读方法

阅读建筑平面图首先必须熟记建筑图例（建筑图例可查阅《房屋建筑制图统一标准》GB/T 50001）。

1）看图名、比例。先从图名了解该平面图表达哪一层平面，比例是多少；从底层平面图中的指北针明确房屋朝向。

2）从大门开始，看房间名称，了解各房间的用途、数量及相互之间的组合情况。从该图可了解房间大门朝向、各功能房间的组合情况及具体位置等。

3）根据轴线定位置，识开间、进深等。

4）看图例，识细部，认门窗的代号。了解房屋其他细部的平面形状、大小和位置，如阳台、栏杆、卫生间的布置等其他空间利用情况。

5）看楼地面标高，了解各房间地面是否有高差。平面图中标注的楼地面标高为相对标高，且是完成面的标高。

6）看清内、外墙面构造装饰做法；同时弄懂屋面排水系统及地面排水的系统的构造。

（2）结构施工图的阅读方法

1）从基础图开始，了解地基与基础的结构设计及要求，包括地基土、基础及基础梁的结构设计要求、标高和细部构造等，了解地下管网的进口和出口位置、地下管沟的构造做法、坡度，以及管沟内需要预埋和设置的附属配件等，为编制地基基础施工方案、指导地基基础施工做好准备。

2）读懂首层结构平面布置图。弄清楚定位轴线与承重墙和非承重墙及其他构配件之间的关系，确定墙体和可能情况下所设置的柱的确切位置，为编制首层结构施工方案和指导施工做好准备。弄清构造柱的设置位置、尺寸及配筋。

3）读懂标准层结构平面布置图。标准层是除首层和顶层之外的其他剩余楼层的通称，也是多层砌体房屋中占楼层最多的部分，一般说来，没有特殊情况，标准层的结构布置和房间布局各层相同，这时结构施工图的读识与首层和顶层没有差异。需要特别指出的是如果功能需要，标准层范围内部分楼层结构布置有所变化，这时就需要对照变化部分，特别引起注意，弄清楚这些楼层与其他大多数楼层之间的异同，防止因疏忽造成错误和返工。需要注意的是多层砌体房屋可能在中间楼层处需要改变墙体厚度，这时需要弄清墙体厚度变化处上下楼层墙体的位置关系、材料强度的变化等。楼梯结构施工图读识时应配合建筑施工图，对其位置和梯段踏步划分、梯段板与踏步板坡度，平台板尺寸、平台梁截面尺寸、跨度及其配筋等都应正确理解。同时还要注意各楼层板和柱结构标高的掌握和控制。弄清圈梁、构造柱的设置位置、尺寸及配筋以及它们之间的连接，它们与墙体之间的连接等。

4）顶层、屋面结构及屋顶间结构图的读识。顶层原则上与标准层差别不大，只是在特殊情况下可能为满足功能需要在结构布置上有所变化。对于屋顶结构中楼面结构布置、女儿墙或挑檐、屋顶间墙体和其屋顶结构等应弄清楚，尤其是屋顶间墙体位置以及与主体结构的连接关系等。弄清圈梁、构造柱的设置位置、尺寸及配筋以及它们之间的连接，它们与墙体之间的连接等。

2. 怎样识读多层混凝土结构房屋建筑施工图、结构施工图？

答：多层混凝土结构房屋建筑平面图的阅读方法与砌体结构

多层房屋的读识方法相同，这里不再赘述。此处回答多层混凝土结构房屋结构施工图的阅读方法。

（1）从基础图开始，了解地基与基础的结构设计及要求，包括地基土、基础及基础梁的结构设计要求、标高和细部构造等，了解地下管网的进口和出口位置、地下管沟的构造做法、坡度，以及管沟内需要预埋和设置的附属配件等，为编制地基基础施工方案、指导地基基础施工做好准备。

（2）读懂首层结构平面布置图。弄清楚定位轴线与框架柱和非承重墙及其他构配件之间的关系，确定柱和内外墙确切位置，为编制首层结构施工方案和指导施工做好准备。

（3）读懂标准层结构平面布置图。一般说来，没有特殊情况，标准层的结构布置和房间布局各层相同，这时结构施工图的读识与首层和顶层没有差异。需要特别指出的是如果功能需要，标准层范围内部分楼层结构布置没有明显变化，仅房间分隔可能不同，弄清楚发生变化的楼层与其他楼层之间的异同，防止因疏忽造成错误和返工。还需要弄清楚上下层柱钢筋和下柱钢筋的搭接位置、数量、长度等，需要注意的是多层钢筋同框架房屋可能在中间楼层处需要改变柱的截面尺寸或柱内配筋，这时需要弄清墙柱截面尺寸变化或柱内配筋变化部位上层柱之间的位置关系、上下层柱钢筋和下柱钢筋的搭接位置、数量、长度等，上下楼层墙体的位置关系、材料强度的变化等。有特殊部位的配筋及工作要求。如果是现浇楼屋盖，还应弄清梁板的配筋种类、位置、数量以及其构造要求；对于悬挑结构中配置在板截面上部的抵抗负弯矩的钢筋一定需要慎重，施工中必须保证其位置的正确。对于处在角部和受力比较复杂的部位的框架柱的配筋需要认真弄懂；梁截面中部构造钢筋、抗扭钢筋、拉结钢筋应与纵向受力钢筋、箍筋同样高度重视；对于柱与填充墙的拉结筋应按设计需要不能遗忘；弄懂楼面上设置洞口时现浇板内的配筋的构造要求。楼梯结构施工图读识时应配合建筑施工图，对其位置和梯段踏步划分、梯段板与踏步板坡度，平台板尺寸、平台梁截面尺寸、跨度及其配筋等都应正确理解。同时还要注意各楼层板和柱结构标高的掌握和控制。

（4）顶层、屋面结构及屋顶间结构图的读识。顶层原则上讲与标准层差别不大，只是在特殊情况下可能为满足功能需要在结构布置上有所变化。对于屋顶结构中楼面结构布置、女儿墙或挑檐、屋顶间柱和其屋顶结构等应弄清楚，尤其是屋顶间柱的位置以及与主体结构柱的连接关系等。

3. 怎样识读单层钢结构厂房建筑施工图、结构施工图？

答：（1）建筑平面图的阅读方法

阅读建筑平面图首先必须熟记建筑图例（建筑图例可查阅《房屋建筑制图统一标准》GB/T 50001）。

1）看图名、比例。先从图名了解该平面图表达的比例是多少；从平面图中的指北针明确房屋朝向。

2）从厂房大门开始，看车间名称，了解车间的用途和工艺功能分区及组合情况。从平面图可了解车间大门朝向及与厂区主要交通线路的衔接关系。

3）根据厂房轴线定位，每根柱和纵向、横向定位轴线的关系，读识厂房柱距和跨度尺寸，轴线等。

4）看图例，识细部，认门窗的代号。了解厂房其他细部大小和位置，如工艺流水线的布置、主要设备在平面的具体位置，变形缝所在轴线位置。

5）看地面标高，了解地面和变形缝的位置和构造。平面图中标注的楼地面标高为相对标高，且是完成面的标高。

6）弄清柱顶标高、吊车梁顶面标高、牛腿顶面标高、吊车型号、柱间支撑的位置等。

7）弄清连系梁、圈梁在厂房空间的位置。

8）读识厂房屋顶结构支撑系统的布置，有天窗时的天窗及其支撑系统的建筑施工图。

9）看清内、外墙面构造装饰做法；同时弄懂屋面排水系统及地面排水的系统的构造。

（2）结构施工图的阅读方法

1）从基础图开始，了解地基与基础的结构设计及要求，包括地基土、地基基础及基础梁的结构设计要求、标高和细部构造等，了解地下管网的进口和出口位置、地下管沟的构造做法、坡度，以及管沟内需要预埋和设置的附属配件等，为编制地基基础施工方案、指导地基基础施工做好准备。

2）读懂结构平面布置图。弄清楚定位轴线与排架柱和围护墙及其他构配件之间的关系，确定排架柱和内外墙确切位置，弄清楚设备基础结构施工图及其预埋件、预埋螺栓等的确切位置，为编制结构施工方案和指导施工做好准备。

3）读懂排架柱与基础的连接位置、连接方式、构造要求等，为组织排架柱吊装就位打好基础。

4）读懂钢结构屋架施工图、支撑系统结构图、屋顶结构图。为屋架吊装和支撑系统的安装，屋顶结构层施工做好准备。

5）读识钢结构施工图时，需要对现场连接部位的焊接或螺栓连接有足够和充分的认识和把握，以便组织现场结构连接和拼接。

6）在读识钢结构施工图的同时，需要认真研读国家钢结构设计规范、施工验收规范等钢结构施工技术规程等，以便深刻、全面、细致、完整、系统了解钢结构施工图和细部要求，在施工中能够认真贯彻设计意图，严格按钢结构施工验收规范和设计图纸的要求组织施工。

4. 怎样读识勘察报告及其附图包括哪些内容？

答：（1）了解工程的勘察报告书的内容

1）拟建工程概述。包括委托单位、场地位置、工程简介，以往的勘察工作及已有资料等。

2）勘察工作概况。包括勘察的目的、任务和要求。

3）勘察的方法及勘察工作布置。

4）场地的地形和地貌特征、地质构造。

5）场地的地层分布、岩石和土的均匀性、物理力学性质、地基承载能力和其他设计计算指标。

6）地下水的类型、埋深、补给和排泄条件，水位的动态变化和环境水对建筑物的腐蚀性；以及土层的冻结深度。

7）地基土承载力指标与变形计算参数建议值。

8）场地稳定和适宜性评价。

9）提出地基基础方案，不良地质现象分析与对策，开挖和边坡加固等的建议。

10）提出工程施工和投入使用可能发生的地基工程问题及监控、预防措施的建议。

11）地基勘察的结果表及其所应附的图件。

勘察报告中应附的图表，应根据工程具体情况而定，通常应附的图表有：

1）勘察场地总平面示意图与勘察点平面布置图。

2）工程地质柱状图。

3）工程地质剖面图。

4）原位测试成果图表。

5）室内试验成果图。

当需要时，尚应包括综合工程地质图、综合地质柱状图，关键地层层面等高线图、地下水位等高线图、素描及照片。特定工程还应提供工程整治、改造方案图及其计算依据。

（2）读懂地质勘察报告中常用图表

1）勘探点平面布置图。勘探点平面布置图是在建筑场地地形图上，把建筑物的位置、各类勘探及测试点的位置、符号用不同的图例表示出来，并注明各勘探点和测点的标高、深度、剖面线及其编号等。

2）钻孔柱状图。钻孔柱状图是根据孔的现场记录整理出来的，记录中除了注明钻进根据、方法和具体事项外，其主要内容是关于地层分布（层面的深度、厚度）、地层的名称和特征的描述。绘制柱状图之前，应根据土工试验结果及保存于钻孔岩芯箱中的土样对分层情况和野外鉴别记录进行认真的校核，并做好分层和并层工作，当测试结果和野外鉴别不一致时，一般应以测试结果为主，只是当试样太少且缺乏代表性时才以野外鉴别为准。绘制柱状图时，应自上而下对地层进行编号和描述，并用一定比例尺、图例和符号绘图。在柱状图中还应同时标出取土深度、地下水位等资料。

3）工程地质剖面图。柱状图只能反映场地某一勘探点地层的竖向分布情况，剖面图则反映某一勘探线上地层岩竖向和水平向的分布情况。由于勘探线的布置常与主要地貌单元或地质构造轴线相垂直，或与建筑物的轴向相一致，故工程地质剖面图是勘察报告的基本的图件。

剖面图的垂直距离和水平距离可采用不同的比例尺，绘制时首先将勘探线的地形剖面线画出来，然后标出勘探线上各钻孔的地层层面，并在钻孔的两侧分别标出层面的高程和深度，再将相邻钻孔中相同的土层分界点以直线相连。当某地层在邻近钻孔中缺失时，该层可假定于相邻两孔之间消失，剖面图中应标出原状土样的取样位置和地下水位的深度。各土层应用一定的图例表示。也可以只绘制出某一地层的图例，该层未绘制出图例的部分，可用地层编号来识别，这样可以使图面更清晰。

柱状图和剖面图上，也可同时附上土的主要物理力学性质指标及某些试验曲线（如触探或标准贯入试验曲线等）。

4）综合地质柱状图。为了简明扼要的表示所勘探地层的层次及其主要特征和性质，可将该区地层按新老次序自上而下以1∶50～1∶200的比例绘成柱状图。图上注明层厚、地质年代，并对岩石或土的特征和性质进行概括的描述。此图件称为综合地质柱状图。

5）土的物理力学性质指标是地基基础设计的依据。应将土的试验和原位测试所得的结果汇总列表表示。

第二节　施工工程项目设计变更和图纸会审

1. 工程设计变更的流程有哪些？

答：设计变更的工作流程包括：

（1）工程设计变更申请

在工程设计变更申请前，提出变更申请的单位应对拟提出申请变更的事项、内容、数量、范围、理由等有比较充分的分析，然后按照项目管理的职责划分，向有关管理部门提出书面或口头（较小的事项）申请，施工企业提出的设计变更需向建设单位或代建单位和工程监理单位提出申请，并填写设计变更申请单。

（2）工程设计变更审批

施工单位向监理单位提交设计变更申请经审查、建设单位或代建单位审核同意后，然后可以填写设计变更审批表，经建设单位或代建单位、设计单位审查批准。

（3）设计单位出具设计变更通知

设计单位认真审核设计变更申请表中所列的变更事项的内容、原因、合理性等，然后作出设计变更的最终决定，并以设计变更通知单和附图的形式回复建设单位和施工单位。

设计变更申请、设计变更申请表、设计变更审批表、设计变更通知单是设计阶段和施工阶段项目管理的主要函件，也是工程项目最终确定工程结算的依据，必须妥善归档保管。

2. 为什么要组织好设计交底和图纸会审？图纸会审的主要内容有哪些？

答：在工程施工之前，建设单位应组织施工单位进行工程设计图纸会审，组织设计单位进行设计交底，先由设计单位介绍设计意图、结构特点、施工要求、技术措施和有关注意事项，然后由施工单位提出图纸中存在的问题和需要解决的技术难题，通过三方研究协商、拟定解决方案、写出会议纪要，其目的是为了使施工单位熟悉设计图纸，了解工程特点和设计意图，以及对关键工程部分的质量要求，及时发现图纸中的差错，将图纸的质量隐患消灭在萌芽状态，以提高工程质量，避免不必要的工程变更，降低工程造价。

图纸会审的主要内容有：

（1）总平面与施工图的几何尺寸、平面位置、标高等是否一致。

（2）建筑结构与各专业图纸本身是否有差错及矛盾；结构图与建筑图的平面尺寸及标高是否一致，平立剖面之间有无矛盾；表示方法是否清楚。

（3）材料来源有无保证，能否代换；图中所要求的条件能否满足；新材料、新技术的应用有无问题。

（4）建筑与结构构造是否存在不能施工、不便施工的技术问题，或容易导致质量、安全事故或工程费用增加等方面的问题。

（5）工艺管道、电气线路、设备装置、运输道路与建筑物之间或相互间有无矛盾，布置是否合理。

第三节　施工工程计价的基本要求和技能

1. 工程量清单计价费用怎样计算？

答：工程量清单计价方法是建设工程在招标投标中，招标人按照国家统一的工程量计算规则提供工程数量，并作为招标文件的一部分提供给投标人，由投标人依据工程量清单自主报价，并按照经评审合理低价中标的工程造价计价方式。工程量清单计价的费用由分部、分项工程费、措施费、其他项目费、规费和税金组成。

工程量清单计价的方法是招标方给出工程量清单，投标人根据工程量清单组合分部分项工程综合单价，并计算出分部分项工程费、措施项目费、其他项目费、规费和税金，最后汇总计算工程总造价。计算公式如下：

建筑工程造价 =[Σ(工程量×综合单价)+措施项目费
+其他项目费+规费]×(1+税金率)

2. 工程量清单计价费用包括哪些内容？

答：工程量清单计价费用的组成包括以下内容：

(1) 分部分项工程量清单费用

分部分项工程量清单费用采用综合单价计价，它综合了完成工程量清单中一个规定的计量单位项目所需的人工费、材料费、施工机械使用费、管理费和利润，并考虑了风险因素。应按实际文件或参照《建设工程工程量清单计价规范》GB 50500 附录的工程内容确定。

(2) 措施项目费用

措施项目费用是指施工企业为完成工程项目施工，应发生在该工程施工前或施工过程中生产、生活、安全等方面的非工程实体费用。它包括施工技术措施项目费用和施工组织措施项目费用。施工技术措施项目如措施项目费中混凝土、钢筋混凝土模板或支架、脚手架、混凝土泵送增加费用、垂直运输和施工排水、降水等措施项目等；施工组织措施项目如环境保护、文明施工、安全施工、二次搬运、工程点交与清理等。措施项目费用结算需要调整的，必须在招标文件或合同中明确。

(3) 其他项目费用

其他项目费用包括招标人和投标人部分。

1) 招标人部分包括预留金和材料购置费（仅指招标人购置的材料费）等；

2) 投标人部分包括总承包服务费和零星工作项目费等。

预留金、材料购置费均为估算、预测数，虽在工程投标时计入投标人的报价中，但不为投标人所有。工程结算时，应按承包人实际完成的工程量计算，剩余部分仍归招标人所有。

零星工作项目费由招标人根据拟建工程项目的实际情况，列出人工、材料、机械的名称、计算单位和相应数量。工程招标时工程量由招标人估算后提出。工程结算时，工程量按承包人实际完成的工作量计算，单价按承包中标时的报价不变。

(4) 规费

规费是指政府和有关权力部门规定必须缴纳的费用（简称规费）。规费的内容包括：工程排污费、噪声干扰费、工程定额测定费、社会保障费、住房公积金、危险作业意外伤害保险费等。

(5) 税金

税金是指国家税法规定的应计入建设工程造价内的营业税、城市建设维护税及教育费附加等各种税金。

3. 如何进行综合单价的编制和清单项目费用的确定?

答：(1) 综合单价的编制

综合单价是指完成工程量清单中一个规定计量单位项目所需的人工费、材料费、机械使用费、管理费和利润，并考虑风险因素。

分部分项工程费由分项工程量清单乘以综合单价汇总而成。综合单价的组合方法包括以下几种：直接套用定额组价、重新计算工程量组价、复核组价。

(2) 项目费用的确定

投标报价时，施工方在业主提供的工程量计算结果的基础上，根据企业自身掌握的各种信息、资料，结合企业定额编制得出的工程报价。其计算过程如下：

1) 分部分项工程费的确定

分部分项工程费 ＝ Σ 分部分项工程量 × 分部分项工程综合单价

2) 措施项目费的确定

措施项目费应根据拟建工程的施工方案或施工组织设计，参照规范规定的费用组成来确定。措施项目费用组成一般包括完成该措施项目的人工费、材料费、机械费、管理费、利润及一定的风险。措施项目费的计算有以下几种：

① 定额计价。措施项目费＝Σ 措施项目工程量×措施项目

综合单价

② 按费率系数计价。

措施项目费＝Σ（分部分项工程直接费＋施工技术措施项目费)×费率

③ 施工经验计价。按其现有的施工经验和管理水平，来预测将来发生的每项费用的合计数，其中需要考虑市场的涨跌因素及其他的社会环境因素，进而测算出本工程具有市场竞争力的项目措施费。

④ 分包计价。是投标人在分包工程价格基础上考虑增加相应的管理费、利润以及风险因素的计价方法。

(3) 计算其他项目费、规费与税金

其他费用是指预留金、材料购置费（仅指由招标人购置的材料费)、总承包服务费、零星工作项目费等估算金额的总和。包括人工费、材料费、机械使用费、管理费、利润及风险费。按业主的招标文件计算。

其他项目清单中的预留金、材料购置费和类型公产项目费，均为估算预、测数量，虽在投标时计入投标人的报价中，但不视为投标人所有。预留金主要是考虑可能发生的工程量变更而预留的金额。总承包服务费包括配合协调招标人工程分包和材料采购所需的费用。

规费与税金一般按国家或地方部门规定的取费文件的要求计算，计算公式为：

规费＝计算基数×规定费率(%)

税金＝(分部分项工程量清单计价＋措施项目清单计价＋其他项目清单计价＋规费)×综合税率(%)

(4) 计算单位工程报价

单位工程报价＝分项工程费用＋措施项目费用＋其他项目费用＋规费＋税金

(5) 计算单项工程报价

单项工程报价＝Σ单位工程报价

（6）建设项目总报价

$$建设项目总报价=\Sigma 单项工程报价$$

4. 建筑工程量计算的内容有哪些？

答：（1）建筑面积计算

建筑面积计算是工程量计算的基础工作，它在工程建设中起着非常重要的作用。2013年住房城乡建设部以国家标准的形式发布了《建筑工程建筑面积计算规范》GB/T 50353—2013，作为建筑面积计算时必须遵守的基本原则和基础，也是建筑面积计算的重要参考依据。

（2）建筑工程工程量计算

建筑工程工程量主要依据建筑工程量规则进行计算。将建筑工程分为土石方工程，桩与地基基础工程，砌筑工程，混凝土与钢筋混凝土工程，厂库房大门、特种门、木结构工程，屋面与防水工程，防腐、隔热、保温工程。

5. 建筑工程的工程量计算的基本方法是什么？

答：建筑工程量计算应分不同情况，一般采用以下几种方法：

（1）按顺时针顺序计算。以图纸左上角为起点，按顺时针方向依次进行计算，按计算顺序绕图一周后又重新回到起点。这种方法一般用于各种带形基础、墙体、现浇及预制构件计算，其特点是能有效防止漏算和重复计算。

（2）按编号顺序计算。结构图中包括不同种类、不同型号的构件，而且分布在不同的部位，为了便于计算和复核，需要按构件编号顺序统计数量，然后进行计算。

（3）按轴线编号计算。对于结构比较复杂的工程量，为了方便计算和复核，有些分项工程可按施工图轴线编号的方法计算。例如在同一平面中，带型基础的长度和宽度不一致时，可按A轴①～③轴，B轴③、⑤、⑦轴这样的顺序计算。

（4）分段计算。在通长构件中，当其中截面有变化时，可采取分段计算。如多跨连续梁，当某跨的截面高度或宽度与其他跨不同时可按柱间尺寸分段计算，再如楼层圈梁在门窗洞口处截面加厚时，其混凝土及钢筋工程量都应按分段计算。

（5）分层计算。该方法在工程量计算中较为常见，例如墙体、构件布置、墙柱面装饰、楼地面做法等各层不同时，都应按分层计算，然后再将各层相同工程做法的项目分别汇总。

（6）分区域计算。大型工程项目平面设计比较复杂时，可在伸缩缝或沉降缝处将平面图划分成几个区域分别计算工程量，然后再将各区域相同特征的项目合并计算。

6. 混凝土工程量怎样计算？

答：属于构、配件的混凝土，按照“m^3”计算，比如梁、板、柱、楼梯、墙、基础等；属于主体工程之外的屋面工程、装饰装修工程、楼地面工程中的一些找平层、找坡层、保护层等一般按“m^2”计算。混凝土路面按“m^3”计算，楼地面以合同规定，可以按“m^2”计算，也可以按“m^3”，这都是无所谓的，两者间都是换算过的。

7. 砌筑工程量怎样计算？

答：砌筑工程量计算规则包括：

（1）概述。

1）砌筑工程是指砌砖、石两部分，包括基础、墙体、柱及其他零星砌体。2）标准墙计算厚度。墙厚1/4、1/2、3/4、1、3/2、2、5/2，计算厚度53、115、180、240、365、490、615（mm）。

（2）砖基础工程量计算。

砖基础工程最常见的砖基础为条形基础，工程量的计算规则是不分基础厚度和高度，均按图示尺寸以“m^3”计算。1）基础长度。外墙基础的长度按外墙中心线计算，内墙基础长度按内墙基础净长线计算。2）基础高度。①若基础与墙（柱）身使用同一种材料时，以设计室内地面（±0.000）为界（有地下室者，以地下室室内设计地面为界），以下为基础，以上为墙（柱）身。②基础与墙（柱）身使用不同材料，两种材料分界线位于设计室内地坪±300mm以内时，以不同材料为界；若材料的分界线超过±300mm，应以设计室内地坪为界。③砖围墙应以设计室外地坪为界。3）基础断面计算。砖基础需在底部做成逐步放阶的形式，俗称大放脚。在计算基础断面积的时候，须考虑大放脚增加的面积。不等高式大放脚是两皮一收与一皮一收相间隔，两边各收进四分之一砖长。4）应扣除（或并入）的体积。①不扣除：基础中嵌入的钢筋、铁件、管子、基础防潮层，单个面积在0.3m^2以内的孔洞以及砖石基础T型接头处的重叠部分，靠墙暖气沟的挑檐不增加。②需扣除：地梁（圈梁）、单个面积0.3m^2以上的孔洞、构造柱所占体积。③要并入：附墙垛、附墙烟囱等基础宽出部分的体积。5）条形基础。也叫带形基础，基础沿墙身设置，这是砖石墙基础的基本形式。基础断面面积＝中间基础面积＋两边大放脚面积＝墙宽×基础高度＋大放脚增加断面面积。6）独立基础。即砖柱基础（四面大放脚），砖砌体。

（3）砖墙。

1）实心砖墙工程量的计算规则是不分墙体厚度和高度，均按图示尺寸以“m^3”计算。①墙体长度外墙按外墙中心线计算；内墙按内墙净长线计算；围墙按设计长度计算。②墙身高度。a. 外墙墙身高度。斜（坡）屋面无檐口天棚者算至屋面板底；有屋架且室内外均有天棚者算至屋架下弦底另加200mm；无天棚者算至屋架下弦底另加300mm，出檐宽度超过600mm时按实砌高度计算；平屋面算至钢筋混凝土板底。b. 内墙墙身高度。内墙位于屋架下弦者，算至屋架下弦底；无屋架者算至天棚底另加100mm；有钢筋混凝土楼板隔层者算至楼板顶。有框架梁时算至梁底。c. 围墙高度。从设计室外地坪至围墙砖顶面。有砖压顶算至压顶顶面；无压顶算至围墙顶面；其他材料压顶算至压顶底面。d. 女儿墙高度。自外墙顶面至女儿墙顶面高度，分别以不同墙厚并入外墙计算。③墙体厚度为主墙身的厚度。④应扣除

（或并入）的体积。a. 计算墙体工程量时，应扣除门窗洞口、过人洞、空圈、嵌入墙身的钢筋混凝土柱、梁（包括过梁、圈梁、挑梁）和暖气包壁龛及内墙板头的体积，不扣除梁头、板头、檩头、垫木、木楞头、沿椽木、木砖、门窗走头、砖墙内的加固钢筋、木筋、铁件、钢管及每个面积在 0.3m^2 以下的孔洞等所占的体积，凸出墙面的窗台虎头砖、压顶线、山墙泛水、烟囱根、门窗套、腰线和挑檐等体积亦不增加。b. 凸出墙面的砖垛，并入墙身体积内计算。c. 附墙烟囱、通风道、垃圾道应按设计图示尺寸体积（扣除孔洞所占体积）计算，并入所依附的墙体积内。d. 墙内砖平碹、砖拱碹、砖过梁的体积不扣除，应包括在报价中。⑤砖墙工程量＝墙体长度×墙体高度×墙体厚度－应扣除体积＋应并入体积。

2）围墙、空花墙和填充墙。①砖围墙以设计室外地坪为分界线，以上为墙身，以下为基础。围墙工程量按设计图示尺寸以“m^3”计算。②空花墙应按空花墙计算规则计算工程量。空花部分按镂空部分外形体积计算，不扣除空洞部分体积，其中实体部分以“m^3”另行计算。③空斗墙按外形尺寸以“m^3”计算。④填充墙按设计图示尺寸以填充墙外形体积计算，其中实砌部分已包括在定额内，不另计算，应扣除门窗洞口和梁（包括过梁、圈梁、挑梁）所占的体积。

（4）零星砖砌体。

1）适用于台阶、台阶挡墙、梯带、锅台、炉灶、花池、蹲台等。各地定额规定不一，除台阶外一般按设计图示尺寸以体积计算。

2）砖台阶工程量按水平投影面积计算（不包括台阶挡墙）

（5）砌石工程量计算规则与砌砖类似，按设计图示尺寸以立方米计算。

8. 钢筋工程的工程量怎样计算?

答：钢筋工程区别现浇、预制构件、不同钢种和规格，分别按设计长度乘以单位重量，以“t”计算。计算钢筋长度时，钢筋搭接、锚固按设计、规范规定计算；因钢筋加工综合下料和钢筋出厂长度定尺所引起的非设计接头定额已考虑，计算其工程量时不另计算钢筋损耗系数。

9. 工程造价由哪几部分构成？

答：建筑工程造价是为了进行某项工程建设所花费的全部费用，它是建设工程项目有计划进行固定资产再生产所形成的最低流动资金的一次性费用总和。它包括以下三方面的内容。

（1）建筑安装工程费

是建设单位为从事该项目建筑安装工程所支付的全部生产费用，包括直接用于各单位工程的材料、人工、施工机械费用以及分摊到各单位工程中去的管理费及税金。

（2）设备工器具费

是指建设单位按照建设项目文件要求而购置或自制的设备及工器具所需的全部费用，包括设备工器具原价及运杂费。

（3）工程建设其他费用

根据有关规定周期固定资产投资中支付并列入工程建设项目总概算或单位工程综合概算的除建筑安装工程费和设备工器具费以外的一切费用。

10. 什么是定额计价？进行定额计价的依据和方法是什么？

答：（1）工程造价的定额计价

工程建设定额是指在工程建设中单位产品上人工、材料、机械、资金消耗的规定额度。工程建设定额是根据国家一定时期的管理体制和管理制度，根据不同定额的用途和适用范围，由指定的机构按照一定的程序制定的，并按照规定的程序进行审批和执行。工程建设定额反映了工程建设和各种资源消耗之间的客观规律。

工程造价的定额计价就是根据所需的工程建设定额对工程造

价进行计算或审定方法和制度。

（2）进行工程造价的定额计价的依据

计价所需的有关工程建设定额，当地工程建设基价表，工程设计文件、图纸，以及当地工程造价部门发布的月度或季度主要材料指导价格表等。

（3）进行工程造价的定额计价的方法

1）计算工程量；2）套用相应工程计价定额；3）套用基价表；4）计算工程造价基础价；5）根据相关规定计算各种规费、税费；6）根据主材指导价和有关规定调整工程造价基础价得到确定的工程造价。

第四节　工程清单计价的基本要求和技能

1. 编制工程量清单的一般规定有哪些？

答：（1）招标工程量清单应由具有编制能力的招标人或受其委托具有相应资质的工程造价咨询人编制。

（2）招标工程清单必须作为招标文件的组成部分，其正确性和完整性由招标人负责。此项为强制性规定。

（3）招标工程清单是工程量清单计价的基础，应作为招标控制价、投标控制价、计算或调整工程量、索赔等的依据之一。

（4）招标工程量清单应以单位（项）工程为单位编制，由分部分项工程项目清单、措施项目清单、其他项目清单、规费和税金项目清单组成。

2. 建筑工程工程量清单编制包括哪些内容？

答：建筑工程工程量清单编制包括下列内容：

（1）工程量清单封面

它是工程量清单的外表装饰，应填写招标工程项目的具体名称，招标人应盖单位公章，如果是委托工程造价人员编制，还应加盖工程造价咨询人所在单位公章。

（2）填写工程量清单扉页

由招标人或招标人委托的工程造价咨询人员编制招标工程量清单时填写。招标人自行编制工程量清单的，编制人员必须是在招标人单位注册的造价人员，由招标人盖公章，法定代表人或其他授权人签字盖章；当编制人是注册造价工程师时，由其签字盖专业专用章；当编制人是造价员时，由其在编制人栏签字盖专用章，并应由注册造价工程师符核，在复核人栏签字盖执业专用章。

招标人委托造价咨询人编写工程量清单的，编制人员必须是在工程造价咨询人单位注册的造价人员。由工程造价咨询人盖单位资质专用章，法定代表人或其他授权人签字或盖章；当编制人是注册造价工程师时，由其签字盖专业专用章；当编制人是造价员时，由其在编制人栏签字盖专用章，并应由注册造价工程师符核，在复核人栏签字盖执业专用章。

（3）工程量清单总说明

工程量清单总说明是用于说明招标项目的工程概况（如建设地址、建设规模、工程特征、交通状况、环保要求等），工程招标和专业工程发包范围。工程质量、材料、施工等的特殊要求。工程量清单的编制依据，以及招标人应说明的其他有关事项。一般说来总说明中应填写的内容没有统一规定，应根据工程实际情况而定。

（4）编制工程量清单

1）项目编码。分部分项工程项目清单项目编码应根据相关国家相关过程计算规范项目编码栏内规定的9位数字另加3位顺序码共12位阿拉伯数字填写，各位代码的含义按相关工程国家工程量计算规范规定，根据拟建工程实际填写。

2）项目名称。按相关工程国家工程量计算规范规定，根据拟建工程实际填写。

3）计量单位。应按规定的计量单位填写。当工程量计算规范中有两个或两个以上计量单位，应根据拟建工程项目实际，选择最适宜表现该项目特点并方便计量的单位。

4）工程量清单编制。它是将用及计算完毕并经校核和汇总好的分部工程量填写到清单计价规范中规定的“分部分项工程量清单”标准表格中的全过程。

（5）编制措施项目清单

措施项目是指为完成拟建工程项目施工，发生于工程施工准备和施工过程中不构成工程实体的有关措施项目费用，如建筑工程施工过程中的垂直运输机械费、脚手架搭设费、环境保护费、安全施工费、施工排水降水费等。在编制此项费用清单时，应结合工程的水文、气象、环境、安全等具体情况和施工企业实际情况，按照相关国家工程量计算规范的措施项目编列。对于国家工程量计算规范中列出了项目编码、项目名称、项目特征、计量单位和工程量计算规则的单价措施项目，编制工程量清单时，应按编制分部分项工程项目清单的有关规定执行，并与分部分项工程项目清单使用同一表格形式。

（6）编制其他项目清单

此项目清单是指“分部分项工程项目清单”和“措施项目清单”以外，该工程项目施工中可能发生的有关费用。由于具体工程项目结构繁简程度、内容组成、建筑标准的不同，将直接影响到“其他项目清单”中具体内容的多与少。计价规范仅列出了“暂列金额”、“暂估金”（包括材料暂估单价、工程设备暂估单价、专业工程暂估价）、“计日工”、“总承包服务费”四项内容。实际工程中出现规范中未列的项目，可根据实际情况补充。暂列金额应根据工程特点按有关计价规范规定估算。

（7）编制规费、税金项目清单

规费与税金两项费用均属不可竞争费用。

1）规费项目清单。它包括社会保险费（养老保险费、失业保险费、医疗保险费、工伤保险费、生育保险费）、住房公积金、工程排污费等。实际工程中出现上述未列项目，应根据省级政府或省级有关部门的规定列项。

2）税金项目清单。它包括营业税、城市建设维护税、教育费附加、其他教育费附加等，设计工作中出现上述未列的项目，应根据税务部门的规定列项。

（8）填写主要材料、工程设备一览表

1）发包人提供材料和工程设备

① 发包人提供的材料和工程设备应在招标文件中按照规定填写《发包人提供材料和工程设备一览表》，写明甲供材料的名称、规格、数量、单价、交货方式、交货地点等。承包人投标时，甲供材料的价格应计入相应项目的综合单价中。签约后，发包人应按合同约定扣除甲供材料款，不予支付。

② 承包人应根据合同工程进度计划的安排，向发包人提交甲供材料交货日期计划。发包人应按计划提供。

③ 发包人提供的甲供材料如规格、数量或重量不符合合同要求，或由于发包人原因交货日期延误、交货地点、交货方式变更等情况的，发包人应承担由此增加的费用和（或）工期延误，并向承包人支付合理利润。

④ 发承包双方对甲供材料的数量发生争议不能达成一致的，应按照相关工程的计价定额同类项目规定的材料消耗量计算。

⑤ 若发包人要求承包人采购已在招标文件中确定为甲供材料的，材料价格应由发承包双方根据市场调查确定，并应另行签订补充协议。

2）承包人提供材料和工程设备

① 除合同约定的发包人提供的甲供材料外，合同工程所需的材料和工程设备应由承包人提供，承包人提供的工程材料和设备均由承包人负责采购、运输和保管。

② 承包人应按合同约定将采购材料和工程设备的供货人及品种、规格、数量和供货时间等提交发包人确认，并负责提供材料和工程设备的质量证明文件，满足合同约定的质量标准。

③ 对承包人提供的材料和工程设备经检测不符合合同约定的质量标准的，发包人应立即要求承包人更换，由此增加的费用

和（或）工期延误应由承包人承担。对发包人要求检测承包人已具备合格证明的材料、工程设备，但经检测证明该项材料、工程设备符合合同约定质量标准，发包人应承担由此增加的费用和（或）工期延误，并向承包人支付合理利润。

3. 建筑工程工程量清单计价的一般规定有哪些内容？

答：（1）建筑工程发承包及实施阶段工程造价应由分部分项工程费、措施项目费、其他项目费、规费和税金组成。

（2）工程量清单应采用综合单价计价。

（3）招标工程量清单标明的工程量是投标人投标报价的共同基础，竣工结算的工程量按发承包双方在合同中约定应予计量且实际完成的工程量确定。

（4）措施项目清单计价应根据拟建工程的施工组织设计，可以计算工程量的措施项目，应按分部分项工程量清单的方式采用综合单价计价；其余的措施项目可以“项”为单位的方式计价，包括除规费、税金外的全部费用。

（5）措施项目中的安全文明施工费必须按国家或省级、行业建设主管部门的规定计价，不得作为竞争性费用。

（6）其他项目清单应根据工程特点和“2013 计价规范”第 5.2.5、11.2.4 条的规定计价。

（7）发包人在招标工程量清单中给定暂估价的材料、工程设备属于依法必须招标的，应由发承包双方以招标的方式选择供应商，确定价格，并应以此为依据取代暂估价，调整合同价款。发包人在招标工程量清单中给定暂估价的材料、工程设备不属于依法必须招标的，应由承包人按照合同约定采购，经发包人确认单价后取代暂估价，调整合同价款。暂估材料或工程设备的单价确定后，在综合单价中只应取代暂估单价，不应再在综合单价中涉及企业管理费或利润等其他费用的变动。

（8）发包人在工程量清单中给定暂估价的专业工程不属于依法必须招标的，应按照相关规定确定专业工程价款，并应以此为依据取代专业工程暂估价，调整合同价款。发包人在招标工程量清单中给定暂估价的专业工程，依法必须招标的，应当由发承包双方依法组织招标选择专业分包人，并接受有管辖权的建设工程招标投标管理机构的监督，还应符合下列要求：

1）除合同另有约定外，承包人不参加投标的专业工程发包招标，应由承包人作为招标人，但拟定的招标文件、评标工作、评标结果应报送发包人批准。与组织招标工作有关的费用应当被认为已经包括在承包人的签约合同价（投标总报价）中。

2）承包人参加投标的专业工程发包招标，应由发包人作为招标人，与组织招标工作有关的费用由发包人承担。同等条件下，应优先选择承包人中标。

3）应以专业工程发包中标价为依据取代专业工程暂估价，调整合同价款。

（9）规费和税金必须按国家或省级、行业建设主管部门的规定计算，不得作为竞争性费用。

（10）建设工程发承包，必须在招标文件、合同中明确计价中的风险内容及其范围，不得采用无限风险、所有风险或类似语句规定计价中的风险内容及范围。

4. 建筑工程工程量清单计价方法的特点有哪些？

答：实行工程量清单计价的建设项目，其计价方法分为“招标控制价”和“投标报价”计价两种。使用国有资金投资的建设工程发承包必须采用工程量清单计价，并必须编制招标控制价。除“2013计价规范”强制性规定外，投标报价由投标人自主确定，但不得低于工程成本。

与招标投标过程中采用工程定额计价方法相比，采用工程量清单计价的方法具有以下特点：

（1）满足竞争的需要

招标投标过程本身就是一个竞争的过程，招标人给出招标工程量清单，投标人填报单价（此单价一般是指包括成本、利润和风险因素的综合价），不同的投标人其单价是不同的，单价的高低取决于投标人及其企业的技术和管理水平等因素，从而形成了企业整体实力的相互竞争。

（2）提供了一个平等的竞争条件

采用原来的施工图预算来投标报价，由于诸多原因，不同投标企业的预算编制人员业务素质的差异，计算出的工程量就不同，报价相差甚远，容易造成招标投标过程中的不合理。而工程量清单报价就为投标者提供了一个平等竞争的条件，相同的工程量，由企业根据自身的实力来填报不同的综合单价，符合商品交换的一般性原则。

（3）有利于实现风险的合理分担

采用工程量清单计价方式后，投标单位只对自己所报的成本、单价等负责，而对工程量的变更或计算错误等不负责任；相应的，对于这一部分风险则应由招标人承担，因此，这一格局符合风险合理分担与责、权、利关系对等的一般原则。

（4）有利于业主对投资的控制

采用现行的施工图预算形式，业主对因设计变更、工程量的增减所引起的工程造价变化不敏感，不会引起足够重视，往往到竣工结算时，才知道它对工程造价影响的大小，但此时通常是为时已晚，而采用工程量清单计价的方法在出现设计变更或工程量增减时，能及时知道它对工程造价影响的大小，这样，业主就能根据投资情况来决定是否变更或进行方案比较，以决定最恰当的处理方法。因此，采用这种方法才能有效地进行造价控制。

5. 建筑工程工程量清单计价方法的作用是什么？

答：（1）能真正实现市场竞争决定工程造价

工程量清单计价真实地反映了工程实际，为把工程价格的决定权交给市场的参与方提供了可能。工程造价形成的主要阶段是在招标投标阶段，在工程招标投标过程中，投标企业在投标报价时必须考虑工程本身的技术特点和招标文件的有关规定及要求，考虑企业自身施工能力、管理水平和市场竞争能力，同时还必须考虑其他方面的许多因素，诸如工程结构、施工环境、地质构造、工程进度、建设规模、资源安排计划等因素。在综合分析这些因素影响程度的基础上，对投标报价作出灵活机动的调整，使报价能够比较准确地与工程实际及市场条件相吻合。只有这样才能把投标定价的自主权真正交给招标和投标单位，投标单位才会对自己的报价承担相应的风险与责任，从而建立起真正的风险制约和竞争机制，并最终通过市场来配置资源，决定工程造价。真正实现通过市场机制决定工程造价。

（2）有利于业主获得最合理的工程造价

工程量清单计价方法本身要求投标企业在工程招标过程中竞争报价，对于综合实力强、管理水平高、社会信誉好的施工企业将具有较强的竞争力和中标机会，这样，招标单位将获得最合理的工程造价和较理想的施工单位，更能体现招标投标宗旨。同时，也可为业主的工程造价控制提供准确、可靠的依据。

（3）有利于促进施工企业改进经营管理，提高技术水平，增强综合实力

社会主义市场经济体现的是优胜劣汰。推行工程量清单计价方法，可以促进施工企业改进经营管理，提高技术水平，增强综合实力，在建设市场竞争中处于不败之地。通过对单位工程成本、利润进行分析，统筹考虑、精心选择施工方案，并根据企业定额合理确定人工、材料、施工机械要素的投入与配置，降低现场费用和施工技术措施费用，提高控制与管理工程造价的能力。工程质量、工程造价、施工工期三者之间存在着一定的必然联系，推行工程量清单招标，有利于将工程的“质”与“量”紧密结合起来。因为投标商在报价当中必须充分考虑工期和质量因素，这是客观规律的反映和要求。推行工程量清单招标有利于投标商通过报价的调整来反映质量、工期、成本三者之间的科学关系。总之，推行工程量清单计价方法，最终将全面提高我国建筑安装施工企业的整体水平。

（4）有利于参与国际市场的竞争

在当今全球市场经济一体化的趋势下，我国的建设市场将进一步对外开放，采用工程量清单计价方法是创造一个与国际惯例接轨的市场竞争环境。同时，有利于提高国内建设各方主体参与国际化竞争的能力，从而提高工程建设的整体管理水平。

6. 建筑工程工程量清单计价的原理是什么？

答：符合实行招标投标承建的土木建筑工程，在招标投标过程中，以招标人提供的招标工程量清单为平台，投标人结合施工现场的实际情况以及自身的技术、财务、管理能力进行投标报价，招标人根据具体评标细则进行优选低价中标的一种计价方式，这种计价方式是市场定价体系的具体表现形式。工程量清单计价的基本原理可以描述为：在统一的工程量清单项目设置的基础上，制定工程量清单项目计量规则，根据拟建项目的施工图纸计算出各个清单项目的工程量，再按照企业定额或参照工程所在地建设行政主管部门发布执行的消耗量定额、参考价目表、参考费率、市场价格或相关价格信息和经验数据计算得到工程造价的过程。这一基本的计算过程可用图 4-1 表示。

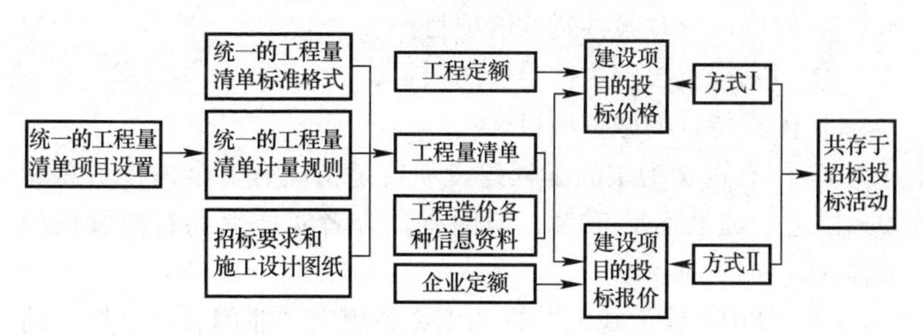

图 4-1　工程量清单计价原理框图

7. 建筑工程工程量清单计价的适用范围是什么？

答：建筑工程工程量清单计价的适用范围如下：

根据“2013 计价规范”第 1.0.2、3.1.1、3.1.2、3.1.3 条

的规定，主要适用于以下四个方面：

（1）“2013 计价规范”第 1.0.2 条规定“本规范适用于建设工程发承包及实施阶段的计价活动”。这里所指的建设工程发承包及实施阶段的计价活动包括：招标工程量清单、招标控制价、投标报价的编制，工程合同价款的约定，竣工结算的办理以及施工过程中的工程计量、合同价款支付、施工索赔与现场签证、合同价款调整和合同价款争议的解决等活动。

（2）“2013 计价规范”第 3.1.1 条规定“使用国有资金投资的建设工程发承包，必须采用工程量清单计价”。本条所指国有投资的资金包括国家融资资金、国有资金为主的投资资金。

1）国有资金投资的工程建设项目包括：

① 使用各级财政预算资金的项目。

② 使用纳入财政管理的各种政府性专项建设资金的项目。

③ 使用国有企事业单位自有资金，并且国有资产投资者实际拥有控制权的项目。

2）国家融资资金投资的工程建设项目包括：

① 使用国家发行债券所筹资金的项目。

② 使用国家对外借款或者担保所筹资金的项目。

③ 使用国家政策性贷款的项目。

④ 国家授权投资主体融资的项目。

⑤ 国家特许的融资项目。

3）国有资金为主的工程建设项目是指国有资金占投资总额 50％以上，或虽不足 50％，但国有投资者实质上拥有控股权的工程建设项目。

（3）“2013 计价规范”第 3.1.2 条规定“非国有资金投资的建设工程，宜采用工程量清单计价”。从此条可以看出，非国有资金投资的建设工程，“2013 计价规范”鼓励采用工程量清单计价方式，但是否采用，由项目业主自主确定。

（4）“2013 计价规范”第 3.1.3 条规定“不采用工程量清单计价的建设工程，应执行本规范除工程量清单等专门性规定外的其他规定”。本条进一步明确了对于不采用工程量清单计价方式的非国有投资工程建设项目，除工程量清单等专门性规定外，应执行“2013计价规范”其他条文。

8. 建筑工程工程量清单计价的方法是什么?

答：“2013计价规范”关于工程量清单计（报）价的方法有“招标控制价”和“投标报价”之分，但二者的计价方法是一致的，它仅是按照资金来源不同而作了上述划分。这里以“投标报价”方法为主作如下介绍：

工程量清单计价，按照“2013计价规范”规定，应采用综合单价计价，综合单价是指完成一个规定清单项目所需的人工费、材料和工程设备费、施工机具使用费和企业管理费、利润以及一定范围内的风险费用。

工程量清单实行综合单价计价的优点主要是：有利于简化计价程序；有利于与国际惯例接轨的实现；有利于促进竞争。因为上述各项费用均为竞争性费用。据此，工程量清单计（报）价的方法，可用计算式表达为：

单位工程造价＝[Σ(分项工程量×综合单价)＋措施项目费＋其他项目费＋规费]×(1＋税金率)

单项工程造价＝单位工程造价＋工程建设其他费用（当不编制建设项目总造价时）

建设项目总造价＝Σ单项工程造价＋工程建设其他费用

9. 建筑工程工程量清单计价文件由哪些内容组成?

答：工程量清单计价文件，是指投标人按照招标人提供的各项工程量清单文件，逐项计（报）价的各种表格，其具体内容包括：

（1）封面。

（2）扉页。

（3）总说明。

（4）建设项目投标报价汇总表。

（5）单项工程投标报价汇总表。

（6）单位工程投标报价汇总表。

（7）分部分项工程和单价措施项目清单与计价表。

（8）综合单价分析表。

（9）总价措施项目清单与计价表。

（10）其他项目清单与计价汇总表。

（11）暂列金额明细表。

（12）材料（工程设备）暂估单价及调整表。

（13）专业工程暂估价及结算价表。

（14）计日工表。

（15）总承包服务费计价表。

（16）规费、税金项目清单与计价表。

（17）发包人提供材料和工程设备一览表。

（18）承包人提供主要材料和工程设备一览表（适用于造价信息差额调整法）或承包人提供主要材料和工程设备一览表（适用于价格指数差额调整法）。

10. 计价表格的填写方法包括哪些内容？

答：工程量清单计（报）价的各种表格由投标人填写，填写后的表格就称为计（报）价表。各种表格填写完毕后，将其按先后次序装订成册，这个“册”就称为计价文件或投标报价书。其各种表格的填写方法分述如下：

（1）封面。投标总价封面应填写投标工程项目的具体名称，投标人应盖单位公章。

（2）扉页。投标报价扉页由投标人编制投标报价时填写。投标人编制投标报价时，编制人员必须是在投标人单位注册的造价人员。由投标人盖单位公章，法定代表人或其授权签字或盖章，编制的造价人员（造价工程师或造价员）签字盖执业专用章。

（3）总说明。投标报价总说明的内容一般来说应包括：①采用的计价依据；②采用的施工组织设计；③综合单价中包含的风险因素，风险范围（幅度）；④措施项目的依据；⑤其他有关内容的说明等。

（4）建设项目投标报价汇总表。它是各单项工程投标报价汇总表中数值的“集合”表，表中的“单项工程名称”应按《单项工程投标报价汇总表》的工程名称填写。

（5）单项工程投标报价汇总表。它是各单位工程投标报价汇总表中数值的“集合”表，表中的“单位工程名称”应按《单位工程投标报价汇总表》工程名称填写，如建筑工程、建筑装饰装修工程、建筑物附属安装工程等，表中的金额按《单位工程投标报价汇总表》的合计金额填写。

（6）单位工程投标报价汇总表。此表是一个单位工程费用的“集合”表，内容应包括该单位工程的，分项工程费，措施项目费，其他项目费、规费、税金等。表中上述各项“数值”应按规范中相应表格中的合计金额和按有关规定计算的规费、税金填写。

（7）分部分项工程和单价措施项目清单与计价表。“2013 计价规范”将 2008 版清单计价规范的“分部分项工程量清单与计价表”和“措施项目清单与计价表（二）”合并设置，以单价项目形式表现的措施项目与分部分项工程项目采用同一种表。此表是建设工程工程量清单计（报）价文件组成中最基本的计价表格之一，投标人按综合单价计价，并将各相应分项或子项工程的合价（工程量×综合单价）填入合价栏内。“分部分项工程和单价措施项目清单与计价表”中的项目编码、项目名称、项目特征、计量单位、工程数量均不作改动。对其中的“暂估价”栏，投标人应将招标文件中提供了暂估材料单价的暂估价进入综合单价，并应计算出暂估单价的材料在“综合单价”及其“合价”中的具体数额。

（8）总价措施项目清单与计价表。此表是投标人根据拟建工程施工场地勘踏而掌握的第一手资料以及施工组织设计或施工方案等为依据，对拟建工程施工应采取，但不能计量的措施项目的费用计算表。投标报价时，除“安全文明施工费”必须按“2013计价规范”的强制性规定，按省级、行业建设主管部门的规定计取外，其他措施项目均可根据投标施工组织设计自主报价。

（9）其他项目清单与计价汇总表。此表中的数值来源于“暂列金额明细表”、“材料（工程设备）暂估单价及调整表”、“专业工程暂估价及结算价表”、“计日工表”、“总承包服务费计价表”五个表格。编制投标报价文件时，应按招标文件工程量清单提供的“暂列金额”和“专业工程暂估价”填写金额，不得变动。“计日工”、“总承包服务费”自主确定报价。

“暂估金额”在实际履约过程中可能发生，也可能不发生，所以它尽管包含在投标总价中（所以也将包含在中标人的合同总价中），但并不属于承包人所有和支配，是否属于承包人所有受合同约定的开支程序的制约。

（10）综合单价分析表。综合单价分析表是评标委员会评审和判别综合单价组成和价格完整性、合理性的主要基础，对因工程变更调整综合单价也是必不可少的基础价格数据来源。采用经评审的最低投标价法评标时，该分析表的重要性更加突出。

该分析表集中反映了构成每一个清单项目综合单价的各个价格要素的价格及主要的“工、料、机”消耗量。投标人在投标报价时，需要对每一个清单项目进行组价，为了使组价工作具有可追溯性（回复评标质疑时尤其需要），需要表明每一个数据的来源。该分析表实际上是投标人投标组价工作的一个阶段性成果文件，借助计算机辅助报价系统，可以由电脑自动生成，并不需要投标人付出太多额外劳动。

该分析表一般随投标文件一同提交，作为竞标价的工程量清单的组成部分。以便中标后，作为合同文件的附属文件。投标人须知中需要就该分析表提交的方式作出规定，该规定需要考虑是否有必要对该分析表的合同地位给予定义。一般而言，该分析表所载明的价格数据对投标人是有约束力的，但是投标人能否以此作为错报和漏报等的依据而寻求招标人的补偿是实践中值得注意的问题。比较恰当的做法似乎是，通过评标过程中的清标、质疑、澄清、说明和补正机制，不但解决清单综合单价的合理性问题，而且将合理化的清单综合单价反馈到综合单价分析表中，形成相互衔接、相互呼应的最终成果，在这种情况下，即使是将综合单价分析表定义为有合同约束力的文件，上述顾虑也就没有必要了。

工程量清单综合单价分析表编制方法是：①编制综合单价分析表时，对辅助性材料不必细列，可归并到其他材料费中以金额表示；②编制招标控制价，使用本表应填写使用的省级或行业建设主管部门发布的计价定额名称；③编制投标报价，使用本表可填写使用的企业定额名称，也可填写省级或行业建设主管部门发布的计价定额，如不使用则不填写；④编制工程结算时，应在已标价工程量清单中的综合单价分析表中将确定的调整过后人工单价、材料单价等进行置换，形成调整后的综合单价。

(11) 规费、税金项目清单与计价表。本表按住房和城乡建设部、财政部印发的《建筑安装工程费用项目组成》（建标[2013] 44号）列举的规费项目列项，在施工实践中，有的规费项目，如工程排污费，并非每个工程所在地都要征收，实践中可作为按实计算的费用处理。

第五节 预算定额计价的基本要求和技能

1. 建筑工程定额的使用方法包括哪些内容？

答：(1) 定额的编号

为了方便套用定额项目和便于检查定额项目单价选套得是否正确，编制建筑工程预算书时，在预算表的“估价号”栏内必须填写子项或细项工程的定额编号。《全国统一建筑工程基础定额》（土建工程）GDJ—101—95的定额为两符号编号法，即×-×××。在《全国统一建筑工程基础定额》（土建工程）颁发以前，建筑工程预算定额由各省、自治区、直辖市主管部门制订，因此，各省、自治区、直辖市所编建筑工程预算定额的项目编号各不相同。现将在《全国统一建筑工程基础定额》（土建工程）GDJ—101—95颁发以前，各地区所编建筑工程预算定额项目编号的几种常见方法说明如下：

1）三符号编号法。三符号定额编号法，就是用分部工程—分项工程—子目（细项），或用分部工程一项目所在定额页数—子目（细项）等三个号码进行定额编号。

2）两符号编号法

两符号定额编号方法，就是采用分部工程—子目两个符号来表示子目（工程项目）的定额编号法。

《全国统一建筑工程基础定额》（土建工程）GJD—101—95，以及《全国统一安装工程预算定额》GYD—201～213—2000（2003），就是采用两符号编号法。

（2）选用定额单价的方法

选用预算定额单价，首先应查阅定额目录，找出相应的分部工程（一般多用第一章、第二章、第三章……表示）后，再找出所需要套用的分项工程（用阿拉伯数字1、2、3……表示）和该分项工程所在页数，即可查到所要套用的分项或子项工程预算单价。

在查找定额时，应首先确定要套用的分项或子项工程属于哪个分部工程，然后从目录上找到这个分项或子项工程所在页数，经核对工程名称、内容，如果全部吻合，就可以确定使用这个定额预算单价。

（3）套用定额单价的方法

按上述查阅预算定额的方法，找到该分项工程所在页数，经核对分项工程的项目与施工图规定内容相同时，则可以直接套用，但如果不相同时，在定额规定允许换算的情况下，应先进行换算后再套用，并在定额编号的右下角标注“换”字样。

对于定额中规定不允许换算的分项工程，绝不能随意换算，但可参照相类似的分项工程单价套用，如果没有相类似的分项工程单价可参照时，应编制补充预算单价。

2. 预算定额单价的换算方法有哪些？

答：预算定额单价换算，简称定额换算，是指将预算定额中规定的内容和施工图纸要求的内容不相一致的部分进行调整更换，取得一致的过程。例如，前述定额规定砖基础以1～5水泥砂浆砌筑，而某工程施工图纸说明称“±0.000以下砖基础用MU10号砖M5.0水泥砂浆砌筑”。这时，在套用砖基础预算单价时，应对砖基础基价（即单价）进行换算后，再套用换算的基价。在实际工作中换算最多的内容是混凝土等级与砂浆等级。这两种材料基价的换算公式如下：

换算后的预算基价＝定额基价－(应换出半成品数量×应换出半成品单价)＋(应换入半成品数量×应换入半成品单价)

或　换算后的预算基价＝(定额基价±应换算半成品的数量)×(应换入单价－应换出单价)

式中　±——是指由低强度等级换算高强度等级时用“＋”，反之用“－”。

3. 运用建筑工程综合预算定额编制预算时的注意事项有哪些？

答：目前，我国各地区定额参差不齐，有的地区为预算定额，有的地区为综合预算定额，还有的地区运用的是消耗量定额等。使用综合预算定额编制工程概预算，能够减少工程计算项目，简化编制工作，加快编制进度，及时满足现场的需要。

建筑工程综合预算定额是在预算定额的基础上，以主体结构分项为主，进一步综合、扩大、合并与其相关部分，使该结构比预算定额的范围更为扩大。由于建筑工程综合预算定额（以下简称综合预算定额）有较大的综合性，使用综合预算定额编制概预算时，应注意以下事项。

（1）注意认真学习定额的总说明。对说明中指出的编制原则、适用范围和作用，以及考虑或未考虑的因素，要很好地理解和熟记。综合预算定额总说明一般都指出：本定额适用于我省范围内的一般工业与民用建筑的新建、扩建工程；不适用于修缮、改建、抗震加固、拆除及专业性较强的特殊工程。本定额是编制初步设计阶段概算、施工图设计阶段预算的依据；招标投标工程编制标底的依据；办理工程竣工结算的依据。对于这些都必须熟记。

（2）注意认真地学习各分部工程说明，一定要熟悉各分项工程中所综合的内容，否则就会发生漏算或重复计算工程量。

（3）对常用的分项定额所包括的工作内容、计量单位等，要注意通过日常工作实践，逐步加深印象和记忆。各分项工程的工作内容，一般都扼要说明了主要工序的施工操作过程，次要工序虽未逐一说明，但定额中一般也已做了考虑。

（4）注意掌握综合预算定额中哪些项目允许换算，哪些项目不允许换算。凡规定不允许换算的项目，均不得因具体工程的施工组织设计、施工方案、施工条件不同而任意换算。

（5）注意定额与定额间的关系。

（6）注意有关问题说明及定额术语。

综上所述，使用综合预算定额（或预算定额）编制工程概预算书，是一项复杂的工作过程，尽管各省、市、自治区的建筑工程定额大体相同，但又各有差异，如果一时疏忽就会出现差错。

只有在注意和熟记上述内容的基础上，才能依据设计图纸、综合预算（或预算）定额，迅速准确地确定工程量项目，正确计算工程量，准确地选用定额单价，以便及时的编制工程预算；同时，也才能运用综合预算定额做好其他有关各项工作。

4. 单位估价表的编制方法包括哪些内容？

答：（1）编制依据

1）《全国统一建筑工程基础定额》（土建工程）GJD—

101—95 或地区建筑工程预算定额。

2）建筑工人工资等级标准及工资级差系数。

3）建筑安装材料预算价格。

4）施工机械台班预算价格。

5）有关编制单位估价表的规定等。

（2）编制步骤

1）准备编制依据资料。

2）制订编制表格。

3）填写表格并运算。

4）编写说明、装订批。

（3）编制方法

编制单位估价表，简单地说就是将预算定额中规定的三种量，通过一定的表格形式转变为三种价的过程。其编制方法可以用公式表示为：

人工费 = 分项工程定额工日 × 相应等级工资单价

材料费 = Σ(分项工程材料消耗量 × 相应材料预算单价)

机械费 = Σ(分项工程施工机械台班消耗量

× 相应施工机械台班预算单价)

分项工程预算单价 = 人工费 + 材料费 + 机械费

1）工人工资。工人工资又称劳动工资，它是指建筑安装工人为社会创造财富而按照“各尽所能、按劳分配”的原则所获得的合理报酬，其内容包括基本工资以及国家政策规定的各项工资性质的津贴等。

我国现行工人劳动报酬计取的基本形式有计件工资制和计时工资制两种。执行按预算定额计取工资的制度称为计件工资制。所谓计件工资就是完成合格分项或子项工程单位产品所支付的规定平均等级的定额工资额。按日计取工资的制度称为计时工资制。所谓计时工资就是指做完 8h 的劳动时间按实际等级所支付的劳动报酬，8h 为一个工日，又称为日工资。

无论是计时工资还是计件工资都是按照工资等级来支付工资

的。但在现行预算定额里不分工资等级一律以综合工日计算，而仅给每个等级定一个合理的工资参考标准。

2）材料费。是指分项施工过程中耗费的构成工程实体的原材料、辅助材料、构配件、零件、半成品的费用。建筑工程估价表中材料费按定额中各种材料消耗指标乘以相应预算价格求得，其计算公式如下：

材料费＝Σ（定额材料消耗指标×相应材料预算价格）

材料预算价格是指材料由其来源地（或交货地点到达工地仓库）后所发生的全部费用的总和，即材料原价（或供应价）、材料运杂费、材料运输损耗费、材料采购及保管费和材料试验费等。

建筑材料预算价格各项费用在市场经济条件下可按下述方法确定：

① 材料原价。指材料的出厂价格或国有商业批发价格。

② 地方统一管理的材料，按地方物价部门批准的价格。

③ 凡有专业公司供应的材料，按专业公司的批发、零售价综合考虑。

④ 市场采购材料、按出厂（场）价、市场价等综合取定计算。

⑤ 凡同一种材料，由输出地、生产厂家的不同而有不同的几种价格时，应根据不同的来源地及厂家供货数量比例，按加权平均综合价计算。

3）施工机械台班预算价格。

施工机械台班预算价格反映了施工机械在一个台班运转中所支出和分摊的各种费用之和，也称为预算单价。施工机械台班费用由第一类费用（不变费用）和第二类（可变费用组成）；第一类费用包括基本折旧费、大修理费、经常修理费、安拆费及场外运输费；在编制施工机械台班使用费计算表、确定台班预算费时，从施工台班定额中直接转抄所列即可。

第二类费用包括燃料动力费、人工费、养路费及车辆使用税。第二类费用必须按定额规定的各种实物量指标分别乘以地区人工工日标准、燃料等动力资源的预算价格。计算方法为：

第二类费用＝定额实物量指标×地区相应实物价格

车辆使用税应根据地区有关部门的规定进行计算，列入机械台班价格中。

5. 单位估价表的使用方法是什么？

答：单位估价表是按照预算或综合预算定额分部分项工程的排列次序编制的。其内容及分项工程编号与预算定额或综合预算定额相同，它的使用方法也与预算或综合定额的使用方法基本一致。但由于单位估价表是地区（或一个城市）的，所以它具有地区的特点；又由于单位估价表仅为了编制工程预算造价而定，它的应用范围与包括内容又不如预算定额或综合预算定额广泛。因此，使用时首先要查阅所使用单位估价表是通用的还是专业的；其次要查阅总说明，了解它的适用范围和适用对象，查阅分部工程说明，了解它包括和未包括的内容；最后，要核对分项工程的工作内容是否与施工图设计要求相符合，若有不同，是否允许换算等。

6. 人工定额消耗量指标的确定方法有哪些？

答：人工消耗量指标的确定方法如图 4-2 所示，其中，人工工时消耗量的确定方法主要是计时观察法。计时观察法的种类如图 4-3 所示。

7. 材料定额消耗量指标的确定方法有哪些？

答：材料定额消耗量指标确定方法如下：

建筑安装产品施工生产活动中的材料消耗分为必须的材料消耗和损失的材料两类性质，必须消耗的材料是指在合理用料的条件下，生产合格产品所需要消耗的材料。包括直接用于建筑安装

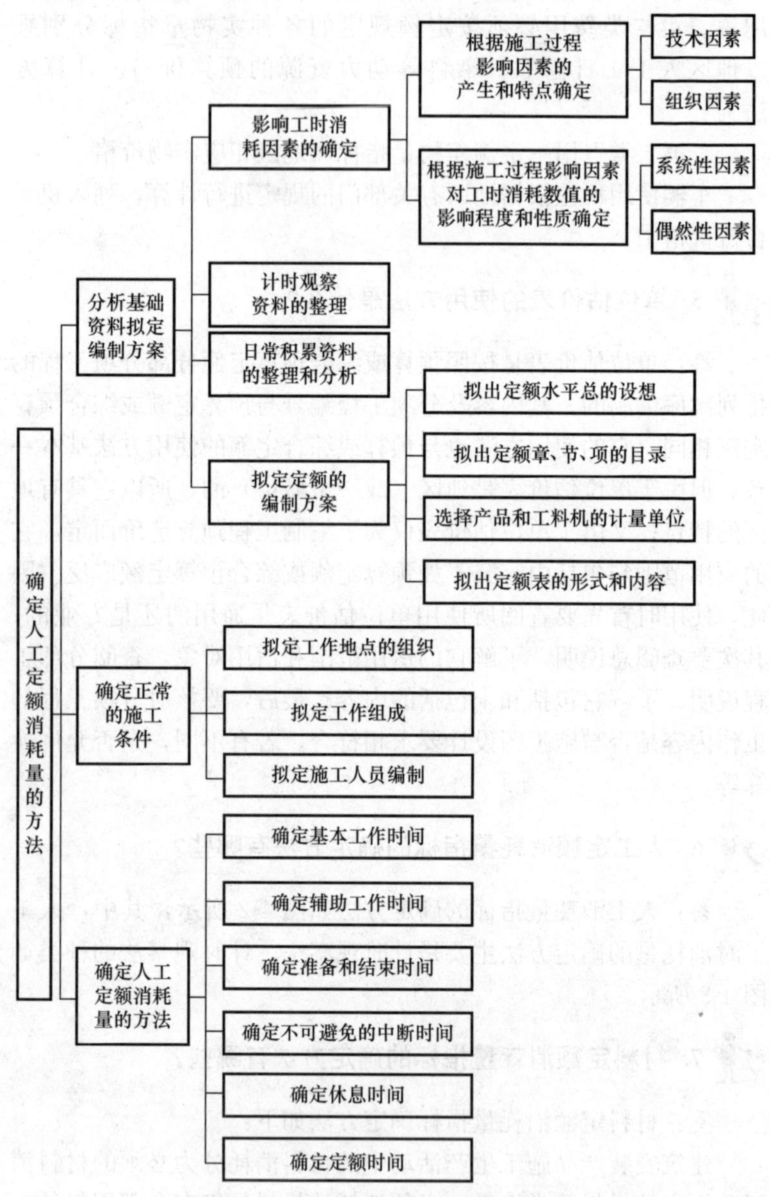

图 4-2 确定人工消耗量的基本方法

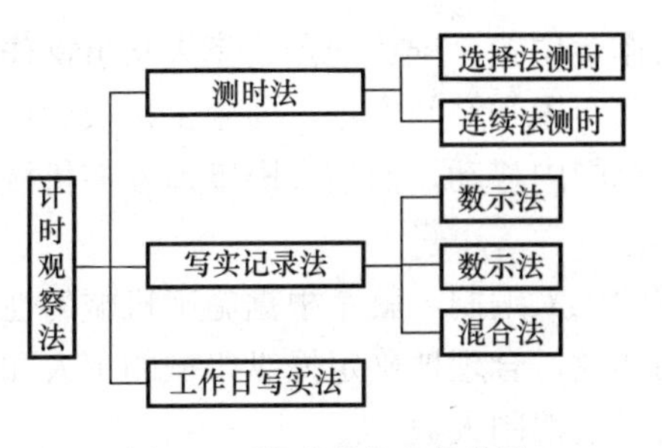

图 4-3　计时观察法的分类

工程的材料、不可避免的施工废料和不可避免的材料损耗（包括场内运输损耗、加工损耗、操作损耗、次品返工损耗等）。

材料消耗量定额指标和材料损耗定额的确定方法主要有：技术测定法、实验室试验法、现场统计法和理论计算法等。实际工作一般是采用理论计算与实际测定相结合、图纸计算与施工现场测算相结合等方法确定的。理论计算是指运用一定的数学公式计算材料的消耗用量，对于消耗量定额中反复使用的周转性材料确定方法，可用计算公式表示如下：

一次使用量＝材料净用量×(1＋材料损耗率)

材料摊销量＝一次使用量×摊销系数摊销系数

推销系数＝[周转使用系数－1－损耗率]×回收价值率/周转次数×100%

周转使用系数＝[(周转次数－1)×(1＋损耗率)]/周转次数

回收价值率＝[一次使用量×(1－损耗率)]/周转次数×100%

8. 机械定额消耗量指标的确定方法有哪些?

答：机械台班使用量定额，主要包括以下内容：

(1) 确定正常的施工条件。施工条件是影响劳动生产率的重要因素，所以正确地确定施工条件，对提高劳动生产率、降低原材料消耗量和产品成本具有重要的意义。

确定机械工作正常的施工条件，主要是确定工作地点的合理组织和合理的工人编制。工作地点的合理组织，就是对施工地点机械和材料的作业位置、堆放地点、工人从事操作的场所，做出科学合理的平面布置和空间安排，使施工机械和操纵机械的工人尽可能在最小范围内移动，而最大限度地发挥机械的效能，减少工人的手工操作。

制订合理的工人编制，就是根据施工机械的性能，工人的专业分工和劳动功效，合理地确定操纵机械的工人和直接参加机械化施工过程的工人编制人数。

（2）确定机械 1h 的纯工作正常生产率。确定机械正常生产率时，必须首先确定出机械 1h 纯工作的正常生产率。机械纯工作时间，就是指机械的必须消耗时间（包括有效工作时间、不可避免的无负荷工作时间和不可避免的中断时间）。机械 1h 纯工作正常生产率，就是在正常施工组织条件下，由具备一定技术知识和技能的技术工人操纵施工机械纯工作 1h 的生产率。

对于循环动作机械，确定机械 1h 纯工作正常生产率的计算公式如下：

施工机械 1h 纯工作正常循环次数(N) =
60 × 60(s)/一次循环的正常延续时间

机械一次循环的正常延续时间 =Σ循环各组成部分正常延续时间
－交叠时间

机械 1h 纯工作正常生产率 =机械 1h 纯工作正常循环次数
×一次循环生产的产品数量

从上述公式可以看出，确定机械 1h 纯工作正常生产率要根据机械的类型和结构特征，以及工作过程的特点来进行。其计算公式如下：

连续动作机械 1h 纯工作正常生产率 =
工作时间内生产的产品数量 / 工作时间(h)

从上述计算公式可以看出，工作时间内的产品数量和工作时间的消耗，要通过多次现场观察和机械使用说明书才能取得其数据。

（3）确定施工机械的正常利用系数，机械的正常利用系数是指机械在工作班内对工作时间的利用率。即机械纯工作时间与机械一个工作班延续时间的比率。机械正常利用系数与工作班内的工作状况有着密切的关系。所以，要确定机械的正常利用系数，保证工时的合理利用，首先必须拟定机械在工作班内正常的工作状况。

（4）计算施工机械台班消耗量定额。计算机械台班消耗量定额是编制机械台班定额工作的最后一步。在确定了机械工作正常条件、机械 1h 纯工作时间正常生产率和机械利用系数后，就可以采用下述计算公式确定机械台班的消耗量定额指标。

施工机械台班产量定额 ＝机械 1h 纯工作正常生产率
×工作班延续时间
×机械正常利用系数

或　施工机械台班产量定额＝机械 1h 纯工作正常生产率
×机械工作班纯工作时间

施工机械时间定额＝1/机械台班产量定额指标

9. 企业定额编制的方法是什么?

答：编制企业定额最关键的工作是确定人工、材料和机械台班的消费量，计算分项工程单价或综合单价。

（1）人工消耗量的确定。人工消耗量的确定，首先是根据本企业环境，拟定正常的施工作业条件，分别计算测定基本用工和其他用工的工日数，进而拟定施工作业的定额时间。

（2）材料消耗量的确定。材料消耗量的确定是通过企业历史数据的统计分析、理论计算、试验、实地考察等方法计算确定材料包括周转材料的净用量和损耗量，从而拟定材料消耗的定额指标。

（3）机械台班消耗量确定。机械台班消耗量的确定，同样需要按照企业的环境，拟定机械工作的正常施工条件，确定机械工作效率和利用系数，据此拟定施工机械作业的定额台班与机械作业相关的工人小组的定额时间。

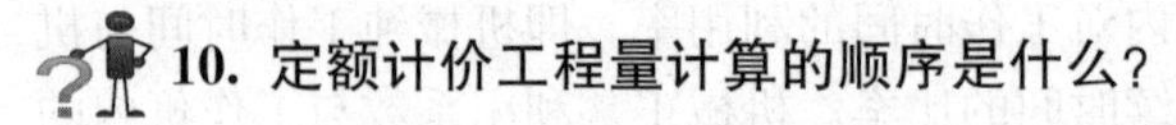

10. 定额计价工程量计算的顺序是什么?

答：为了便于计算和审核工程量，在计算工程量时，应根据《全国统一建筑工程基础定额》编号的先后顺序列出分项工程子目，然后按照施工图的具体情况，遵循着一定的顺序，依次进行计算。这样，既可以节省前后不断翻阅看图的时间，加快计算速度，又可以避免重算或漏算项目的现象发生。为此，建筑预算工程量计算应采用下述几种不同顺序进行。

（1）按顺时针方向先左后右、先横后竖、先上后下计算

按顺时针方向是指先从平面图左上角开始向右行进，绕一周后再回到左上方止。

（2）按图纸轴线先外后内进行计算

设计复杂的建设项目，仅按上述顺序很可能发生重复和遗漏现象，为了方便计算，避免重复和遗漏，工程量计算还可按设计图纸的轴线先外后内进行，并将其部位标记在工程量计算表内的“部位”栏。

（3）按建筑物层次及图纸结构构件编号顺序机械计算

随着我国高层建筑的日益增多，为了计算方便和避免前后反复查阅图纸，可按建筑物的层次及结构构件的编号进行计算。这种计算顺序的优点是可以节省时间，给汇总工程量带来许多便利。

以上三种计算顺序，在实际应用中并不一定截然分开，有时同时穿插使用。

11. 单位工程预算书编制的程序和方法有哪些?

答：建筑单位工程预算定额计价的步骤，就是在各个分部分项工程工程量计算完毕后，紧接着编制单位工程预算书。单位工程预算书的编制程序和方法，这里先用程序式和计算公式表示如下：

（1）编制程序式

抄写工程量→选套预算单价→计算合价→计算小计→计算定额项目直接工程费合计→计算措施项目费→计算直接费→计算间

接费→计算利润→计算材料差价→计算税金→计算单位工程含税总造价→计算单位（方）造价→计算主要材料使用量→送审。

（2）费用计算式。

1）单位工程预算造价＝直接费＋间接费＋利润＋税金

其中　　　直接费＝直接工程费＋措施费

直接工程费＝人工费＋材料费＋施工机械使用费

人工费＝Σ(分项工程量×相应分项工程预算人工费单价)

材料费＝Σ(分项工程量×相应分项工程预算材料费单价)

施工机械使用费＝Σ(分项工程量×相应分项工程预算机械使用费单价)

措施费＝Σ[措施项目工程量(费)×相应措施项目费率(%)]

间接费＝规费＋企业管理费

规费＝Σ[规费项目工程量(费)×相应规费项目费率(%)]

企业管理费＝直接工程费×企业管理费费率(%)

利润＝(直接工程费＋企业管理费)×利润率(%)

税金＝(直接费＋间接费＋利润＋材料差价＋…)×税金税率(%)

2）计算单位建筑面积造价

计算单位建筑面积造价＝单位工程预算造价/单位工程建筑面积（元/m^2）

3）计算主要材料使用量

计算主要材料使用量＝分项工程量×相应分项工程某种材料定额消耗量

12. 怎样计算分部分项工程合价与小计？

答：（1）计算“合价”是指把预算表内的各分项或子项工程的工程量乘其预算单价得到积数的过程，并把各分项或子项的计算结果（积数），写入本工程子目的“总价值”栏内，并同时将计算出“三项”费用的积数也填入各自的相应栏目内。其计算方法可用计算式表示为：

合价＝工程数量×相应项目定额单价，

其中：人工费＝工程数量×相应项目定额人工费单价，材料费、机械费计算方法也相同。分项工程的合价可取整数，也可取小数点后两位，具体怎么取定，应按各单位的管理制度执行。

把一个分部工程各个分项工程的“合价”竖向相加，即可求得该分部工程的“小计”。再把各分部工程的小计相加，就可以得出该单位工程的定额项目直接工程费用。定额项目直接工程费用是计算各项措施项目费用的基础数据，因此务必细心计算，以防发生差错。如果是计算“三项”费用的单位工程预算，直接工程费用的数值必须与人工费＋材料费＋机械费之和的数值相等，否则，就计算错了，应进行自我复查。

（2）分部分项工程合价与小计的计算式表示如下：

分项工程合价＝分项工程数量×相应分项工程预算单价

分部工程小计＝Σ各分项工程合价

各分部工程“小计”求得后，进一步可以计算出单位工程的定额项目直接工程费。定额项目直接工程费的计算方法可用计算式表达为：

单位工程直接工程费＝Σ分部工程小计

式中　分部工程小计＝Σ（人工费＋材料费＋机械费）或（Σ各分项工程合价之和）

其中　人工费＝分项工程数量×相应分项工程定额人工费预算单价

材料费＝分项工程数量×相应分项工程定额材料费预算单价

机械费＝分项工程数量×相应分项工程定额机械使用费预算单价

13. 怎样计算直接费、间接费？

答：直接费由直接工程费和措施费两大项内容组成。

（1）直接费

1）直接工程费

工程的定额项目直接工程费用的计算方法现以计算式表达如下：

定额项目直接工程费=各分部工程小计

其中　各分部工程小计=各相应分部工程的分项工程合价

分项工程合价=Σ（分项工程数量×相应分项工程定额预算单价）

2）措施费

措施费的计算方法可用计算式表示为：

措施费=Σ［直接工程费×相应措施项目费费率（%）］

（2）间接费

间接费是用于不构成工程实体但有利于工程实体形成而需要支出的一些费用。具体说，它主要由规费和企业管理费两大部分组成。

规费是指在工程建设中必须缴纳的有关费用，如工程排污费、社会保险费等。这类费用属于不可竞争的费用，即日常所说的“硬性”费用。其计算方法如下：

规费=规定计算基础×相应规定费率（%）

企业管理费是指建筑安装企业组织工程施工生产和经营管理所需支出的有关费用，如管理人员工资、办公费、固定资产使用费、劳动保险、工会经费、职工教育经费等10多项内容。企业管理费用属于一种竞争性费用，即在招标投标承建制中可以自由竞争报价。企业经营管理科学、完善，其费用消耗就少，工程成本就低，反之，耗费就多，成本也高。土建工程的企业管理费一般多以“直接工程费”或“人工费+机械费”为基数计算；安装工程一般多以“人工费”或“人工费+机械费”为基数计算。土建工程企业管理费的计算方法如下：

企业管理费=直接工程费×规定费率（%）

企业管理费计算费率（标准），各省、自治区、直辖市都有规定。

14. 怎样计算利润、税金？

答：（1）税金计算

建筑安装企业生产经营活动支出获得补偿后的余额称为利

润。建筑工程造价中利润的计算方法如下：

利润=(直接工程费+管理费)×利润率（%）

（2）税金计算

税金是指国家税法规定的应计入建筑安装工程造价内的营业税、城市维护建设税及教育费附加等。税金额的计算方法可用计算式表达如下：

$$y = Wj$$

式中 y——应计入建筑产品价格中的税金（元）；

W——税前造价（不含税造价=直接费+间接费+利润+…）；

j——折算综合税率（%）。

15. 怎样计算单位工程预算含税造价？

答：各项费用计算完毕并将各项数值相加，就可以求得一个单位工程预算含税造价的总值。建设项目的单位工程预算造价的组成比较复杂，包括有直接工程费、措施费、间接费、利润、税金等。在这些费用中，有的是依据设计图纸结合预算定额的项目划分计算出来的；有的是按照占直接工程费的比率计算出来的（如“措施费”等）；有的是按占直接费的比率计算出来的（如“间接费”）；有的是按照预算成本计算出来的（如“利润”）；还有的是按占上述各项费用总和的一定比率计算出来的（如“税金”）等。同时，在预算造价的各项费用中，有的费用参与有关费用的计取；有的不参与有关费用的计取，而按差价处理（如“材料差价”额不参与利润的计算等）。建筑产品（工程）价格的确定，比一般工业产品价格的确定要复杂得多。为了正确地确定建筑产品（工程）的预算价格，各省、自治区、直辖市和国务院各部（委），都规定有建筑安装工程造价的计算程序。

需要指出的是，这些程序随着费用项目的增减和时间的转移而变化的，它并非一成不变。

16. 怎样计算单位工程主要材料需要量？

答：随着社会主义市场经济的深入发展，投标竞争的激烈进行，人工、材料和机械费用的政策性浮动和随行就市的浮动都很大，按照原有单位估价表单价计算出的人工费、材料费、机械费和定额项目直接工程费与建筑产品的实际价值差距甚大。为了按实物法对一些主要建筑材料（如钢材、木材、水泥、金属门窗等）进行单独调整差价，当一个单位工程预算编出来后就必须计算主要材料耗用量，以便调整主要材料差价。主要材料耗用量计算方法可用计算式表示为：

某种材料耗用量＝分项或子项工程数量×相应材料定额用量

材料耗用量的计算应按照预算编制单位内部规定的“材料分析表”进行。

第六节　工程建设项目概算、预算和结算的编制及审查

1. 初步设计概算的分类、组成各包括哪些内容？

答：(1) 概算的概念

拟建项目在初步设计（或扩大初步设计）阶段，设计单位根据初步设计（或扩大初步设计）图纸、设备材料清单、设计说明文件，以及综合预算定额（或概算指标）、设备材料价格和各项费用定额与有关规定，编制出反映拟建项目所需建设费用的技术经济文件，称为设计概算（或初步设计概算）。经批准的设计概算，是控制和确定建设项目造价，编制固定资产投资计划，签订建设项目总包合同和贷款总包合同，实行建设项目投资包干的依据；也是控制基本建设拨款和施工图预算，以及考核设计经济合理性的依据。

我国基本建设管理制度规定，凡采用两阶段设计的建设项目，初步设计阶段必须编制总概算，施工图设计阶段必须编制预算。凡采用三阶段设计的，技术设计阶段还必须编制修正总概算。总概算是设计文件的重要组成部分。主管单位在报批设计时，必须同时报批概算。

(2) 初步概算的分类

初步设计概算的分类如图 4-4 所示，初步设计总概算文件的组成如图 4-5 所示。

2. 怎样用定额法编制单位建筑工程概算?

答：单位建筑工程概算的编制方法主要有定额法、指标法和类似工程预算法等。为了缩短篇幅及与本节主题挂钩，这里对上述单位工程概算编制的几种方法不作详细叙述，而仅用计算式加以表示。

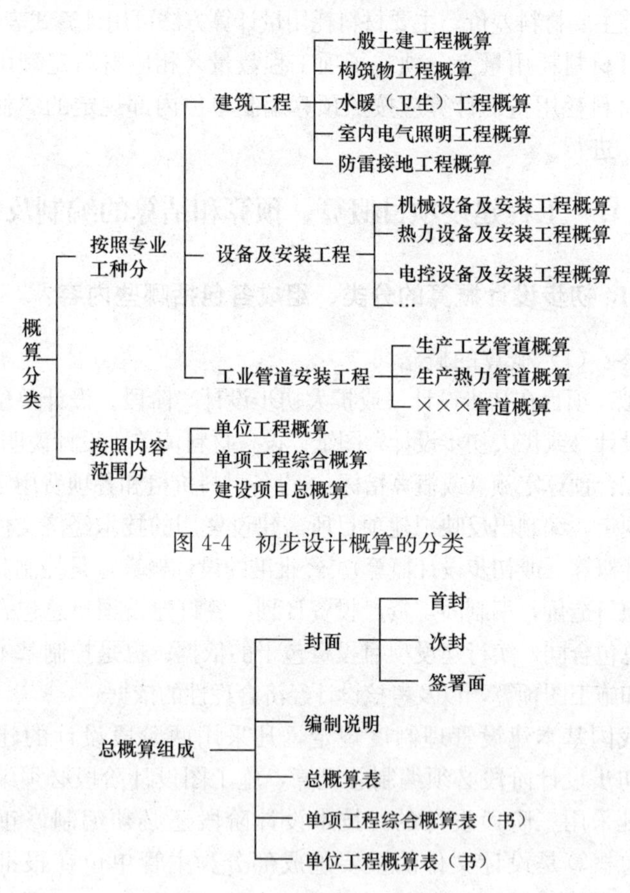

图 4-4　初步设计概算的分类

图 4-5　初步设计总概算文件的组成

用定额法编制单位建筑工程概算

定额法编制单位工程概算，就是采用建筑工程概算定额或综合预算定额编制概算的方法。采用这一方法的前提条件，主要是当初步设计达到规定深度、建筑结构比较明确时，就可以采用这种方法。采用这种方法的各项费用计算以计算式表达如下：

（1）各分项直接工程费=Σ（分项工程量×相应分项工程定额基价）

（2）定额项目措施费=Σ（分项直接工程费之和×相应措施费率）

（3）定额项目直接费=直接工程费+措施费

（4）间接费=定额项目直接费×间接费费率（%）

（5）利润=（直接费+间接费-规费）×利润率（%）

（6）税金=（直接费+间接费+利润+材料差价+…）×税金率（%）

（7）含税单位工程造价=(3)+(4)+(5)+(6)

（8）单位造价=单位工程概算值/建筑面积（m^2）

3. 单位工程概算审查包括哪些内容？

答：（1）审查的意义

单位工程概算是确定某个单位工程建设费用的文件，是确定建设项目全部建设费用不可缺少的组成部分。审查单位工程概算书是正确确定建设项目投资的一个重要环节，也是进一步加强工程建设管理，按基本建设程序办事，检验概算编制质量，提高编制水平的方法之一。因此，搞好概算的审查，精确地计算出建设项目投资，合理地使用建设资金，更好地发挥投资效果，具有重要的意义。

1）可以促进概算编制人员严格执行国家概算编制制度，杜绝高估乱算，缩小概、预算之间的差距，提高编制质量。

2）可以正确地确定工程造价，合理分配和落实建设投资，加强计划管理。

3）可以促进设计水平的提高与经济合理性。

4）可以促进建设单位与施工单位加强经济核算。

（2）审查的内容

1）审查单位工程概算编制依据的时效性和合法性。

2）审查单位工程概算编制深度是否符合国家或部门的规定。

3）审查单位工程概算编制的内容是否完整，有无漏算、多算、重算，各项费用取定标准、计算基础、计算程序、计算结果等是否符合规定和正确。

4）审查单位工程概算各项应取费用计取有无高抬“贵手”、带“水分”、打“埋伏”或“短斤少两”的现象。

（3）审查的方法

设计概算审查可以分为编制单位内部审查和上级主管部门初步设计审查会审两个方面，这里说的审查是指概算编制单位内部的审查方法。概算编制单位内部的审查方法主要有下述几种：

1）编制人自我复核。

2）审核人审查，包括定额、指标的选用、指标差异的调整换算、分项工程量计算、分项工程合价、分部工程直接工程费小计，以及各项应取费用计算是否正确等。编制单位内部审核人审查这一环节是一个至关重要的审查环节，审核人应根据被审核人的业务素质，选择全面审查法、重点审查法和抽项（分项工程）审查法等进行审查。

3）审定人审查，是指由造价工程师、主任工程师或专业组长等对本单位所编概算的全面审查，包括概算的完整性、正确性、政策性等方面的审查和核准。

4. 审查单位工程概算的注意事项有哪些?

答：（1）编制概算采用的定额、指标、价格、费用标准是否符合现行规定。

（2）如果概算是采用概算指标编制的，应审查所采用的指标是否恰当，结构特征是否与设计符合，应换算的分项工程和构件是否已换算，换算方法是否准确。

(3) 如果概算是采用概算定额（或综合预算定额）编制的，应着重审查工程量和单价。

(4) 如果概算是依据类似工程预算编制的，应着重审查类似预算的换算系数计算是否正确，并且注意所采用的预算与编制概算的设计内容有无不符之处。

(5) 注意审查材料差价，特别是价格变动较大的材料或材料价格变化较为明显的地区尤其要注意这个问题。

(6) 注意概算所反映的建设规模、建筑结构、建筑面积、建筑标准等是否符合设计规定。

(7) 注意概算造价的计价程序是否符合规定。

(8) 注意审查各项技术经济指标是否先进合理。

(9) 注意审查该算账是否实事求是，有无弄虚作假、高估多算，硬留“活口”的现象。

5. 单位工程预算审查的内容有哪些?

答：(1) 审查工程量

主要是审查各分部分项工程量计算尺寸与图示尺寸是否相同，计算方法是否符合“工程量计算规则”要求，计算内容是否有漏算、重算和错算等。审查工程量要抓住那些占预算价值比重大的分项工程。对分项工程，应作详细审查，其他各分部分项工程可做一般性审查。同时要注意各分项工程的材料标准、构件数量以及施工方法是否符合设计规定。为审查好工程量，审查人员必须熟悉定额说明、工程内容、工作内容、工程量计算规则和具备熟练的识图能力。

(2) 审查预算单价

预算单价是一定计量单位的分项工程或结构构件所消耗工料的货币形式表现的标准，是决定工程费用的主要因素。审查预算单价，主要是审查单价的套用及换算是否正确，有没有套错或换算错预算单价，计量单位是否与定额规定相同，小数点有没有点错位置等。审查时应注意：

1）是否有错列已包括在定额内的项目。如砖基础的挖、填、运土工程；普通木门窗的场外运输费和一般油漆费；楼地面工程中与整体面层构造材料相同的踢脚线等均不得另列项计算。

2）定额不允许换算的是否进行了换算。如混凝土工程中的混凝土强度等级、石子粒径、水泥强度等级、模板种类、钢材品种和规格等，均不得进行调整和换算。

3）定额允许换算的项目其换算方法是否正确。如门窗玻璃厚度的换算方法应该是：从定额单价中扣去定额考虑的厚度价值，增加实际采用的厚度价值。可以用公式表示为：

换算单价＝定额预算单价－定额材料价值＋实际采用材料价值

其中　定额材料价值定额材料消耗数量×定额材料预算单价

实际采用材料价值＝定额材料消耗数量×实际采用的材料预算单价

（3）审查直接工程费用

即根据已经审查过的分项工程量和预算单价，审核两者相乘之积以及各个积数相加之和［Σ（工程数量×预算单价）］是否正确。直接工程费用是措施项目费、间接费以及各项应取费用的计算基础，审查人员务必细心、认真地逐项计算。

（4）审查各种应取费用

在一般土建工程中，各种应取费用占工程直接费的30％左右，是工程预算造价的重要组成，因此审查各种应取费用时，应注意以下几点：

1）采用的费用标准是否与工程类别相符合，选用的标准与工程性质是否相符合。

2）计费基数是否正确。

3）有无多计费用项目。

（5）审查利润

1）“工料单价法”以直接费为基础的利润计算

利润＝(直接工程费＋措施费＋间接费)×规定利润率（％）

2）“综合单价法”的单价中已经包括了利润，不必重新计算。

审查利润，就是看一看它的计算基础和利率套错了没有，计算结果是否正确等。

（6）审查建筑营业税

城市维护建设税和教育费附加均以计征的营业税额为计征依据，并同时缴纳，其计算方法是按建筑安装工程造价计算程序计算出完整工程造价后（即直接费＋间接费＋利润＋材料差价四项之和）作为基数乘以综合折算税率。由于营业税纳税地点的不同，计算程序复杂，审查时应注意下列几点：

1）计算基数是否完整。通常情况下是以“不含税造价”为计算基础，即直接费＋间接费＋利润＋……。

2）纳税人所在地的确定是否正确，如某建筑公司驻地在甲市，承包工程在乙地某县，则纳税人所在地应为乙地某县，而不应确定为甲市。

3）计税率选用的是否正确（纳税人所在地在市区的综合折算税率为3.412％；在县城、镇的为3.348％；不在市区、县城或镇的为3.2205％）。

（7）审查预算造价

单位工程预算造价＝直接费＋间接费＋各项应取费用＋利润＋营业税

式中　　直接费＝直接工程费＋措施费。

（8）审查建筑面积

建筑面积是指房屋建筑的水平面积。建筑面积在建筑工程造价管理方面起着很重要的作用。因此，在校审工程预算时，应以国家标准《建筑工程建筑面积计算规范》GB/T 50353为依据，对所计算的建筑面积进行认真全面的审核。其审核的内容应包括以下几个方面：

1）单层建筑及多层建筑物首层的建筑面积是否按其外墙勒脚以上结构外围水平面积计算。

2）单层建筑物高度及多层建筑物层高在2.2m及以上者是

否计算全面积；单层建筑物高度及多层建筑物层高不足2.2m者是否按1/2计算建筑面积。

3）不应计算建筑面积的建筑通道（骑楼、过街楼的底层）、建筑物内的设备管道夹层、无永久性顶盖的架空走廊、室外楼梯和用于检修、消防等的室外钢楼梯、爬梯、屋顶水箱、花架、凉棚、露台、露天游泳池等，是否也计算了建筑面积。

建筑面积计算比较复杂，审核时应严格按照上述规范执行。

(9) 审查单位造价

单位造价等于单位工程预算造价除以建筑面积（单位造价=预算价值÷建筑面积）

6. 单位工程预算审查的方法有哪些？

答：审查工程预算应根据工程项目规模大小、繁简程度以及编制人员的业务熟练程度决定。审查方法有全面审查、重点审查、指标审查和经验审查等方法。

(1) 全面审查法

全面审查法是指根据施工图纸的内容，结合预算定额各分部分项中的工程子目，一项不漏地、逐一地全面审查的方法。其具体方法和审查过程就是从工程量计算、单价套用，到计算各项费用，求出预算造价。

全面审查法的优点是全面、细致，能及时发现错误，保证质量；缺点是工作量大，在任务重、时间紧、预算人员力量薄弱的情况下一般不宜采用。

全面审查法，对一些工程量较小、结构比较简单的工程，特别是由乡镇建筑队承包的工程，由于预算技术力量差，技术资料少，所编预算差错率较大，应尽量采用这种方法。

(2) 重点审查法

重点审查法是相对全面审查法而言，即只审查预算书中的重点项目，其他不审。所谓重点项目，就是指那些工程量大、单价高、对预算造价有较大影响的项目。在工程预算中是什么结构，什么就是重点。如砖木结构的工程，砖砌体和木作工程就是重点；砖混结构，砖砌体和混凝土工程就是重点；框架结构，钢筋混凝土工程就是重点。重点与非重点，是相对而言，不能绝对化。审查预算时，要根据具体情况灵活掌握，重点范围可大可小，重点项目可多可少。对各种应取费用和取费标准及其计算方法（以什么做为计算基础）等，也应重点审查。由于施工企业经营机制改革，有的费用项目被取消，费用划分容变更，新费用项目出现，计算基础改变等，因此各种应取费用的计算比较复杂，往往容易出现差错。重点审查法的优点是对工程造价有影响的项目得到了审查，预算中的主要问题得到了纠正。缺点是未经审查的那一部分项目中的错误得不到纠正。

(3) 指标审查法

指标审查法就是把被审查预算书的造价及有关技术经济指标和以前审定的标准施工图或复用施工图的预算造价及有关技术经济指标相比较。如果出入不大，就可以认为本工程预算编制质量合格，不必再作审查；如果出入较大，即高于或低于已审定的标准设计施工图预算的10%，就需通过按分部分项工程进行分解，边分解边对比，哪里出入大，就进一步审查那一部分。对比时，必须注意各分部工程项目内容及总造价的可比性。如有不可比之处，应予剔除，经这样对比分析后，再将不可比因素加进去，这就找到了出入较大的可比因素与不可比因素。

指标审查法的优点是简单易行、速度快、效果好，适用于规模小、结构简单的一般民用住宅工程，特别适用于一个地区或民用建筑群采用标准施工图或复用施工图的工程；缺点是虽然工程结构、规模、用途、建筑等级、建筑标准相同，但由于建设地点不同，运输条件不同，能源、材料供应等条件不同，施工企业性质及级别的不同，其有关费用计算标准等都会有所不同，这些差别最终必然会反映到工程预算造价中来。因此，用指标法审查工程预算，有时虽与指标相符合，但不能说明预算编制无问题；有出入，也不一定不合理。所以，指标审查法，对某种情况下的工程预算审查质量是有保证的；在另一种情况下，只能作为一种先行方法，即先用它匡算一下，根据匡算的结果，再决定采用哪种方法继续审查。

(4) 经验审查法

经验审查法是指根据以往的实践经验，审查那些容易产生差错的分项工程的方法。易产生差错的分项工程如下：

1) 室内回填土方漏计。

2) 砖基础大放脚的工程量漏计。

3) 砖外墙工程量漏扣嵌入墙身的柱、梁、过梁、圈梁和壁龛的体积。

4) 砖内墙未按净长线计算工程量。

5) 框架间砌墙未按净空面积计算（往往以两框架柱的中心线长度计算）。

6) 框架结构的现浇楼板的长度与宽度未按净长、净宽计算。

7) 基础圈梁错套为基础梁定额单价。

8) 框架式设备基础未按规定分解为基础、柱、梁、板、墙等分别套用相应定额单价。

9) 外墙面装修工程量。

10) 各项应取费用的计算基础及费率。

综上所述，审查工程预算同编制工程预算一样，也是一项既复杂又细致的工作。对某一具体工程项目，到底采用哪种方法，应根据预算编制单位内部的具体情况综合考虑确定。一般原则是：重点、复杂，采用新材料、新技术、新工艺较多的工程要细审；对从事预算编制工作时间短、业务比较生疏的预算人员所编预算要细审；反之，则可粗略些。

7. 单位工程预算审查的步骤有哪些?

答：建筑工程造价审查的步骤，可概括为"做好准备工作"、"确定审查方法"和"进行审查操作"三个方面的内容。

(1) 做好审查前的准备工作。实际工作中这项工作一般包括熟悉资料（定额、图纸）和了解预算造价包括的工程范围等。

（2）确定审查方法。审查方法的确定应结合工程结构特征、规模大小、设计标准、编制单位的实际情况以及时间安排的紧迫程度等因素进行确定。一般来说，可以采用单一的某种审查方法，也可以采用几种方法穿插进行。

（3）进行审查操作。审查操作，就是按照不同的审查方法进行审查。

8. 工程结（决）算的主要方式有哪些?

答：（1）工程结算与决算的概念

工程竣工结算简称“工程结算”，是指建筑安装工程竣工后，施工单位根据原施工图预算，加上补充修改预算向建设单位（业主）办理工程价款的结算文件。单位工程竣工结算是调整工程计划、确定工程进度、考核工程建设投资效果和进行成本分析的依据。

工程竣工决算简称“工程决算”，是指建设单位（业主）在全部工程或某一期工程完工后由建设单位（业主）编制，反映竣工建设项目的建设成果和财务情况的总结性文件。建设项目竣工决算是办理竣工工程交付使用验收的依据，是竣工报告的组成部分。竣工决算的内容包括竣工工程概况表、竣工财务决算表、交付使用财产总表、交付使用财产明细表和文字说明等。它综合反映工程建设计划和执行情况，工程建设成本、新增生产能力及定额和技术经济指标的完成情况等。

（2）工程结（决）算的主要方式

由于招标投标承建制和发承包承建制的同时存在，所以，我国现行工程价款的结（决）算方式主要有以下几种：

1）按月结算与支付。即实行按旬末或月中预支，月中结算，竣工后清算的方法。合同工期在两年以上的工程，在年终进行工程盘点，办理年度结算，有相当一部分是实行这种结算方式。

2）分段结算与支付。当年开工，多年不能竣工的工程按照工程形象进度，划分不同阶段进行结算。具体划分标准，由各部门、各地区规定或建设方和施工承包方在施工合同中加以明确。

3）竣工后一次结算。建设项目或单位工程全部建筑按照工程建设期在一年以内，或者工程承包合同价值在100万元以下的可以实行工程价款每月中预支，竣工后一次结算。

4）其他结算方式。指合同双方约定开户银行同意的结算方式。

9. 工程结算审查的方法是什么？

答：工程结算审查的方法包括如下内容：

（1）注意把好工程量计算审核关

工程量是编制工程项目竣工结算的基础，是实施竣工结算的重中之重，建筑工程量计算是工程竣工结算审核中工作量最大的一项关键工作。要求审核人员不仅要有全面的专业知识和技能，而且要有认真负责和细致的工作态度，在审核中必须以竣工图及施工现场签证等为依据，严格按照清单项目工程量计算规范或定额工程量计算规则逐项进行核对检查，核查有无多算、重算、冒算和错算现象。对于存在的问题及时合理地加以解决。

（2）注意把好现场签证审核关

所谓现场签证是指施工图中未能预料到而在实际施工过程中出现的有关问题的处理，而需要建设、施工、设计三方进行共同签字认可的一种记事凭证。它是编制竣工结算的重要基础依据之一。现场签证常常是引起工程造价增加的主要原因。有些现场施工管理人员怕麻烦或责任心不强，随意办理现场签证，而签证手续并不符合管理规定，使虚增工程内容或工程量扩大了工程造价。所以，在审核竣工结算时要认真审核各种签证的合理性、完备性、准确性和规范性，看现场三方代表（设计、施工、监理）是否签字，内容是否完备和符合实际，业主是否盖章，承包方的公章是否齐全，日期是否注明，有无涂改等。具体方法是：先审核落实情况，判定是否应增加；先判定是否该增加费用，然后再审定增加多少。

办理现场签证应根据各建设单位或业主的管理规定进行。一般来说，办理现场签证必须具备下列四个条件：

1）与合同比较是否已造成了实际的额外费用增加。

2）额外费用增加的原因不是由于承包方的过失。

3）按合同约定不应由承包方承担的风险。

4）承包方在事件发生后的规定时限内提出了书面的索赔意向通知单。符合上述条件的，均可办理签证结算，否则不予办理。

（3）注意把好定额套用审核关

建筑工程预算定额是计算定额项目直接工程费的依据。由于《全国统一建筑工程基础定额》仅有工、料、机消耗指标，而无基价，所以在审核竣工结算书工程子目套用地区单位估价表基价时，由于地区估价表中的“基价”具有地区性特点，所以应注意估价表的适用范围及使用界限的划分，分清哪些费用在定额中已作考虑，哪些费用在定额中未作考虑，需要另行计算等。以防止低费用套高基价定额子目或已综合考虑在定额中的内容，却以“整”化“零”的办法又划分成几个子目重复计算等。因此，审查定额基价套用，掌握设计要求，了解现场情况等，对提高竣工结算的审核质量具有重要指导意义。

（4）注意严格把好取费标准审核关

在建筑工程产品生产过程中除直接用于产品上的人力、物力外，为组织管理该工程项目还需要耗费一定数量的人力、物力。这些资源耗费的货币表现就称为应取费用。按照取费的性质、用途不同，可划分为措施费、间接费、利润和税金等，它们是建筑产品价格构成的重要组成部分。当然它们也是工程造价审核的重要内容之一。这部分费用的审查意识要核查取费标准的准确性，二要看取费程序的准确性，此外，还要注意核查计取费用的标准是否与所使用的预算定额相匹配。使用谁家的定额编制结算，就必须采用谁家的取费标准，不能互相串用。

第七节 计算机在工程项目造价管理中的应用

1. 利用专业软件录入、输出、汇编施工预算等信息资料包括哪些内容?

答：(1) 信息的输入

输入方法除手动输入外，能否用Excel等工具批量导入，能否采用条形码扫描输入；信息输入格式；继承性，减少输入量。

(2) 信息的输出

输出设备对常用打印设备兼容性；能否用Excel等工具批量导出，供其他系统分析使用；信息输出版式。工具用户需要可否自行定制输出版式。

(3) 信息汇编

根据需要可对各类工程信息进行汇总统计；不同数据的关联性，源头数据变化，与之对应的其他数据都应自动更新。

2. 怎样利用专业软件加工处理施工预算信息资料?

答：利用专业软件加工处理施工信息资料的主要内容如下：

(1) 新建工程施工资料管理

选择工程资料管理软件，新建工程所有关于此工程的表格都会存放在此工程下面。点击［新建工程］，根据工程概况输入工程名称（××××工程资料表格），确定后进入表格编制窗口。确定之后进入资料编制区软件显示接口。

1) 表格选择区

《建筑工程资料管理规程》中所有表格都在表格选择区中，资料类别包括：基建资料、监理资料、施工资料、竣工图、工程资料，档案封面和目录，市政、建筑工程施工质量验收系列规范标准表格文本、安全类表格、智能建筑类表格。

2) 表格功能选择区

在表格功能选择区中，根据需要，完成新建表格、导入表格、复制表格、查找表格、删除表格、展开表格等操作。操作者根据各功能提示信息，完成相关工作。

（2）施工现场物资采购和使用等方面的管理

根据工程规模、进度计划、物资计划，制定物资采购计划，进行物资使用情况记载，采用专业软件进行统计分析，利用专业软件进行如下工作：

1）制定物资采购计划，根据审批的物资采购计划安排采购；

2）按规定的流程审批物资领用，随时掌握物资库存情况；

3）按库存情况及工程需要物资，微调物资采购计划，使物资满足施工方面的需要；

4）定期分析数据，减少浪费和库存的积压，向领导提供决策依据；

5）根据工程资料报备的需要，打印输出相关数据。

参考文献

[1] 中华人民共和国国家标准．建筑工程项目管理规范 GB/T 50326—2006［S］．北京：中国建筑工业出版社，2006.

[2] 中华人民共和国国家标准．建筑工程监理规范 GB/T 50319—2000［S］．北京：中国建筑工业出版社，2001.

[3] 中华人民共和国国家标准．混凝土结构设计规范 GB 50010—2010［S］．北京：中国建筑工业出版社，2010.

[4] 中华人民共和国国家标准．砌体结构设计规范 GB 50003—2011［S］．北京：中国建筑工业出版社，2011.

[5] 中华人民共和国国家标准．地基基础设计规范 GB 50007—2011［S］．北京：中国建筑工业出版社，2011.

[6] 中华人民共和国国家标准．民用建筑设计通则 GB 50352—2005［S］．北京：中国建筑工业出版社，2005.

[7] 中华人民共和国国家标准．建筑工程量清单计价规范 GB 50500—2013［S］．北京：中国计划出版社，2012.

[8] 中华人民共和国国家标准．建筑面积计算规则 GB 50353—2013［S］．北京：中国建筑工业出版社，2012.

[9] 住房和城乡建设部人事司．建筑与市政工程施工现场专业人员考核评价大纲（试行）［M］．北京：中国建筑工业出版社，2012.

[10] 王文睿．手把手教你当好甲方代表［M］．北京：中国建筑工业出版社，2013.

[11] 王文睿．手把手教你当好土建施工员［M］．北京：中国建筑工业出版社，2015.

[12] 王文睿．手把手教你当好土建质量员［M］．北京：中国建筑工业出版社，2015.

[13] 王文睿．建设工程项目管理［M］．北京：中国建筑工业出版社，2014.

[14] 李启明，朱树英，黄文杰．工程建设合同与索赔管理［M］．北京：科学出版社，2001.

[15] 舒秋华. 房屋建筑学 [M]. 武汉：武汉理工大学工业出版社，2007.
[16] 曹善琪. 造价工程师基本知识问答 [M]. 北京：中国计划出版社，1998.